"十三五"国家重点出版物出版规划项目

现代电子战技术丛书

光电对抗原理

Optoelectronic Confrontation Principle

刘松涛　王龙涛　刘振兴　编著

国防工业出版社

·北京·

图书在版编目(CIP)数据

光电对抗原理 / 刘松涛,王龙涛,刘振兴编著. —北京:国防工业出版社,2019.3(2025.1 重印)
(现代电子战技术丛书)
ISBN 978 – 7 – 118 – 11837 – 7

Ⅰ. ①光… Ⅱ. ①刘… ②王… ③刘… Ⅲ. ①光电对抗 Ⅳ. ①E866

中国版本图书馆 CIP 数据核字(2019)第 039240 号

※

国防工业出版社出版发行
(北京市海淀区紫竹院南路23号 邮政编码100048)
北京凌奇印刷有限责任公司印刷
新华书店经售

*

开本 710×1000 1/16 印张 19½ 字数 339 千字
2025 年 1 月第 1 版第 3 次印刷 印数 3001—3500 册 定价 80.00 元

(本书如有印装错误,我社负责调换)

国防书店:(010)88540777 发行邮购:(010)88540776
发行传真:(010)88540755 发行业务:(010)88540717

"现代电子战技术丛书"编委会

编委会主任 杨小牛

院 士 顾 问 张锡祥　凌永顺　吕跃广　刘泽金　刘永坚
　　　　　　　王沙飞　陆　军

编委会副主任 刘　涛　王大鹏　楼才义

编委会委员

（排名不分先后）

　　许西安　张友益　张春磊　郭　劲　季华益　胡以华
　　高晓滨　赵国庆　黄知涛　安　红　甘荣兵　郭福成
　　高　颖　刘松涛　王龙涛　刘振兴

丛书总策划 王晓光

丛书序

新时代的电子战与电子战的新时代

广义上讲,电子战领域也是电子信息领域中的一员或者叫一个分支。然而,这种"广义"而言的貌似其实也没有太多意义。如果说电子战想用一首歌来唱响它的旋律的话,那一定是《我们不一样》。

的确,作为需要靠不断博弈、对抗来"吃饭"的领域,电子战有着太多的特殊之处——其中最为明显、最为突出的一点就是,从博弈的基本逻辑上来讲,电子战的发展节奏永远无法超越作战对象的发展节奏。就如同谍战片里面的跟踪镜头一样,再强大的跟踪人员也只能做到近距离跟踪而不被发现,却永远无法做到跑到跟踪目标的前方去跟踪。

换言之,无论是电子战装备还是其技术的预先布局必须基于具体的作战对象的发展现状或者发展趋势、发展规划。即便如此,考虑到对作战对象现状的把握无法做到完备,而作战对象的发展趋势、发展规划又大多存在诸多变数,因此,基于这些考虑的电子战预先布局通常也存在很大的风险。

总之,尽管世界各国对电子战重要性的认识不断提升——甚至电磁频谱都已经被视作一个独立的作战域,电子战(甚至是更为广义的电磁频谱战)作为一种独立作战样式的前景也非常乐观——但电子战的发展模式似乎并未由于所受重视程度的提升而有任何改变。更为严重的问题是,电子战发展模式的这种"惰性"又直接导致了电子战理论与技术方面发展模式的"滞后性"——新理论、新技术为电子战领域带来实质性影响的时间总是滞后于其他电子信息领域,主动性、自发性、仅适用于本领域的电子战理论与技术创新较之其他电子信息领域也进展缓慢。

凡此种种,不一而足。总的来说,电子战领域有一个确定的过去,有一个相对确定的现在,但没法拥有一个确定的未来。通常我们将电子战领域与其作战对象之间的博弈称作"猫鼠游戏"或者"魔道相长",乍看这两种说法好像对于博弈双方一视同仁,但殊不知无论"猫鼠"也好,还是"魔道"也好,从逻辑上来讲都是有先后的。作战对象的发展直接能够决定或"引领"电子战的发展方向,而反之则非常困难。也就是说,博弈的起点总是作战对象,博弈的主动权也掌握在作战对象手中,而电子战所能做的就是在作战对象所制定规则的"引领下"一次次轮回,无法跳出。

然而,凡事皆有例外。而具体到电子战领域,足以导致"例外"的原因可归纳为如下两方面。

其一,"新时代的电子战"。

电子信息领域新理论新技术层出不穷、飞速发展的当前,总有一些新理论、新技术能够为电子战跳出"轮回"提供可能性。这其中,颇具潜力的理论与技术很多,但大数据分析与人工智能无疑会位列其中。

大数据分析为电子战领域带来的革命性影响可归纳为**"有望实现电子战领域从精度驱动到数据驱动的变革"**。在采用大数据分析之前,电子战理论与技术都可视作是围绕"测量精度"展开的,从信号的发现、测向、定位、识别一直到干扰引导与干扰等诸多环节,无一例外都是在不断提升"测量精度"的过程中实现综合能力提升的。然而,大数据分析为我们提供了另外一种思路——只要能够获得足够多的数据样本(样本的精度高低并不重要),就可以通过各种分析方法来得到远高于"基于精度的"理论与技术的性能(通常是跨数量级的性能提升)。因此,可以看出,大数据分析不仅仅是提升电子战性能的又一种技术,而是有望改变整个电子战领域性能提升思路的顶层理论。从这一点来看,该技术很有可能为电子战领域跳出上面所述之"轮回"提供一种途径。

人工智能为电子战领域带来的革命性影响可归纳为**"有望实现电子战领域从功能固化到自我提升的变革"**。人工智能用于电子战领域则催生出认知电子战这一新理念,而认知电子战理念的重要性在于,它不仅仅让电子战具备思考、推理、记忆、想象、学习等能力,而且还有望让认知电子战与其他认知化电子信息系统一起,催生出一种新的战法,即,

"智能战"。因此,可以看出,人工智能有望改变整个电子战领域的作战模式。从这一点来看,该技术也有可能为电子战领域跳出上面所述之"轮回"提供一种备选途径。

总之,电子信息领域理论与技术发展的新时代也为电子战领域带来无限的可能性。

其二,"电子战的新时代"。

自1905年诞生以来,电子战领域发展到现在已经有100多年历史,这一历史远超雷达、敌我识别、导航等领域的发展历史。在这么长的发展历史中,尽管电子战领域一直未能跳出"猫鼠游戏"的怪圈,但也形成了很多本领域专有的、与具体作战对象关系不那么密切的理论与技术积淀,而这些理论与技术的发展相对成体系、有脉络。近年来,这些理论与技术已经突破或即将突破一些"瓶颈",有望将电子战领域带入一个新的时代。

这些理论与技术大致可分为两类:一类是符合电子战发展脉络且与电子战发展历史一脉相承的理论与技术,例如,网络化电子战理论与技术(网络中心电子战理论与技术)、软件化电子战理论与技术、无人化电子战理论与技术等;另一类是基础性电子战技术,例如,信号盲源分离理论与技术、电子战能力评估理论与技术、电磁环境仿真与模拟技术、测向与定位技术等。

总之,电子战领域100多年的理论与技术积淀终于在当前厚积薄发,有望将电子战带入一个新的时代。

本套丛书即是在上述背景下组织撰写的,尽管无法一次性完备地覆盖电子战所有理论与技术,但组织撰写这套丛书本身至少可以表明这样一个事实——有一群志同道合之士,已经发愿让电子战领域有一个确定且美好的未来。

一愿生,则万缘相随。

愿心到处,必有所获。

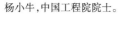

2018年6月

杨小牛,中国工程院院士。

前 言

在现代高技术战争中,充斥着各种基于光电技术装备构成的武器系统。传统武器与先进光电手段相结合,使得这些武器系统具备惊人的威力,比如:激光制导武器的弹无虚发,能从大楼的通气道钻入后爆炸,令整座大楼顷刻间化为废墟。然而,有矛就有盾,在与光电武器装备的较量中,一种全新的作战手段,光电对抗相伴而生,并迅速发展形成比较完善的光电对抗技术体系,诞生了光电对抗这门学科。随着光电对抗的发展和壮大,光电对抗也从传统军事力量的一种补充演变为克敌制胜的一种有效手段,这使得光电对抗的重要性与日俱增,研究和掌握光电对抗原理的需求日益迫切。

本书是在自编教材和教案的基础上,结合作者的研究成果编著而成的。全书共 9 章。第 1 章是光电对抗概论,介绍光电对抗的概念和内涵、作战对象、典型系统组成和技术指标、应用领域、发展史及趋势;第 2 章是光电武器装备,补充介绍光电对抗作战对象的相关知识;第 3、4 章是光电侦察部分,主要介绍光电主动侦察(激光测距机、激光雷达)和被动侦察(激光告警、红外告警、紫外告警和光电综合告警)所涉及相关技术和系统的基本原理;第 5、6 章是光电干扰部分,重点介绍红外干扰弹、红外干扰机、强激光干扰和激光欺骗干扰四种有源干扰措施的基本组成和干扰原理,以及烟幕干扰、光电隐身和光电假目标三种无源干扰措施的实现原理和方法;第 7 章是反光电侦察的相关措施;第 8 章是抗光电干扰的诸多技术;第 9 章是光电对抗效果评估,系统介绍了效果评估的试验方法和评估准则,并给出了针对不同光电对抗系统的效果评估准则。

本书具有如下四个特点。

（1）可读性强。注意梳理不同内容之间的因果关系,强调知识点的逻辑性和基本原理的理解,尽量简化而又不失严谨性的描述各种复杂理论。

（2）自成体系。通过纳入光电武器装备的相关内容,可使不具备光电领域相关知识的读者易于理解光电对抗原理。

（3）完整性好。构建了较为完善的光电对抗技术体系,特别是详细描述了光电主动侦察、反光电侦察和抗光电干扰的相关内容。

（4）展现前沿。系统阐述了光电对抗领域效果评估这个热点问题,概括总结了光电对抗技术和系统的发展趋势。

本书得到了海军大连舰艇学院高东华教授的认真审阅,教保处机关也给予了大力支持,姜康辉硕士、王战硕士等在书稿撰写方面做出了较大贡献,在此一并表示感谢。编写过程中参阅了大量国内外文献,谨向各位作者深表谢意。

由于时间仓促以及编者水平有限,书中难免存在疏漏和不足,诚望读者不吝指正,以便今后逐步完善和提高。联系方式:navylst@163.com。

编者
2018.1

目 录

第1章 光电对抗概论 ... 1
1.1 引言 ... 1
1.2 光电对抗的概念和内涵 ... 2
1.2.1 光电对抗的定义及特点 ... 2
1.2.2 光电对抗的分类 ... 3
1.2.3 光电对抗的地位和作用 ... 8
1.2.4 光电对抗与电子战 ... 10
1.3 光电对抗的作战对象 ... 11
1.3.1 光电武器装备的发展现状 ... 12
1.3.2 光电威胁环境特点 ... 13
1.3.3 光电武器装备的主要弱点 ... 14
1.4 典型光电对抗系统组成和技术指标 ... 14
1.5 光电对抗的应用领域 ... 15
1.6 光电对抗的发展史及趋势 ... 17
1.6.1 光电对抗的发展史 ... 17
1.6.2 光电对抗的发展趋势 ... 21

第2章 光电武器装备 ... 28
2.1 光电制导武器 ... 28
2.1.1 制导武器概述 ... 29

2.1.2　激光制导原理 ……………………………………………… 32
　　2.1.3　红外点源制导原理 …………………………………………… 33
　　2.1.4　玫瑰扫描亚成像制导原理 …………………………………… 40
　　2.1.5　红外成像制导原理 …………………………………………… 43
　　2.1.6　电视制导原理 ………………………………………………… 51
　2.2　光电侦测设备 ………………………………………………………… 53
　　2.2.1　光电成像概述 ………………………………………………… 53
　　2.2.2　电视 …………………………………………………………… 60
　　2.2.3　微光夜视仪 …………………………………………………… 66
　　2.2.4　微光电视 ……………………………………………………… 67
　　2.2.5　红外热像仪 …………………………………………………… 67
　　2.2.6　光电搜索、跟踪系统 ………………………………………… 69

第3章　光电主动侦察 …………………………………………………… 72
　3.1　激光测距机 …………………………………………………………… 73
　　3.1.1　激光测距机的定义、特点和用途 …………………………… 73
　　3.1.2　激光测距机的分类 …………………………………………… 73
　　3.1.3　激光测距机的系统组成和基本原理 ………………………… 73
　　3.1.4　激光测距机的关键技术 ……………………………………… 76
　　3.1.5　激光测距机的发展史及趋势 ………………………………… 76
　3.2　激光雷达 ……………………………………………………………… 78
　　3.2.1　激光雷达的定义、特点和用途 ……………………………… 78
　　3.2.2　激光雷达的分类 ……………………………………………… 79
　　3.2.3　激光雷达的系统组成和基本原理 …………………………… 79
　　3.2.4　激光雷达的关键技术 ………………………………………… 83
　　3.2.5　激光雷达的发展史及趋势 …………………………………… 85

第4章　光电被动侦察 …………………………………………………… 89
　4.1　激光告警 ……………………………………………………………… 89
　　4.1.1　激光告警的定义、特点和用途 ……………………………… 89
　　4.1.2　激光告警的分类 ……………………………………………… 91
　　4.1.3　激光告警的系统组成和基本原理 …………………………… 93
　　4.1.4　激光告警的关键技术 ………………………………………… 102
　　4.1.5　激光告警的发展史及趋势 …………………………………… 103
　4.2　红外告警 ……………………………………………………………… 105

  4.2.1 红外告警的定义、特点和用途 ················· 105
  4.2.2 红外告警的分类 ······························ 106
  4.2.3 红外告警的系统组成和基本原理 ················ 106
  4.2.4 红外告警的设计考虑 ·························· 110
  4.2.5 红外告警的关键技术 ·························· 115
  4.2.6 红外告警的发展史及趋势 ······················ 116
 4.3 紫外告警 ··· 121
  4.3.1 紫外告警的定义、特点和用途 ················· 121
  4.3.2 紫外告警的分类 ······························ 122
  4.3.3 紫外告警的系统组成和基本原理 ················ 122
  4.3.4 紫外告警的关键技术 ·························· 124
  4.3.5 紫外告警的发展史及趋势 ······················ 125
 4.4 光电综合告警 ····································· 126
  4.4.1 光电综合告警的定义、特点和用途 ············· 126
  4.4.2 光电综合告警分类 ···························· 126
  4.4.3 光电综合告警的系统组成和基本原理 ············ 127
  4.4.4 光电综合告警的关键技术 ······················ 129
  4.4.5 光电综合告警的发展史及趋势 ·················· 129
 4.5 光电被动定位 ····································· 130
  4.5.1 基于角度测量的几何测距法 ··················· 130
  4.5.2 图像分析法 ·································· 131
  4.5.3 基于目标光谱辐射和大气光谱传输特性的测距法 ··· 133

第5章 光电有源干扰 135

 5.1 红外干扰弹 ······································· 137
  5.1.1 红外干扰弹的定义、特点和用途 ··············· 137
  5.1.2 红外干扰弹的分类 ···························· 137
  5.1.3 红外干扰弹的系统组成和干扰原理 ············· 138
  5.1.4 红外干扰弹的设计和使用考虑 ················· 139
  5.1.5 红外干扰弹的关键技术 ························ 143
  5.1.6 红外干扰弹的发展史及趋势 ··················· 144
 5.2 红外干扰机 ······································· 146
  5.2.1 红外干扰机的定义、特点和用途 ··············· 146
  5.2.2 红外干扰机的分类 ···························· 146
  5.2.3 红外干扰机的系统组成和干扰原理 ············· 147

5.2.4　红外干扰机的设计和使用考虑 ……………………………… 154
　　5.2.5　红外干扰机的关键技术 …………………………………… 157
　　5.2.6　红外干扰机的发展史及趋势 ……………………………… 158
5.3　强激光干扰 …………………………………………………………… 160
　　5.3.1　强激光干扰的定义、特点和用途 …………………………… 160
　　5.3.2　强激光干扰的分类 …………………………………………… 161
　　5.3.3　强激光干扰的系统组成和干扰原理 ………………………… 161
　　5.3.4　强激光干扰的关键技术 ……………………………………… 175
　　5.3.5　强激光干扰的发展史及趋势 ………………………………… 176
5.4　激光欺骗干扰 ………………………………………………………… 179
　　5.4.1　激光欺骗干扰的定义、特点和用途 ………………………… 179
　　5.4.2　激光欺骗干扰的分类 ………………………………………… 180
　　5.4.3　激光欺骗干扰的系统组成和干扰原理 ……………………… 180
　　5.4.4　激光欺骗干扰的关键技术 …………………………………… 184
　　5.4.5　激光欺骗干扰的发展史及趋势 ……………………………… 185

第6章　光电无源干扰 …………………………………………………… 186

6.1　烟幕干扰 ……………………………………………………………… 186
　　6.1.1　烟幕干扰的定义、特点和用途 ……………………………… 186
　　6.1.2　烟幕干扰的分类 ……………………………………………… 187
　　6.1.3　烟幕干扰的系统组成和干扰原理 …………………………… 187
　　6.1.4　烟幕干扰的设计和使用考虑 ………………………………… 194
　　6.1.5　烟幕干扰的关键技术 ………………………………………… 195
　　6.1.6　烟幕干扰的发展史及趋势 …………………………………… 195
6.2　光电隐身 ……………………………………………………………… 199
　　6.2.1　光电隐身的定义、特点和用途 ……………………………… 199
　　6.2.2　光电隐身的分类 ……………………………………………… 199
　　6.2.3　光电隐身原理 ………………………………………………… 199
　　6.2.4　光电隐身的关键技术 ………………………………………… 204
　　6.2.5　光电隐身的发展史及趋势 …………………………………… 204
6.3　光电假目标 …………………………………………………………… 207
　　6.3.1　光电假目标的定义、特点和用途 …………………………… 208
　　6.3.2　光电假目标的分类 …………………………………………… 208
　　6.3.3　光电假目标的组成与设计考虑 ……………………………… 209
　　6.3.4　光电假目标的发展史及趋势 ………………………………… 210

第7章 反光电侦察 ········· 212
7.1 基于光电干扰的反侦察措施 ········· 212
7.2 编码技术 ········· 214
7.2.1 激光制导编码物理参量分析 ········· 214
7.2.2 激光编码理论与技术 ········· 215

第8章 抗光电干扰 ········· 220
8.1 反隐身措施 ········· 220
8.1.1 多光谱技术 ········· 221
8.1.2 信息融合技术 ········· 223
8.2 抗红外有源干扰 ········· 229
8.2.1 红外点源制导导弹的抗红外有源干扰措施 ········· 230
8.2.2 四元红外导引头的抗红外有源干扰机理 ········· 232
8.3 抗激光欺骗干扰 ········· 236
8.3.1 激光测距机的抗干扰措施 ········· 236
8.3.2 半主动激光制导武器的抗干扰措施 ········· 237
8.4 抗强激光干扰 ········· 240
8.4.1 采用激光防护器材 ········· 240
8.4.2 发展抗强激光的导弹 ········· 244

第9章 光电对抗效果评估 ········· 246
9.1 光电对抗效果试验方法 ········· 247
9.1.1 光电对抗效果仿真试验评估的可行性 ········· 247
9.1.2 光电对抗效果仿真试验方法 ········· 249
9.1.3 光电对抗效果仿真的关键技术 ········· 256
9.1.4 光电对抗效果仿真试验的发展史及趋势 ········· 256
9.2 光电对抗效果评估准则 ········· 259
9.2.1 干扰效果评估准则 ········· 260
9.2.2 侦察效果评估准则 ········· 264
9.2.3 评估准则使用考虑 ········· 264
9.3 目力光学侦察对抗效果评估 ········· 265
9.3.1 目力光学侦察效果评估 ········· 266
9.3.2 烟幕对目力光学侦察的干扰效果评估 ········· 269
9.4 红外系统对抗效果评估 ········· 275
9.4.1 红外系统的工作性能评估 ········· 275

  9.4.2　压制性有源干扰对红外系统的干扰效果评估 …………… 279
  9.4.3　无源干扰对红外系统的干扰效果评估 ………………… 281
  9.4.4　欺骗性有源干扰对红外系统的干扰效果评估 …………… 283
 9.5　激光系统对抗效果评估 ……………………………………… 285
  9.5.1　激光系统的工作性能评估 ……………………………… 285
  9.5.2　强激光干扰对激光系统的干扰效果评估 ………………… 288

参考文献 ………………………………………………………… 290

第1章 光电对抗概论

1.1 引 言

现代光电子技术的迅速发展，极大地促进了军用光电技术的日趋成熟和完善。在军事应用中，光电制导技术和光电侦测技术发展广泛而迅速，目前已形成比较完整的装备体系。飞机、舰船、坦克及装甲车等现代军事作战平台，普遍装备了前视红外系统、红外热像仪、激光测距、微光夜视及红外夜视等光电侦测设备，使现代战争没有了白天与黑夜之分。同时，在军事平台中还大量装备了激光制导导弹和炸弹、电视制导导弹和炸弹以及红外制导导弹等光电制导武器，这些光电制导武器具有命中精度高、抗干扰能力强和全天候应用的特点，在没有干扰的情况下，全天候应用命中概率达到90%以上，使现代战争作战模式发生了巨大的变革。在海湾战争中，以美国为首的多国部队对伊拉克采用了夜间突袭战术和"外科手术式"的精确打击战术，成功地摧毁了伊军大部分战略战术目标，在短时间内使伊拉克庞大的作战体系处于瘫痪状态，而多国部队仅损失作战飞机几十架，人员伤亡几百人。取得如此辉煌的战果，一个主要因素就是成功地使用了光电制导武器和光电侦测设备。如何对抗这些光电制导武器和光电侦测设备呢？海湾战争中，伊拉克在十分被动的情况下，匆忙点燃了一些油井，漫天的烟雾使光电侦测设备无法识别目标，光电制导武器失去用武之地，有效地阻止了多国部队对该区域的攻击。

光电制导武器和光电侦测设备都有信息获取单元(光电传感器)和信息处理单元(计算机)两个敏感单元，就像人的眼睛和大脑。光电对抗技术就是针对敌方光电制导武器和光电侦测设备的"眼睛"和"大脑"，采用强光致盲、致眩干扰使其"眼睛"变瞎，采用烟幕遮蔽干扰使其"眼睛"看不见目标，采用光电迷惑干扰使其"大脑"无法识别目标，采用光电欺骗干扰使其"大脑"产生判断错误而攻击假目标，从而有效地对抗敌方光电制导武器和光电侦测设备。

军用光电技术与光电对抗技术是相生相克、互为矛盾、却又是相互依存与竞争发展的两个方面。随着光电装备的迅速更新换代与对抗需求的强烈牵引,光电对抗技术也逐渐兴起和发展,形成当前比较完整的光电对抗技术和装备体系。

1.2 光电对抗的概念和内涵

1.2.1 光电对抗的定义及特点

光电对抗是指敌对双方在光波段(紫外、可见光、红外波段)范围内,利用光电设备和器材,对敌方光电制导武器和光电侦测设备等光电武器进行侦察告警并实施干扰,使敌方的光电武器削弱、降低或丧失作战效能;同时,利用光电设备和器材,有效地保护己方光电设备和人员免遭敌方的侦察告警和干扰。可以看出:侦察和攻击的对象是敌方的光电制导武器与光电侦测设备,保护的是己方人员安全和光电设备的正常使用,即光电对抗的本质是降低敌方光电设备的作战效能,发挥己方光电设备的作战能力。概括地说,光波段侦察干扰及反侦察抗干扰所采取的各种战术技术措施的总称叫做光电对抗。

实际上,广义的光电对抗是光波段的电子战,是交战双方在光波段的攻防对抗,作战对象拓展到所有的军事平台和武器系统。因此,随着光电对抗技术的不断发展,出现了光电战的概念,将战场上所有采用光电手段的武器装备和对付这些武器装备的手段或措施都纳入到光电战的领域[1]。本书仍采用传统的光电对抗概念,而且侧重于介绍光电对抗技术与系统的基本原理。

光电对抗的作战对象主要是来袭光电制导武器和敌方光电侦测设备,目前,除激光制导武器、激光雷达、激光目标指示器、激光测距机等激光设备外,其他光电设备都是"静默"工作方式,并且光电装备种类繁多,使光电探测、识别、告警和光电干扰都变得十分复杂,尤其给综合对抗带来较大技术难度。光电对抗的有效性主要取决于如下三个基本特点[2]:

(1) 频谱匹配性。频谱匹配性是指干扰的光电频谱必须覆盖或等同被干扰目标的光电频谱。例如,没有明显红外辐射特征的地面重点目标,一般容易受到激光制导武器的攻击,因此采用相应波长的激光欺骗干扰和激光致盲干扰手段对抗敌方激光威胁;具有明显红外辐射特征的动目标(如飞机),一般容易受到红外制导导弹的攻击,则采用红外干扰弹或红外干扰机与之对抗。

(2) 视场相关性。光电干扰信号的干扰空域必须在敌方装备的光学视场范围内,尤其是激光干扰,由于激光波束窄、方向性好,使其对抗难度加大。例如,在激光欺骗干扰中,激光假目标必须布设在激光导引头视场范围内。

(3)快速反应性。战术导弹末段制导距离一般在几千米至数十千米范围内,而且导弹速度很快,马赫数一般为1~2.5,从告警到实施有效干扰必须在很短的时间内完成,否则敌方来袭导弹将在未受到有效干扰前就已命中目标,因此要求光电对抗系统具有快速反应能力。

1.2.2 光电对抗的分类

光电对抗按波段可分为激光对抗、红外对抗、可见光对抗和紫外对抗。其中,激光中虽然包括红外和可见光,但由于其特性不同于普通红外和可见光,因此将其单独归类为激光对抗。光波段分布如图1.1所示。

图1.1 光波段分布

光电对抗按平台可分为车载光电对抗、机载光电对抗、舰载光电对抗和星载光电对抗。

光电对抗按功能或技术可分为光电侦察、光电干扰和光电防御,其中光电防御可细分为反光电侦察与抗光电干扰。将功能分类和波段分类方式结合,得到完整的光电对抗技术体系,如图1.2所示。

1. 光电侦察

光电侦察是实施有效干扰的前提。光电侦察是指对敌方辐射或散射的光谱信号进行搜索、截获、测量、分析、识别以及对光电设备测向、定位,获取敌方光电设备技术参数、功能、类型、位置、用途,并判明威胁程度,及时提供情报和发出告警。

1)光电侦察的分类

(1)情报侦察和技术侦察。

情报侦察是指长期监测、截获、搜索敌方光电信号,经分析和处理,确定敌方光电设备的技术特征参数、功能、位置,判别其类型、相关武器平台、变化规律及威胁程度等,为对敌斗争和光电对抗决策提供有关光电情报。机载光电情报侦察系统主要承担战术/战役级侦察,战略侦察则通常由卫星或高空侦察机完成。

技术侦察是指在作战准备和作战过程中,搜索、截获敌方光电辐射和散射信

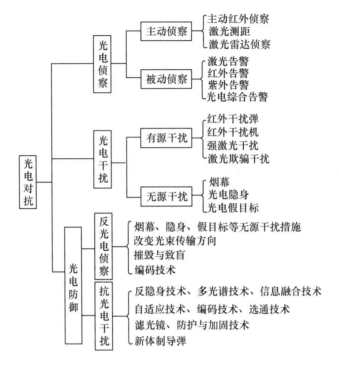

图 1.2　光电对抗技术体系

号,并实时分析,确定敌方光电设备的技术特征参数、功能、方向(或位置),判别相关武器平台及威胁程度等,为实施光电干扰、光电防御、反辐射摧毁和战术机动、规避等提供光电情报。

(2) 预先侦察和直接侦察。

预先侦察是指战前对敌方进行长期或定期的侦察,以便预先全面掌握敌方光电设备的情报、发展方向,为制订光电对抗的对策和直接侦察提供依据。

直接侦察是在战斗即将发生前及战斗过程中对战场光辐射环境进行的实时侦察,为光电对抗提供实时可靠的情报。

(3) 主动侦察和被动侦察。

主动侦察是利用对方光电装备的光学特性而进行的侦察,即向对方发射光束,再对反射回来的光信号进行探测、分析和识别,从而获得敌方情报的一种手段,如激光测距机、激光雷达等。

被动侦察,也称为光电告警,是指利用各种光电探测装置截获和跟踪对方光电装备的光辐射,并进行分析识别以获取敌方目标信息情报的一种手段,如激光告警、红外告警、紫外告警和光电综合告警等。

2）光电侦察装备概述

光电侦察使用的光电装备主要有装载在卫星、飞机、舰艇等平台上的各种形式的光学摄影/摄像器材、激光雷达、红外热像仪、激光报警器等。进行战略侦察的主要是军事卫星，由于卫星速度快（在近地轨道上运行的侦察卫星，每秒飞行 7~8km，90min 左右即可绕地球 1 圈）；眼界宽（卫星居高临下，视野开阔，获得情报多，在同样的视角下，卫星所观测的地面面积是飞机面积的几万倍）；限制少（卫星不受国界、地理和气候条件的限制，可以自由飞越地球上的任何地区），所以卫星在军事侦察方面得到了十分广泛应用，它们像幽灵一样潜伏在太空，不时地刺探着军事情报或传递信息。可以说，在航天技术日益发达的今天，任何重大的军事行动和地面目标都很难躲过卫星的"火眼金睛"，装置在卫星上的光电探测器的侦察能力已经发展到令人瞠目结舌的地步。美国于 20 世纪 90 年代初部署的导弹预警卫星系统由 5 颗"国防支援计划"（DSP）卫星组成，每颗星可监视 1/3 地球面积，在印度洋上空的 1 颗，用于监视俄罗斯、中国的洲际导弹发射情况；另 2 颗分别用于监视中太平洋和大西洋的潜艇水下发射；其余 2 颗备用。地面站分设于美国本土和澳大利亚、德国，地球上任何一枚导弹发射 50~60s 后就会被卫星探测到，告警信号可在 1.5~4min。

装置在飞机和舰艇的光电探测器主要用于战术侦察。U-2 飞机的超光谱成像传感器以约 300 个不同的频段进行观察，能够区分不同类型的材料，能探测到神经战剂、用于制造大规模杀伤武器的材料，以及伪装隐蔽的飞机和车辆；RQ-21A 型"整合者"无人机可以在雾、尘、沙、烟、霾等恶劣环境条件下提供清晰图像，非常适合在近海作战环境中使用。

2. 光电干扰

光电干扰是指采取某些技术措施破坏或削弱敌方光电设备的正常工作，以达到保护己方目标的一种干扰手段。

1）光电干扰的分类

光电干扰分为有源干扰和无源干扰两种方式。有源干扰又称为积极干扰或主动干扰，它利用己方光电设备发射或转发敌方光电装备相应波段的光波，对敌方光电装备进行压制或欺骗干扰。有源干扰方式主要有红外干扰机、红外干扰弹、强激光干扰和激光欺骗干扰等。

投放后的红外干扰弹可诱骗红外制导武器锁定红外诱饵，致使其制导系统降低跟踪精度或被引离攻击目标。

红外干扰机是一种能够发射红外干扰信号，破坏或扰乱敌方红外探测系统或红外制导系统正常工作的光电干扰设备，主要干扰对象是红外制导导弹。红外干扰机的最新发展是红外定向干扰机。

强激光干扰是通过发射强激光能量，破坏敌方光电传感器或光学系统，使之饱和、迷盲、彻底失效，乃至直接摧毁，从而极大地降低敌方武器系统的作战效能。

激光欺骗干扰是通过发射、转发或反射激光辐射信号，形成具有欺骗功能的激光干扰信号，扰乱或欺骗敌方激光测距、观瞄、跟踪或制导系统，使其得出错误的方位或距离信息，从而降低光电武器系统的作战效能。激光欺骗干扰是信号级干扰，能量较小，而强激光干扰的能量要大于激光欺骗干扰。

从作用效果角度，有源干扰可分为压制性干扰和欺骗性干扰。压制性干扰采用的干扰方式主要为强激光干扰和红外定向干扰机。该方式可以致盲敌方的光电设备，伤害人员，甚至摧毁光电设备和武器系统。欺骗性干扰所采用的干扰方式主要为红外干扰弹、红外干扰机和激光欺骗干扰，可以扰乱或欺骗敌方光电系统的正常工作。

无源干扰也称消极干扰或被动干扰，它是利用特制器材或材料，反射、散射、折射和吸收光波能量，或人为地改变己方目标的光学特性，使敌方光电装备效能降低或被欺骗而失效，以保护己方目标的一种干扰手段。无源干扰方式主要有烟幕、光电隐身和光电假目标等。

烟幕干扰是通过在空中施放大量气溶胶微粒，来改变电磁波的介质传输特性，以实施对光电探测、观瞄、制导武器系统干扰的一种技术手段，具有"隐真"和"示假"双重功能。

光电隐身也称为光电防护，有红外隐身、可见光隐身和激光隐身等。具体措施包括伪装、涂料、热抑制等。

光电假目标是指在真目标周围设置一定数量的形体假目标或热目标模拟器，用来降低光电侦察、探测和识别系统对真目标的发现概率，并增加光电系统的误判率，从而吸引精确制导武器的攻击，大量地分散和消耗敌方精确制导武器，提高真目标的生存概率。

在光电对抗领域将干扰手段分为有源干扰和无源干扰会存在一定的问题，因为在光波段所有的物体都有辐射，包括无源干扰材料。以烟幕干扰为例，传统的分类认为烟幕干扰为无源干扰，实际上，对于红外成像系统而言，它观察到的图像是目标和背景辐射透过烟幕的能量、烟幕本身辐射的能量以及烟幕散射的能量三部分共同作用的结果。因此，从辐射角度来看，认为烟幕干扰是无源干扰不太准确。为此，学者们曾将烟幕分为热烟幕和冷烟幕，热烟幕是指辐射型烟幕，烟幕的辐射远大于目标和背景的辐射，红外图像中观察到的主要是烟幕的热图像。冷烟幕是指吸收型烟幕，以降低成像系统接收到的目标和背景辐射能量为主。

2) 光电干扰装备概述

美国陆军 AN/GLQ-13 车载激光对抗系统采用模块结构，可保卫各种规模和形状的地面重要目标，并能通过自控设备而独立工作。英国 GEC-Maconi 航空电子设备公司研制的 405 型激光诱饵系统用来诱骗激光制导武器，它包括激光告警器、先进信号处理器、瞄准系统及激光发射机。该系统可检测与分析正在照射目标的激光束,然后按该激光束的特性进行复制,并用复制的激光束照射诱饵目标,将激光制导武器引向诱饵。这种系统采用了光纤耦合探头和先进的散射抑制技术,灵敏度高,虚警率低。美国陆军研制的"魟鱼"车载激光致盲系统,采用"猫眼效应"进行侦察定位,其激光器为平均功率1kW的CO_2激光器和输出能量100mJ的板条状Nd:YAG及其倍频激光器,有效干扰距离分别为1.6km和8km,能破坏敌光电传感器和损伤更远距离的人眼。激光干扰机的发展方向之一是采用脉冲重复率高达兆赫以上的激光脉冲对激光导引头实施压制式干扰,使导引信号完全淹没在干扰信号中,从而使导引头因提取不出信号而迷盲,或因提取错误信息而被引偏。

高能激光武器是当前新概念武器中理论最成熟、发展最迅速、最有实战价值的前卫武器,被称为"杀手锏"。它涉及高能激光器、大口径发射系统、精密跟瞄系统(光束定向器)、激光大气传输与补偿、激光破坏机理和激光总体集成等关键技术,其特点是"硬杀伤",直接摧毁目标。美国倾入大量资金,加快机载激光武器(ABL)、天基激光武器(SBL)、战术激光武器(THEL)、地基激光武器(GBL)和舰载激光武器(HEL-WS)的研制。TRW公司研制的"通用面防御综合反导激光系统"(Gardian),采用中红外(3.8μm)氟化氘化学激光器,功率为0.4MW,系统反应时间1s,发射率为20~50次/min,辐照时间为1s,单次发射费用1000美元,能严重破坏10km远的光学系统,杀伤率可达100%。美国波音公司、TRW公司和洛克希德·马丁公司承担ABL研制合同,ABL系统由波音747-400型飞机平台、无源红外传感器、数十兆瓦功率的氧碘化学高能激光器和高精度光束控制的跟踪瞄准系统组成。在12km高空和远离敌方90km外领空巡航,对敌方未确定的多枚战术导弹实施高效拦截和击落敌侦察卫星。每次战斗的飞行时间12~18h,每次射击时间3~5s,激光燃料费用为1000美元。数十兆瓦的激光通过口径为1.5m的光束定向器发射,用自适应光学校正大气湍流后的跟瞄精度高达0.1μrad,足以攻击600km远处的目标,摧毁当前导弹中的任何一种的压力燃料贮箱。ABL系统还将设计成能对付从单个发射场到多个分散发射场间歇式进行的每次5~10枚导弹的齐射。

3. 反光电侦察

反光电侦察就是抓住光电系统的薄弱环节,使敌方的光电侦察装备无法"看见"己方的军事设施,最终一无所获。反光电侦察的具体技术包括烟幕、伪装、光箔条、隐身、假目标、摧毁与致盲、编码技术和改变光束传输方向等。反光电侦察的这几种措施可以互为补充使用,比理想的伪装与隐身,应使己方目标无法被光电侦察系统和红外寻的器"看见",但通常达不到理想效果,一般使其达到某种隐身程度,再让假目标欺骗来发挥作用。

应该说,反光电侦察技术和光电干扰技术在分类上是相互涵盖的,特有的反光电侦察措施主要指编码技术。

4. 抗光电干扰

抗光电干扰是在光电对抗环境中为保证己方使用光频谱而采取的行动。其典型特征:它不是单独的设备,而是包含在军用光电系统(如激光测距机)中的各种抗干扰技术和措施。抗干扰光电技术主要包括两个方面:一个是抗无源干扰和有源干扰中的低功率干扰,包括反隐身技术、多光谱技术、信息融合技术、自适应技术、编码技术、选通技术等;另一个是抗有源干扰中的致盲干扰和高能武器干扰,包括距离选通、滤光镜、防护与加固技术、新体制导弹等[3]。

光电复合制导属于多光谱技术的应用。常用的光电复合制导方式有紫外/红外双模制导、红外/可见光复合制导、激光/红外复合制导,以及视线指令/激光驾束、红外寻的/激光束指令等。这些复合制导技术不仅能在各种背景杂波中检测出目标信号,而且可以对抗假目标欺骗和单一波段的有源干扰,如在紫外/红外双模制导中,控制电路将根据背景、环境、有无干扰等具体情况,自动选择制导波段。白天当红外波段信号中断(如小角度迎头攻击)或遭到干扰时,控制逻辑选择用紫外波段继续跟踪,而夜晚紫外辐射甚弱则转入红外跟踪,灵活的双模工作方式使得对某一通道的简单干扰难以奏效。

光电干扰与抗干扰之间的斗争是一场智慧的较量。干扰与抗干扰不可能永远一方被另一方压制。应该说,没有无法干扰的光电武器系统,也没有无法对付的光电干扰。一般而言,抗干扰技术落后于干扰技术,干扰技术又落后于武器系统的设计。干扰与抗干扰这一对矛盾的发展必然会不断促进武器系统的更新换代。

1.2.3 光电对抗的地位和作用

光电对抗是整个电子战的重要方面军,是信息战的重要组成部分,是极为重要的电子对抗手段之一。特别是自 20 世纪 50 年代以来,随着光电侦察、光电制导技术及武器装备的发展,光电对抗在战争中的地位日益提高。各国对光电对抗方面的投资逐年上升,如美国在 80 年代中期对光电对抗的投资已经超过了对射频对抗的投资。在最近的海湾战争、科索沃战争和阿富汗战争中,美军广泛使用了光电对抗武器,范围遍及陆、海、空、天,使得战争对美军单向透明,取得了辉煌的战果。有军事家分析和预言:在未来战争中,谁失去制谱权,就必将失去制空权、制海权,处于被动挨打、任人宰割的悲痛境地;谁先夺取光电权,就将对谁先夺取制空权、制海权和制夜权而产生重大影响。一个国家的综合电子战实力(尤其是光电对抗武器系统)对现代国防力量的影响将完全不同于某些武器(如常规武器)技术性能差距带来的影响,它更具有全局性、决定性和时间性。

随着红外和激光技术在军事上的应用,特别是光电探测和光电制导技术的发

展,光电对抗技术和装备在现代战争中发挥着越来越重要的作用,主要表现在以下四个方面:

(1) 为防御及对抗提供及时的告警和威胁源的精确信息。实现有效防御的前提是及时发现威胁。光电侦察告警设备能够查明和收集敌方军事光电情报,平时为研制光电对抗设备、制订光电对抗计划和采取正确的军事行动提供依据,战时为实施有效干扰或火力摧毁提供情报支援。当前,光电侦察为主的信息获取已成为制信息权的主要手段。在美国主导的近几场局部战争中,广泛使用光电侦察设备,使战场单向透明,对手在战场上任由美军摆布。如美国在海湾战争中,动用军事卫星33颗,科索沃战争中动用军事卫星50多颗,阿富汗战争中先后动用了军事卫星50多颗,伊拉克战争中动用军事卫星和民用卫星近200颗,再配合美国的EP-3侦察机、侦察直升机、"全球鹰"和"捕食者"无人侦察机、预警机等,为美军实时掌握战场态势,实现远程指挥,取得战争胜利立下了汗马功劳。特别是"捕食者"无人侦察机在阿富汗战场为找到并摧毁隐蔽于山地中的塔利班武装人员发挥了重要作用。美军的坦克和步兵战车上配置了先进的光电侦察预警系统,可以对来袭目标预警和实施战场抵近侦察,能使首发命中率提高到80%以上。

(2) 扰乱、迷惑和破坏敌光电探测设备和光电制导系统的正常工作。通过有效的干扰使它们降低效能或完全失效,以保障己方装备和人员免遭敌方光电侦察、干扰或火力摧毁,为己方的对抗行动创造条件。以舰艇防御为例来说明对抗的作用。在敌方主动电磁压制条件下,舰艇对空的防御能力大大削弱,以致敌方可以在足够近的距离实施空舰攻击,采用的光电制导导弹和激光制导炸弹,攻击精度高,可以分辨米级的目标,在高密度、多批次、全方位的饱和攻击条件下,常规的舰载近程武器系统对来袭导弹的防御有着先天不足的局限性,主要表现在:反应时间长,难以应付高密度饱和攻击;点对点的打击方式,难以应付来自全方位的攻击;密集阵式的"弹幕"防御虽然成功率较高,但面对长时间的持续攻击,弹药难以为继;难以应付掠海导弹或垂直的激光制导炸弹的攻击等。而先进的光电对抗系统可同时对来自全空域的目标实施对抗,反应快,保护概率高,生存能力强,因此,对舰艇而言,是否具备对光电制导武器的对抗能力,将直接关系到舰艇的生存,对丧失制空权、在电磁压制下又处于守势的防御方尤为重要[4]。

(3) 为重要目标和高价值军事目标提供光电防御。以舰艇红外隐身为例来说明防御的作用。舰艇的红外特征非常明显:①在阳光照射下,舰船吃水线以上部分因吸收阳光辐射而发热,可使表面温度提高几十摄氏度,增加了表面的红外辐射功率,而且与车辆和飞机相比,舰船的热辐射表面要大得多。②舰船上还有一些热点,如烟囱及其排气、发动机和辅助设备的排气管、甲板以上的一些会发热的装备等。在吃水线以上部分主要是烟囱及其排气的热辐射,其辐射在中红外波段。降低舰艇的红外特征,实现光电防御的主要方法:①在烟囱表面的发热部位和发动机排气管周围安装冷却系统和绝热隔层。②降低排气温度。把冷空气吸入发动机排气道上部,对金属表面和排出的燃气进行冷却。例如,使用二次抽进的冷空气与排气相混合,加上喷射海水,使排气温度从482℃降低到204℃,既降低了红外辐射能量,又转移了红外辐射的光谱范围。③改变喷烟的排出方向,使之受遮挡而不易被观测。④在燃料中加入添加剂,吸收排气热量,或在烟囱口喷洒特殊气溶胶,把烟气的红外辐射隔离,减少向外辐射的热量。⑤在船体表面涂敷绝热层,减少对太阳光的吸收。⑥把发动机和辅助设备的排气管路安装在吃水线以下。⑦在航行中对船体的发热表面喷水降温,或形成水膜覆盖来冷却。⑧利用隐身涂料来降低船体与背景的辐射对比度。

(4) 为争夺制信息权和取得信息优势提供重要保障。具体表现:具备光电侦察告警、光电干扰和光电防护等多功能的光电对抗系统覆盖从紫外到中远红外的整个光电威胁波段;采用多种手段干扰敌方的光电探测设备和光电制导武器,阻碍敌方光电装备信息获取;通过合理的配置,光电对抗系统可装备海、陆、空、天等多种固定和移动平台,提升各平台的信息对抗能力;采用综合各波段信息的数据融合技术,适应不同气候条件,实现全天候对抗。信息化战争的实践表明,没有制电磁权,便没有制空权、制海权,也没有陆上作战的主动权。在进攻时,精确的光电对抗装备能使敌指挥系统混乱、防空系统瘫痪,可以保证己方攻击力量有效突防,加快战争进程;在防御时,有效的光电对抗能大大降低敌攻击武器的杀伤力,延缓战争进程。总之,光电对抗的优势将为夺取战争的主动权提供强有力的保证。

1.2.4 光电对抗与电子战

高新技术的发展,特别是信息技术和信息产业的发展导致了军事领域一系列革命性的变革。以争夺信息控制权为目的的信息战已悄悄地来到了我们的身边。电子战是信息战的核心和支柱。电子战是美军及欧洲国家的军事术语,我军的标准术语是电子对抗。

电子对抗可以按频段分为射频对抗、光电对抗和水声对抗等,由于每个频段都含有多个作战对象,所以,按频段分类分式不够细致。故通常按作战对象分类,如雷达对抗、通信对抗、光电对抗、水声对抗、导航对抗、敌我识别系统对抗、引信对抗、卫星对抗等。无论哪种分类方式,光电对抗都是电子对抗的重要组成部分[5]。

1991年国家军用标准中,电子对抗从功能上可分为电子侦察、电子干扰和电子防御。对应于1969年美国参谋长联席会议给出的电子战定义电子对抗措施、电子反对抗措施和电子战支援措施。我军电子对抗的新定义包括电子侦察、电子攻击和电子防御。对应于1993年美国参谋长联席会议给出的电子战定义:电子攻击、电子防护和电子战支援。新定义的电子攻击中包含了电子干扰和电子摧毁,同时电子防御不仅保障电子信息系统正常工作,而且保护己方人员安全。光电对抗隶属于电子对抗,那么从功能上也相应地分为光电侦察、光电攻击和光电防御。本书前面给出的分类方法其实和这里是一致的,只是沿用了传统的称呼。强激光干扰里的激光摧毁就是光电摧毁。反光电侦察和抗光电干扰就是光电防御。

雷达对抗、通信对抗、水声对抗技术发源于20世纪60年代,成熟于80年代,其理论、技术体制、装备体系各国已经基本完善。光电对抗的概念则是在80年代光电装备技术高度发展的背景下提出的。近年来,随着光电子技术的迅速发展,光电子技术已经成为提高现代武器性能的重要手段,如在舰艇、坦克、飞机、火炮等常规武器和导弹、卫星等尖端武器中的应用,尤其是各类光电精确制导武器在战争中扮演着首要打击力量的角色,使得光电对抗日益得到人们的重视。在近几场局部战争中,光电对抗运用的规模、范围及影响程度大大超出了人们以往的认识,制光电权已成为现代战场制电磁权的重要组成部分。

我军光电对抗起步较晚,物质基础比较薄弱,光电对抗作战能力不但与世界上某些发达国家的光电对抗能力相比差距比较大,而且与我军通信对抗、雷达对抗、导航对抗相比也存在着一定的差距。在未来战争中,光电对抗方面的差距有可能给我军带来严重的潜在威胁,因此,光电对抗的发展必须引起足够的重视。

1.3 光电对抗的作战对象

军用光电系统泛指那些可发射光辐射或接收目标辐射及反射的光信号,并通过光电变换、扫描控制、信号处理等环节完成警戒、测量、跟踪、瞄准、制导等战斗使命的高技术军用产品。在现代战争中典型的军用光电系统如下:

(1) 空间:光电成像侦察与导弹预警卫星、军事民用卫星、对地观测卫星上用的地平仪等。

(2) 机载:红外前视设备(FLIR)、激光测距/跟踪/目标指示器、光电情报侦察系统等。

(3) 舰(艇)载:光电火控系统、光电桅杆等。

(4) 车载(单兵):激光测距机、光电敌我识别设备、红外热像仪、微光夜视仪等。

(5) 制导武器:各类精确光电制导武器(激光制导、电视制导和红外成像制导等)。

可见,军用光电系统的种类很多:按是否主动发射光辐射,可分为主动式光电系统和被动式光电系统；按信号形式，可分为光电成像系统和光电非成像系统；按工作机理，可分为光电探测系统、光电通信系统、激光武器系统等；按工作波段，可分为可见光光电系统、紫外光电系统和红外光电系统等；按扫描方式，可分为光机扫描、电子扫描以及 CCD 扫描光电系统；按使用场所，可分为天基光电系统、陆基光电系统、星载光电系统、舰载光电系统、机载光电系统等；按所担负的战斗使命，可分为夜视观瞄、光电火控、潜用观测、光电制导、激光武器、光纤通信、导航定位等。由于军用光电系统之间的相互穿插和交错，很难做到明确的分类。

在光电对抗领域，光电侦察和干扰的对象为光电武器装备，主要包括光电制导武器和光电侦测设备两大类，属于军用光电系统的主要组成部分。同时，光电侦察和干扰装备本身也成为光电武器装备抗干扰和反侦察的对象。本节主要介绍光电武器装备的发展现状、所形成威胁环境的特点和光电武器装备的主要弱点。关于光电武器装备的工作原理将在第 2 章专门阐述。另外，光电侦察和干扰装备的发展现状和原理将穿插在光电对抗技术体系的每个环节逐一呈现。需要说明，在光电装备、光电系统、光电设备、测距机、告警器、干扰器材和对抗措施中，本书中所讲的"装备""系统""设备""机""器""器材"和"措施"等是同义的。尽管它们实际上存在着复杂程度、体积大小、功能多少的差异，但它们都是能够独立完成一种或多种规定功能的集合体。

1.3.1 光电武器装备的发展现状

1. 光电制导武器

光电制导武器包括空对空光电制导武器、空对地（舰）光电制导武器、地（舰）对地（舰）光电制导武器、地（舰）对空制导武器等。

（1）空对空光电制导武器：点源红外制导导弹（如美国"响尾蛇"AIM-9L）、红外成像制导导弹（如美国 AIM-132），雷达和红外复合制导导弹（如苏联 AA-3 导弹）等。

（2）空对地（舰）光电制导武器：激光制导导弹（如美国"幼畜"AGM-65E），激光制导炸弹（如美国"宝石路"GBU-1～Ⅲ）、电视制导导弹（如美国"秃鹰"AGM-53A）、电视制导炸弹（如美国 AGM-130），红外成像制导导弹（如美国"幼畜"AGM-65D）、点源红外制导导弹（如挪威"企鹅"3 空舰导弹）、雷达和红外制导导弹（如美国 AASM）等。

（3）地（舰）对地（舰）光电制导武器：巡航导弹（如苏联 SS-N-19）、激光制导导弹（如以色列炮射激光制导导弹）、激光制导炮弹（如美国"铜斑蛇"激光制导炮弹）、红外制导导弹（如美国"龙"式导弹）、红外成像制导导弹（如舰对舰导弹 ASSMⅡ）、激光驾束制导导弹和光纤制导导弹（如美国 FOGMS 系统）等。

(4) 地(舰)对空光电制导武器：电视制导导弹(如英国"标枪"防空导弹和苏联 SA-N-6 防空导弹)、红外和紫外双色制导导弹(如美国"毒刺"防空导弹)、雷达和红外制导导弹(如美国"西埃姆"SLAM 导弹)、点源红外制导导弹(如美国"小懈树"MIN-72A/C 导弹)、红外成像制导导弹(如法国 SADRAL 导弹)和激光驾束制导导弹(如瑞典 RBS-70 防空导弹)等。

2. 光电侦测设备

光电侦测设备主要包括空中光电侦测设备、陆(岸)基光电侦测设备和舰载光电侦测设备三类。

(1) 空中光电侦测设备：卫星光学侦察、战术航空侦察(如美国 TARPS)、激光测距机(如美国 AN/AVQ-26)、激光目标指示器(如美国 AN/AVQ-27)、前视红外系统(如美国 LANTIRN 吊舱装用)和微光夜视(如美国 ZRVS-606)等。

(2) 陆(岸)基光电侦测设备：激光测距机(如英国 LV-5 型)、激光目标指示器(如英国 LF6 型)、红外热像仪、微光夜视仪和微光电视等。

(3) 舰载光电侦测设备：激光测距机(如英国 908 型)、激光目标指示器(如法国 TMY185 型)、红外和电视搜索跟踪系统等。

1.3.2 光电威胁环境特点

大量的光电武器装备充斥在战场上，导致光电威胁环境越来越复杂，可以将这个威胁环境的特点概括如下：

(1) 光电威胁波段宽。包括紫外波段 $0.2 \sim 0.38 \mu m$，可见光波段 $0.38 \sim 0.76 \mu m$，激光 $0.53 \mu m$、$0.904 \mu m$、$0.98 \mu m$、$1.06 \mu m$、$1.54 \mu m$ 及 $10.6 \mu m$，红外波段 $1 \sim 5 \mu m$ 和 $8 \sim 14 \mu m$。

(2) 光电威胁种类多。光电侦测包括激光测距、激光雷达、红外侦察、电视跟踪及微光夜视等十几种技术体制数百种型号；光电制导包括红外点源制导、红外成像制导、红外和雷达复合制导、红外和紫外双色制导、激光制导及电视制导等十几种技术体制数百种型号。

(3) 光电威胁全方位。光电武器装备已在海、陆、空、天全方位进行实战应用。

(4) 光电威胁全天候。包括白天、黑夜及能见度较差的雨雾天气。

(5) 光电威胁装备量大。光电制导武器连同它们的发射系统与其他制导武器相比，具有造价低、命中精度高的优点，因而被大量装备。以激光制导武器为例，据 1990 年底统计，全世界激光制导炸弹装备量超过 20 万枚。我国周边国家和地区不少已装备了激光制导炸弹。到目前为止，几乎所有的作战平台都装备了光电侦测设备和光电制导武器。

(6) 光电威胁发展迅速。激光制导从 $1.06 \mu m$ 发展到 $10.6 \mu m$，红外制导从点源发展到红外成像制导以及及红外和紫外双色制导等。

1.3.3 光电武器装备的主要弱点

光电装备和其他武器装备相比,如雷达制导武器或雷达侦测设备,在应用中也存在一些明显的不足:

(1) 目标必须直接进入视场才可观测、跟踪,一旦被非透射障碍物阻隔、遮蔽,就无法观测。

(2) 光电装备的作用距离与观察效果受气象条件影响非常严重。例如,微光夜视仪在星光夜,可以看到600m远的物体,若星光被云淹没,则只能看到10m以内的物体。

(3) 光电装备视场小,观察范围有限。如车载夜视仪的视场,作驾驶仪用时可达30°,作瞄准用时就小于10°,所以观测瞄准困难。

(4) 光电装备的红外图像反差小,不易辨别目标的细节。

因此,光电武器装备只有和其他武器装备联合使用,才能充分发挥各自的优势。然而,作为对抗一方,这些缺点正好是光电侦察和干扰装备可以利用的关键之处。

1.4 典型光电对抗系统组成和技术指标

图1.3是集光电侦察、干扰、摧毁、评估为一体的综合对抗系统[6]。光学系统收集光波段的辐射信号,并经探测器进行光电转换,形成电信号,送入信号预处理单元。信号预处理主要作用是滤波,滤波器设计成与目标信号相匹配并使背景源的信号输入减至最小,信号处理单元能自动对截获的光波信号进行精细测量、分选和识别,并判定信号的威胁等级,输出给显示控制单元。显示控制单元决定是否对威胁目标实施干扰,并通知功率管理单元。功率管理单元根据干扰对象,选择合适的干扰样式和功率大小。干扰机、诱饵、无源干扰或摧毁设备具体实施干扰。该系统还能实时提供干扰效果的评估,根据评估结果可以决定是停止干扰,还是继续干扰。如果继续干扰,可以通过更改干扰样式,或者修改干扰功率管理和干扰参数来实现更好的干扰效果。

该系统的主要技术指标包括:

(1) 工作波段:$0.3 \sim 14 \mu m$。
(2) 测量精度:测向精度角分量级、测距精度$\pm 5m$和测波长精度小于$0.1 \mu m$。
(3) 反应时间:秒量级。

(4) 作用距离:要优于对方的2倍。
(5) 探测范围:水平360°,俯仰-30°~+75°。
(6) 发现概率:优于99%。
(7) 虚警概率:低于10^{-3}/h。

发现概率指威胁目标出现在视场时,设备能够正确探测和发现目标的概率。虚警指事实上威胁不存在而设备发出的告警,虚警发生的平均间隔时间的倒数称虚警概率。

1.5 光电对抗的应用领域

光电对抗系统组成框图如图1.3所示,其应用领域包括下列四个方面:

1. 和平时期的情报侦察

和平时期的情报侦察是应用光学侦察卫星和无人侦察飞机等手段来不断监视和收集其他国家和地区的感兴趣区域,进行分析、识别、定位和获取对方武器装备及其相关平台的性能、部署、调动态势,为高层领导决策提供情报依据,并为更新电子战目标数据库提供数据,以便设计和研制针对性强的光电对抗装备。

2. 冲突时期的情报支援

在战争时期,陆、海、空、天光学侦察装备实时收集战区情报,经过分析、处理形

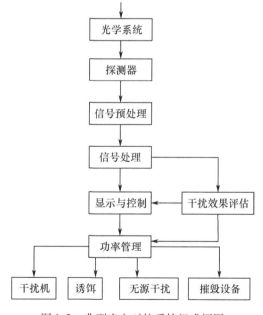

图1.3 典型光电对抗系统组成框图

成敌方的战场态势,为作战指挥决策提供准实时的情报依据。

3. 作战平台的光电防御

1) 空中作战平台的光电自卫

空中作战平台主要包括歼击机、强击机、轰炸机、军用运输机、预警机、侦察机、电子干扰飞机以及军用直升机等。在现代战争中,这些作战飞机将面临来自空中、海上和陆地的光电制导武器的攻击。因此,为了自卫,各种作战飞机已加装了红外或紫外导弹来袭告警设备、光电对抗控制系统、红外干扰弹和红外有源干扰机,以对抗红外制导导弹的攻击。例如,美国和英国联合研制多光谱红外定向干扰机,装备到预警机、轰炸机和大型运输机在内的各种作战飞机,用于对抗包括红外成像制导导弹在内的各种红外制导导弹。

对低空作战的武装直升机,除加装红外对抗设备外,为对付激光驾束制导导弹等地空导弹的威胁,还加装了激光告警设备、烟幕发射装置和干扰源。

2) 海上作战平台的光电自卫

海上作战平台主要包括护卫舰、驱逐舰、巡洋舰、航空母舰、战列舰、导弹艇和登陆舰艇等。在现代战争中,这些海上作战平台将受到空对舰、舰对舰和岸对舰等光电制导的反舰导弹的攻击。因此,国外多数舰船都装备了红外告警设备、光电对抗控制系统、红外干扰发射装置及干扰弹、烟幕发射装置及烟幕弹和强激光干扰系统,用于对抗来袭的红外制导导弹、激光制导导弹和炸弹及炮弹、电视制导导弹和炸弹等光电制导武器。

3) 陆基作战平台的光电自卫

对地面主战坦克和装甲车等作战平台,目前主要加装激光告警、红外或紫外告警、烟幕发射装置、红外干扰弹发射装置和红外干扰机等光电对抗设备,用于对抗来袭的红外反坦克导弹、红外成像制导导弹、电视制导导弹、激光驾束制导导弹、激光半主动制导导弹和炮弹。另外,对导弹发射车等重要作战平台,可配置具有随队防护能力的专用光电对抗系统,以对抗光电制导武器的攻击。

4) 地面重点目标的光电防御

地面指挥所、机场、导弹发射阵地、交通枢纽及 C^3I 重要设施是现代防空体系中最重要的军事目标,也是敌方重点攻击的对象,必须重点防护。而这类目标,因其电磁特性的特殊性,又成为光电制导武器的主要攻击对象。对这类重点目标,采用单一手段的光电对抗设备对抗多种光电制导武器是难以奏效的,通常需用以激光对抗、红外对抗和可见光对抗为主体的光电综合对抗系统,以对抗来袭的激光制导炸弹、激光制导导弹、电视制导炸弹、电视制导导弹和红外成像制导导弹等光电制导武器。所以,精确制导武器光电综合对抗系统已成为现代防空体系的重要组成部分。

4. 作战平台的光电进攻

1) 空中作战平台的光电进攻

对空中作战平台的光电进攻以大功率激光系统为主,如美国研制的机载"罗盘锤"高级光学干扰吊舱和机载"贵冠王子"光电对抗武器系统,可侦察敌方光电装置的光学探测系统,并发射强激光致盲敌作战平台光电装置的光电传感器。

另外,美国正在研制高能激光武器系统,并准备加装在 C-130 大型运输机上。该系统可摧毁包括来袭导弹在内的敌武器装备,引爆敌来袭导弹的战斗部,烧穿来袭导弹导引头的整流罩以及敌作战飞机的燃料舱。

2) 陆基和海上作战平台的光电进攻

陆基作战平台和海上作战平台的光电进攻模式基本相同,主要有三种模式:一是采用高能激光武器系统,将敌作战飞机或来袭导弹直接摧毁,如美国正在研制的舰载高能激光武器系统(HELWS),采用 $40 \times 10^5 W$ 的氟化氘激光器,可以攻击高度从几米到 15km,以任何速度或加速度来袭的各类目标;二是采用大功率激光干扰系统,致盲或致眩敌方作战平台光电装置的光电传感器,如美国车载 AN/VLQ-7 "虹鱼"激光干扰系统,可破坏 8km 远处的光电传感器,美国陆军在车载 AN/VLQ-7 "虹鱼"激光干扰系统的基础上,研制了"美洲虎"车载激光致盲武器和"骑马侍从"车载激光致盲武器,英国在 T-22 型护卫舰、"考文垂"号护卫舰和"海狸"号护卫舰上加装了大功率激光干扰系统,每船有两台激光器,安装在舰桥两侧,在英国与阿根廷马岛之战中取得较好作战效果,使阿根廷"天鹰"、A-4B 和 A-4 等多架攻击英舰的飞机坠入海中或偏航;三是激光弹药致眩干扰,采用炮射方式将激光弹药发射到敌方阵地,爆炸后产生的强烈闪光,使敌作战平台光电装置的光电传感器丧失探测能力,如美国陆军研制的 40mm "闪光"炮弹,以及美国海军 127mm 炮射的激光弹药。

1.6 光电对抗的发展史及趋势

1.6.1 光电对抗的发展史

光电对抗是随着光电技术的发展而发展起来的,并在不同时期的局部战争中扮演着重要角色。典型的光电对抗战例,既可以为光电对抗装备研制提供具有实际价值的借鉴,也可以为光电对抗应用研究提供可靠的实践依据。因为它代表着当时装备技术的最高水平,同时反映出作战对装备技术和战术应用的发展需求。另外,光电对抗目前主要涉及可见光、红外和激光三个技术领域,即可分为可见光对抗、红外对抗和激光对抗。因此，从可见光对抗、红外对抗和激光对抗三个方面，以技术发展和典型战例相结合的方式叙述光电对抗的发展史。

1. 可见光对抗

在可见光范围内进行对抗其历史十分悠久。在古代战场，侦察和武器使用依赖于目视。作战双方为了隐蔽作战企图、作战行动，经常采用各种伪装手段或利用不良天气、扬尘等来隐匿自己，以干扰、阻止对方对己方进行目视侦察、瞄准，使对方难以获取正确的情报，造成其判断、指挥错误，降低敌方使用武器的效能。

公元前212年，在锡拉库扎战争期间，守城战士就用多面大镜子会聚太阳光照射罗马舰队的船帆，这就是早期光电对抗的一个实例。但是，这是一个失败的战例，因为最终锡拉库扎城被攻破，阿基米德被杀。古希腊步兵在战斗中曾用抛光的盾牌反射太阳光作为战胜敌方的重要手段之一，还有许多利用阳光降低敌方防御能力的例子。1415年，亨利五世的射手们就是等待太阳光晃射法国士兵的时候进行攻击；近代的战斗机突然从太阳光中飞出，从而达到突袭的目的[7]。古人也有如何增强防御的例子，著名典故"草船借箭"就是利用大雾使敌方无法分辨真假。

第一次世界大战期间，在可见光领域的对抗已引起各参战军队的普遍重视。为了避免暴露重要目标和军事行动，各参战军队广泛利用地形、地物、植被、烟幕等进行伪装。比如，英国为了减少军舰被潜艇攻击而造成的损失，在船体上涂抹分裂的条纹图案以掩饰船体的长度与外貌，包括估计航行方向，实践证明，此举可以有效防止潜艇计算出合适的瞄准点。

第二次世界大战期间，在可见光领域的对抗更趋广泛，各参战国采用各种不同的手段对抗目视、光学观瞄器材。烟幕作为可见光对抗的主要手段得到广泛应用，并取得了十分显著的效果。例如，在1943年至1945年间，苏军对其战役纵深内重要目标使用烟幕遮蔽，使德国飞行员无法发现、识别、攻击目标，投弹命中率极低，空袭效果大大下降。

20世纪70年代后，在可见光波段工作的光电侦察、瞄准器材的性能有了大幅度提高，在可见光领域的对抗十分激烈。如越南战争中，越军利用有利的植被伪装条件，经常袭击、伏击美军。为此，美军在越南大量使用植物杀伤剂，毁坏植被，破坏越军的隐蔽条件。植被的毁坏为美军扫清视界，特别是空军攻击所需要的视界，从而使美军受伏击率下降了95%。再如，1973年的第四次中东战争中，埃及在苏伊士运河采取了夜间移动浮桥位置、昼间施放烟幕覆盖的方法，阻止、干扰以色列对浮桥位置的侦察，从而降低了以空军惯用的按预先标定目标实施空袭的效果。埃及军队使用苏制目视瞄准有线制导反坦克导弹在2个多小时内就击毁以色列装甲旅的130多辆坦克。面临灭顶之灾的以军装甲部队迅速寻找对策，使用烟幕遮蔽坦克，从而使对方反坦克导弹效能降低，大大提高了以军坦克在战场上的生存能力[8]。

随着高分辨率超大规模CCD摄像器件的发展,出现了电视制导武器及各种光电火控系统,对抗这种可见光波段的光电武器目前主要采用烟幕遮蔽干扰方式,使之无法跟踪目标,并逐步发展采用强激光干扰手段致盲其光电传感器,使之丧失探测能力从而降低作战效能。

2. 红外对抗

1934年,第一支近贴式红外显像管的诞生,竖起了人类冲破夜暗的第一块里程碑。第二次世界大战末期,德军将新研制成功的红外夜视仪在坦克上应用,美军将刚刚研制出的红外夜视仪用于肃清固守岛屿顽抗的日军,在当时的夜战中均发挥了重要作用。

20世纪50年代中期,硫化铅(PbS)探测器件问世,该器件的工作波段为$1\sim3\mu m$,不用致冷。采用该器件为探测器的空空红外制导导弹应运而生。60年代中期,随着工作于$3\sim5\mu m$波段的锑化铟(InSb)器件和致冷的硫化铅器件的相继问世,光电制导武器进一步发展,地空和空空红外制导导弹又获得成功。至70年代中期,光电探测器件的性能有了较大的提高,相应的地空和空空红外制导导弹的作战性能大为增强,攻击角已大于90°,跟踪加速度和射程也大幅度增加,使空中作战飞机面临严重的威胁。如1973年春的越南战场上,越南使用苏联提供的便携式单兵肩扛发射防空导弹SA-7,在两个月内击落了24架美国飞机。在这种情况下,各国纷纷研究对抗措施,相继出现了机载AN/AAR-43/44红外告警器、AN/ALQ-123红外干扰机以及AN/ALE-29A/B箔条、红外干扰弹和烟幕等光电对抗设备,产生了许多成功战例。在越南战场上,美国针对SA-7的威胁,投放了与飞机尾喷口红外辐射特性相似的红外干扰弹,使来袭红外制导导弹受红外诱饵欺骗而偏离被攻击的飞机,SA-7红外制导导弹因此失去了作用。

所以,以越南战争为契机,将持续很长一段时间的电子战作战领域从雷达对抗、通信对抗发展到光电对抗领域,光电对抗开始成为电子战的重要分支。当然,对抗与反对抗是相互促进的。SA-7红外制导导弹加装了滤光片等抗干扰措施后,又一次发挥它的威力,在1973年10月第四次中东战争中,这种导弹又击落了大量以色列飞机。后来,以色列采用了"喷气延燃"等红外有源干扰措施,又使这种导弹的命中概率明显下降,飞机损失大大减少。

从20世纪70年代中期开始,对抗双方发展迅速,相继问世了红外、紫外双色制导导弹(如美国的"毒刺"导弹和苏联的"针"式导弹)和红外成像制导导弹。目前,已有$3\sim5\mu m$和$8\sim14\mu m$两种波段的红外成像制导导弹,这种红外成像制导导弹识别跟踪能力强,可以对地面目标、海上目标和空中目标实施精确打击,命中精度达1m左右。而对抗方面,又增加了面源红外诱饵、红外烟幕、强激光致盲等手段来迷盲或致盲红外制导导弹,使之降低或丧失探测能力。90年代初期,美因和英国开始联合研究用于保护大型飞机的多光谱红外定向干扰技术,这种先进的技术可以对抗目前装备的各种红外制导导弹,也包括红外成像制导导弹。

海湾战争中,面对大量装备多种红外侦察器材、红外夜视器材和红外制导武器的美军,伊军也采取了一些对抗措施。如在被击毁的装甲目标旁边焚烧轮胎,模拟装甲车辆的热效应,引诱美军再次攻击,使美军浪费弹药。但伊军对红外对抗不重视,主动进行的干扰行动又极为有限,因而美军红外侦察器材和红外制导武器的效能还是得以比较充分的发挥。

科索沃战争中,南联盟军队吸取海湾战争经验教训,利用雨、雾天气进行机动和部署调整,使北约部队的高技术光电器材难以发挥效能。南联盟军队采用关闭坦克发动机,或把坦克等装备置于其他热源附近,干扰敌红外成像系统的探测。在设置的假装甲目标旁边点燃燃油,模拟装甲车辆的热效应,诱使北约飞机攻击,致使北约部队进驻科索沃后,出现了其难以寻到它所称的被毁南军大量装甲目标残骸的那一幕。

美国"647"卫星上装有红外热像仪,于1971年至1974年曾探测到苏联、中国、法国的1000多次导弹发射。1975年11月,苏联用陆基激光武器将美国飞抵西伯利亚上空监视苏联导弹发射场的预警卫星打"瞎";1981年3月苏联在"宇宙杀伤者"卫星上装载高能激光武器,使美国一颗卫星的照相、红外和电子设备完全失效。1995年美国"鹦鹉螺"战术激光武器系统在试验中击落"陶"式反坦克导弹和巡航导弹,1996年2月又成功地击落两枚俄制BM-21"喀秋莎"火箭弹。1997年10月美国成功地进行一次激光反卫星试验,1999年和2000年美国进行了多次战区导弹拦截试验,引起了世界各国人民的严重关注。

3. 激光对抗

1960年7月美国研制出世界上第一台激光器。激光方向性强、单色性和相干性好的特点,迅速引起军工界的兴趣。1969年军用激光测距仪开始装备美军陆军部队,随后装备部队的激光制导炸弹具有制导精度高、抗干扰能力强、破坏威力大、成本低等特点。在越南战争中,美军曾为轰炸河内附近的清化桥出动过600余架次飞机,投弹数千吨,不仅桥未炸毁,而且还付出毁机18架的代价。后采用刚刚研制成功的激光制导炸弹,仅2h内,用20枚激光制导炸弹就炸毁了包括清化桥在内的17座桥梁,而飞机无一损失。美军在越南平均用210枚普通炸弹,才能命中目标一个,而使用激光制导炸弹,据有统计的2721枚中,命中目标的有1615枚。越南人民军也采取了一些反激光炸弹的措施,其中措施之一就是伪装目标,减少激光能量的反射,例如在保卫河内富安发电厂战斗中,施放了烟幕、喷水,高度超过建筑物3m,伪装面积为目标的2~3倍,烟幕浓度为$1g/cm^3$,就收到效果,敌人投了几十枚炸弹,仅有一枚落在围墙附近。此外,还用施放干扰和用能吸收激光的物质进行涂敷的办法,也收到了一定效果。从这个战例可以看出,采取烟幕可以遮蔽激光制导的光路,降低激光制导炸弹的命中概率。于是坦克及舰船都装备了烟幕发射装置,地面重点目标还配备了烟幕罐及烟幕发射车。与此同时,美国的激光制导炸弹也由"宝石路"Ⅰ型发展到"宝石路"Ⅱ型,制导精度也由10m提高到1m,并具有目标记忆能力。

20世纪90年代,海湾战争和科索沃战争是各国先进光电武器的试验场,美国使用激光制导炸弹占美国使用精导武器数量的30%,但被摧毁的巴格达大批目标中有90%是激光炸弹所为。美国使用"入侵者"飞机发射空地导弹击中伊的一座水力发电站,而随后另一架"入侵者"飞机又发射一枚"斯拉姆"空地导弹,结果这枚导弹从第一枚导弹所击穿的弹孔中飞进去,彻底摧毁了发电站,这就是当时名噪一时的"百里穿洞"奇迹。1998年,南联盟军队巧借"天幕",土法制烟,使北约空袭的前12天投放的12枚激光制导炸弹,仅有4枚击中目标。激光对抗技术再次引起各国军界的高度重视,美国研制的AN/GLQ-13激光对抗系统和英国研制的GLDOS激光对抗系统采用有源欺骗干扰方式,可将来袭激光制导武器诱骗至假目标;美国研制的"魟鱼"车载强激光干扰系统可致盲来袭激光制导武器导引头的光电传感器,使之丧失制导能力。

据报道,西欧国家从1982年到1991年10年间光电对抗装备费用为27亿美元,年递增15%~20%;美国电子战试验费用中用于光电对抗方面的1976年为16%,1979年为45%;截止到1990年底统计,全世界激光制导炸弹的装备20万枚以上,且每年以1万多枚的数量增加。光电对抗已逐渐成为掌握战争主动并赢得战争胜利的关键因素之一,谁能够使自己的光电设备作战效能发挥出色,并能有效地干扰敌方的光电侦察和光电制导等武器,战争胜利的天平就偏向于谁。当前,光电对抗系统已普遍装备在飞机、军舰、坦克甚至卫星等作战平台上,在对付光电制导武器方面发挥着重要作用。

由此可见,光电子技术的发展带动了光电制导技术的发展。光电制导武器精确的制导精度和巨大的作战效能,促进光电对抗的形成。光电对抗技术的发展又导致光电制导技术的进一步发展与提高,同时也促进光电对抗技术在更高水平上不断发展。

1.6.2 光电对抗的发展趋势

随着军用电子技术、微电子技术和计算机技术的发展,光电制导武器及其配套的光电侦测设备的性能不断提高,在现代和未来战争中应用更加普遍,对重要军事目标和军用设施构成了严重威胁。因而,光电对抗技术的发展和光电对抗装备的研制,受到世界各军事大国的广泛重视。例如,美国从 20 世纪 90 年代以来,用于光电对抗研究的投资超过了对射频对抗研究的投资。在未来战争中,光电对抗将显示出更大的作用,人们所熟悉的海湾战争,精确制导武器特别是光电精确制导武器大出风头,充分展现了其巨大威力。精确制导武器也是现代高技术战争的重要标志之一。据统计,在当今世界上的精确制导武器中,光电制导武器占多数,并且将原有的许多导弹,如"捕鲸叉""飞鱼""企鹅""响尾蛇"等都改用了红外成像制导、激光制导或者红外与雷达复合制导方式。总的来说,光电对抗的技术难度越来越大,主要体现在五个方面:①留给对抗系统的反应时间越来越短,从以前的几十秒变为不足 10s;②对抗距离不断加大,从地面的近程到中远程,并要进一步扩展到太空;③装备作战时域加长,从以白天作战为主到必须具备昼夜作战能力;④干扰波段大幅度加宽,从可见光直至中远红外,从单一波长到可调谐波长;⑤采取的各种反侦察和抗干扰技术措施使光电对抗的干扰效果减弱甚至消失。根据现代高新技术的发展和现代高技术局部战争的战例,可以预见光电对抗将有长足的发展。关于光电对抗每项技术或分系统的发展趋势,将在后续章节分别阐述,这里对光电对抗的整体发展趋势概括如下[9]:

1. 多光谱对抗技术广泛应用

光电技术的发展,使多光谱技术、红外成像技术、背景与目标鉴别技术、光学信息处理技术等新的科技成果不断涌现并广泛应用。在光电对抗领域,多光谱技术应用更加广泛。多光谱对抗使光电侦察告警、光电有源干扰和无源干扰、光电反侦察抗干扰已经改变了以往的单一波长或单一光频段的状况,而向着紫外、可见光、激光、红外全光波段发展。

美国洛拉尔(Loral)防御系统公司和美国空军怀特(Wright)实验室共同研制了世界上首套机载激光干扰系统,该系统号称多光谱干扰处理机,能自动分析、跟踪和对抗空中和地面发射的各种红外制导导弹。该处理机系统已经进行 25 次野外试验,试验结果令研制者满意,认为"该先进的干扰系统将能在真实环境中对付各种类型的红外导弹",并且美国海军还将该系统纳入其多波段反舰巡航导弹防御电子战系统中,进行了成功的对抗试验。

美国、英国等多家公司共同开发研制的 AN/AAQ-24(V)定向红外对抗(DIRCM)系统,也称为多光谱对抗系统,采用紫外导弹逼近告警和 $1\sim3\mu m$ 及 $3\sim5\mu m$ 的红外干扰,也可采用激光干扰。另外,可调谐激光器的不断发展和应用,也将使光电对抗向多光谱对抗发展。

2. 光电对抗手段从单一功能朝多功能方向发展

光电对抗技术的进步带动了光电对抗装备的作战性能从单一朝多样化、多功能方向发展。在干扰波段上,早期的烟幕弹只能遮蔽可见光和近红外波段,现已扩展到中远红外和毫米波波段,今后还将发展气溶胶型遮蔽物,将干扰波段延伸到微米波波段[10]。

在干扰样式上,第一代有源红外干扰机只能干扰调幅式红外制导导弹,现在已经发展成调幅和调频两种干扰能力兼备,进一步发展的红外定向干扰机将可用于各种制导方式的干扰,且能远距离实施干扰、近距离将探测器致盲。

在战术用途上,苏联将坦克上的红外照明灯与红外干扰机相结合,在低功率发射状态时用于夜间驾驶照明,高功率发射时加上调制就成为一种红外干扰机。

3. 软干扰与硬摧毁相结合成为一种重要的研究潮流

光电对抗研究的初期以软干扰型对抗技术措施为主,但自20世纪90年代以来,随着激光器件功率水平和光学跟瞄系统精度的不断提高,软干扰与硬摧毁相结合已逐渐成为光电对抗技术今后发展的一个重点。德国MBB公司研制的坦克载激光武器,可以在20km以外干扰破坏光电传感器,几千米内直接摧毁导弹、飞机的外壳。激光致盲武器也是先从致盲人眼的武器系统开始,逐步发展成为以致盲导弹光电传感器为主要目标,下一步则瞄准破坏包括导弹头罩等薄弱部位在内的软硬兼备型的战术激光武器。可以预计,随着大功率、高能量激光技术的进步,传统意义上的光电干扰设备与激光武器系统在干扰与摧毁之间的界限变得越来越模糊,最终的技术研究趋势必然是走向软硬对抗功能兼备的方向。

4. 探索新型对抗技术与体制成为光电对抗技术的研究热点

光电对抗是一门新兴技术领域,要想在对抗能力上胜过对方一筹,首先需要在对抗概念与方法上实现出其不意,从而才有可能在战术运用上达到攻其不备。美国在这方面一直走在世界前列,他们总是能够不断提出一些具有创意的构想,并努力将其付诸实施,最终发展成为一代新型装备。例如,他们提出利用人造水幕干扰红外系统的设想,即利用水蒸气对红外辐射传输的强衰减效应,达到隐蔽自身的目的。短短几年之后,就开始有美国关于研制隐身舰艇和隐身机场的陆续报道。隐身机场就是在机场上大量安装类似于浇灌用的喷灌器,在敌机临近前向所有机库和能辐射热源的部件喷水,增强隐蔽效果。而隐身舰艇则在其诸多隐身措施之中也包括水幕干扰,即在船体行进时,舰艇四周向外喷水、喷雾,远处看去,像是一簇浪花。再如,红外成像/雷达诱饵阵概念的提出,在刚开始时很多人觉得理论上可行,但技术上实施起来很难。但经过努力,现在美国已经研制出了能够模拟目标的红外与雷达影像的诱饵阵,通过在真目标附近形成的假目标造成对红外成像或雷达系统的角度欺骗干扰。此外,还有利用光纤技术实现激光测距欺骗干扰的创意,即将到达目标上的激光测距信号尽可能收集进入光纤延迟线,经过一段时间的延迟后再转发出去,由此实现距离欺骗干扰,据称此装置也已研制成功。

5. 光电对抗的综合一体化和自动化

光学技术、计算机技术(包括硬件和软件)和高速大规模集成电路的飞速发展,为光电对抗系统综合一体化奠定了基础。说到综合一体化,人们很自然地想到了美国的 INEWS 系统。该系统为美国 F-22A 飞机装配研制,它将多种电子战功能集成到一个系统中,包括光电侦察告警、雷达告警、电子支援和电子对抗等,使用综合处理器将光电和雷达波段的多个传感器获取的信息进行数据融合,采用实时的 Ada 软件,这样使机载电子战系统作战能力大大提高,适于现代高技术战争的需求。

光电对抗系统的综合一体化,依靠光学技术、高性能探测器件、数据融合技术等,将信息获取、数据处理和指挥控制融为一体,进而采用智能技术、专家系统等,使光电对抗系统成为有机的整体。从设备级对抗发展为分系统、系统和体系的对抗,提高战场作战效能。

实现综合一体化要有一个从低级到高级,从局部到全部的发展过程。首先是光电侦察告警综合化,进而是光电侦察告警与雷达、雷达告警及光学观瞄系统等的综合,最后将多个平台获取的信息进行综合,再指挥引导不同平台上的对抗措施,实时检测,闭环控制,以实现更大范围和更高层次上的系统综合。

光电对抗自动化是实战的需要,是光电对抗系统发展的一个重要方向。光电对抗系统应能自动对截获的光波信号进行精确测量、分选和识别;能自动判定信号的威胁等级;能自动实施干扰的功率管理,以最佳的选择设施干扰;能自动实时提供干扰效果的评估,并自动修改功率管理,参数的选择等。

6. 多层防御全程对抗

现阶段,光电对抗采用单一对抗末段防御,如红外干扰弹和激光角度欺骗干扰,这种对抗形式的效果是有限的。根据新型光电制导武器的不断增多和不断改进完善,光电对抗技术必须相应发展和提高。双色制导、复合制导、综合制导武器的出现,光电对抗必然向多层防御全程对抗发展,以提高对光电精确制导武器整体作战的效能。例如,对激光制导武器系统的对抗,第一层防御是针对激光制导武器系统的载机的光电侦测实施对抗,使其无法发现目标;第二层防御是针对激光制导武器系统的载机的激光定位测距装置实施对抗,使其无法定位测距或产生较大的定位测距偏差,造成无法投弹或错误投弹;第三层防御是针对激光制导武器的搜索段实施对抗,使激光制导头无法搜索到目标;第四层防御是针对激光制导武器的末制导段实施对抗,使来袭激光制导武器被诱偏或扰乱。

若单层防御的对抗成功率为 70%,则多层防御实施全程对抗的对抗成功率将可达 99%。可见,多层防御全程对抗是对付光电精确制导武器的有效途径。今后必将重点发展多层防御全程对抗的光电对抗系统。

7. 空间光电对抗

传统的光电对抗作战平台主要是飞机、舰艇和车辆等。现代信息化战场上军用卫星的作用日益凸显,工作在红外或可见光波段的照相侦察卫星,能在200km以上的高空拍摄到地面0.1m大小的物体;工作在红外和紫外线波段的导弹预警卫星,能根据导弹发射时排出的燃气辐射及时侦察到敌方弹道导弹的发射,为己方防御争取宝贵的反应时间。为了争夺太空的控制权,各种光电武器陆续投入空中战场。俄罗斯制定的军事学说称:"未来战争将以空间为中心,制天权将成为争夺制空权和制海权的主要条件之一。"因此,空间光电对抗成为光电对抗的重要发展领域,具有非常重要的战略地位。

空间光电对抗以光电侦察卫星为主要作战平台或作战对象,主要包括星载光电信息获取、卫星对抗、卫星防护三个方面的内容。干扰、破坏敌方卫星,有效抑制其光电侦察功能的发挥;保护我方卫星,充分发挥其光电侦察能力,将成为未来战争中的一项主要内容[11]。

1)空间光电预警

预警是一种执行特殊而重要使命的侦察监视活动,对实时性要求更加迫切,最远程的洲际弹道导弹飞行时间也不过30min左右,因此应该尽可能早地探测、识别来袭导弹,并尽可能准确地预报其运行轨道。由于弹道导弹在短暂的飞行时间内,在点火助推的初始段有极高的温度与亮度,非常适合光电传感器的探测,因此,光电预警成为战略预警的理想选择。注意到,预警通常是指对战略性进攻的远程来袭导弹而运用的综合性警戒手段,是预先告警。而告警通常是指对距离相对近的战术武器来袭而采取的相应警戒手段。例如,对战斗中来袭飞机、战术导弹、生化武器等的声、光、电等警戒手段。因为距离近,只能是告警而非预警。典型的空间光电预警装备为美国的DSP预警卫星。目前DSP预警卫星虽然还无可替代,但也有其固有的缺点。例如,不能跟踪飞行中段的导弹;虚警问题未得到根本解决,对美国国外地面站的依赖性大;特别是星载红外系统的扫描速度慢,对发动机工作时间短的中近程弹道导弹的探测能力有限,提供的预警时间不充分。为此,美国正在发展天基红外系统,以满足21世纪美军对战略、战术弹道导弹的预警需要。天基红外系统的发展目标是同时发现并跟踪战略、战术导弹,对洲际战略弹道导弹能提供20~30min的预警时间。主要采取两大措施:一是采用全新设计的红外敏感器,包括高轨道卫星采用的"扫描与凝视"敏感器和低轨道卫星采用的"捕获与跟踪"敏感器,使卫星能对燃烧过程更快、射程更短的小型战术导弹快速发现和对较弱信号的跟踪;二是采用复合型星座配置,提高对各种导弹的发现能力,提高跟踪弹道导弹的范围,实现对导弹发射全过程的监视与预警。

2）卫星对抗

卫星对抗包括有源对抗和无源对抗两个方面。主要措施包括：

（1）采用激光反卫星系统（陆基或星载或机载）攻击低轨道光学侦察卫星，致盲（或干扰）星上光电传感器，或破坏卫星供电系统，或破坏卫星热控制系统。

（2）采用强电磁辐射干扰或损伤卫星电子舱。采用卫星搭载方式将电磁炸弹带入相应轨道，适时启动装载电磁炸弹的小火箭接近敌方卫星并引爆电磁炸弹。

（3）动能拦截弹。动能拦截弹是利用高速运动射弹的动能靠直接碰撞来毁伤目标的杀伤拦截器，它是继核弹头、破片弹头之后的第三代反卫星武器。目前发展这种技术的国家有美国、英国、俄罗斯和以色列等，但主要工作集中在美国。

典型的无源对抗包括两类方式：一类是在光电侦察卫星的探测路径上设置干扰；另一类是对光电侦察卫星本身的特性进行改变，破坏其工作条件[12]。具体措施包括：

（1）对航天器进行隐身伪装，尽量削弱、隐蔽航天器的可见光、红外及雷达波的暴露特征，降低航天器的被探测概率，增强抗毁能力。

（2）采用空间碎片进行短时区域遮断阻隔。若想在特定时刻阻止对方的卫星对某地区的侦察，就可以利用低轨小卫星释放出大量的碎片遮断阻隔其侦察。

（3）对卫星实施沾染损伤干扰。由于光电侦察卫星一般处于轨道运动中，其轨道很容易确定。要对光电侦察卫星本身特性进行改变，可以在空间撒布无源对抗物质使其沾染到光电侦察卫星的望远镜头上，从而降低卫星的光学传输效率，使其灵敏度下降。

（4）利用红外和可见光干扰卫星的光学探测和成像传感器；利用燃烧的诱饵，伪装成导弹尾部的火焰，欺骗导弹预警卫星；在地面设立假目标，诱使光学照相卫星上当受骗。

3）卫星光电防护技术

由于对卫星攻击的威胁日益严峻，使得卫星光电设备及其平台的拥有国不得不高度重视其防护技术。主要措施包括：

（1）卫星光电成像传感器的加固技术；

（2）加强卫星的机动能力。

美军认为，虽然大多数卫星的推进器可使之进行高度控制、稳定保持和改变轨道等操作，但它们都不足以使卫星躲避一次攻击。而如果加大推进器的功率，就有可能使之对危险做出反应。据称美国正在试验一种以蒸汽为动力的卫星推进系统，以大大提高卫星的机动性。在探测到有威胁源存在时，可通过适时的战术机动，从而有效地减少被攻击的概率。

8. 光电对抗效果评估

光电对抗效果是指光电对抗技术和装备在规定的环境条件下和规定的时间内,与光电制导武器和光电侦察系统进行对抗的能力,包括侦察告警能力、干扰能力以及光电对抗装备响应能力等。评估是指对给定的光电对抗装备,在规定的环境条件下和规定的时间内,充分考虑影响它的效能的各种因素,给出能够成功地对抗某种光电制导武器能力的综合评价和估计,它是定量评估,用概率来表示。

光电对抗装备的性能优劣决定了该装备在战争中的有效性。而光电对抗装备的作战适应性与有效性,只有在逼真的光电对抗环境中才能检验,最终才能在战场上经受考验。但在和平时期,或在新的光电对抗装备投入使用之前,只能通过仿真的方式来进行光电对抗效果评估,从而检验光电对抗装备的性能。

仿真模拟试验就是对光电制导武器、光电对抗装备、被保护的目标、光电对抗的环境进行仿真模拟,逼真地再现战场上双方对抗的过程和结果。仿真模拟试验分为全实物仿真、半实物仿真和计算机仿真等几种类型。全实物仿真就是参加试验的装备(包括试验装备和被试装备)都是物理存在的、实际的装备,试验环境是模拟战场环境;半实物仿真的被试装备是实际装备,部分试验装备、试验环境由模拟产生;计算机仿真的试验环境和参试装备的性能和工作机理都是由各种数学模型和数据表示的,试验的整个过程由计算机软件控制,并通过计算得到试验结果。

综上所述,多光谱一体化和数据融合技术被广泛应用,光电对抗手段从单一功能扩展为多功能,软干扰与硬摧毁相结合成为重要的研究潮流,探索新型对抗技术与体制成为研究热点,光电对抗系统的综合化、一体化和自动化是其显著特点,多层次积极防御是其主要应用方式,空间光电对抗成为新的应用领域,基于仿真模拟试验的效果评估是光电对抗系统性能的重要保证。此外,光电对抗领域的一些新热点,包括导弹逼近告警、高精度激光告警、定向红外对抗以及全波段烟幕等,也是光电对抗技术的重要发展方向。

第 2 章 光电武器装备

光电侦察和干扰的作战对象为光电武器装备,主要包括光电制导武器和光电侦测设备两大类。光电侦测设备又分为光电观瞄系统和光电搜索、跟踪系统。深刻了解这些作战对象的工作机理,对于搞清楚光电对抗装备的工作原理、科学地进行光电对抗装备试验设计以及提高光电对抗装备的性能都具有重要意义。

光电武器装备之间往往是互相联系的,其工作机理和结构有许多相似之处,常常是在一种类型的光电系统基础上,将其结构做一定改进或加入具有另外功能的一些部件后,就构成了另一类的光电系统。例如:在观瞄系统基础上,加入跟踪驱动机构,控制观瞄系统不断跟踪目标,便成为跟踪系统;在跟踪系统的基础上,加入一定形式的控制信号,通过驱动机构,使观瞄系统按一定规律扫描一定的空域范围,就构成了搜索系统。光电制导武器可以理解为在导弹、炮弹或炸弹的导引头部分,利用光电搜索和跟踪系统来搜索、捕获和跟踪目标,即有限空域搜索系统。本章首先主要阐述激光制导、红外点源制导、红外成像制导、玫瑰扫描亚成像制导和电视制导武器的制导原理。然后,在光电成像原理介绍的基础上,解释电视、微光夜视仪、微光电视和红外热像仪等光电观瞄系统的基本原理,并进一步介绍光电搜索、跟踪系统。应该说,激光测距机和激光雷达也属于光电侦测设备,但是为了突出这两个激光类侦测设备在光电对抗技术体系中的侦察作用,将其作为主动侦察设备,放在第三章单独介绍。

2.1 光电制导武器

光电制导武器主要包括导弹、制导炮弹和制导炸弹。制导炸弹(炮弹)与导弹的最大区别在于炸弹(炮弹)本身没有发动机,不能持续水平飞行或爬高,全凭下滑行阶段的空气动力特性保证导向,因而只适用于从空中攻击地面固定目标或运动缓慢的目标。而导弹则自己有发动机,像一座无人驾驶的小型飞机一样,能做各种飞行动作,以保证准确地跟踪目标,直至击毁。通俗地讲,炸弹(炮弹)是被"投"进"光篮"的,而导弹则是自己"奔"向"光篮"的。

2.1.1 制导武器概述

制导武器具有三个基本特征,即无人驾驶、制导功能和战斗部。制导功能是指具有探测、识别和跟踪能力,如果飞行中偏离了目标方向,可以自动修正,始终朝着目标飞行。根据制导武器本身是否有动力,分为制导导弹和制导炸弹(炮弹)。本节主要介绍制导导弹的相关概念。

1. 基本组成和制导原理

导弹由弹体、制导设备、战斗部、引信、发动机组成,其中弹体把导弹连为一个整体。弹体又包括弹身、舵面和弹翼,舵面的作用是实现导弹飞行方向的改变,弹翼的作用是稳定飞行航向。制导设备也称为制导系统,测量导弹相对目标的飞行情况,计算实际位置和预定位置的偏差,形成导引指令(导引系统),控制导弹改变方向(控制系统),朝着目标飞行。制导系统原理框图如图2.1所示。

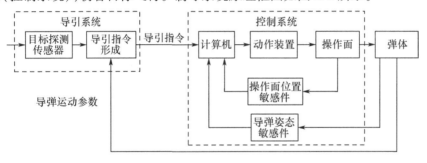

图2.1 制导系统原理框图

2. 相关概念

1) 制导体制

制导体制主要指导引系统的位置。如果导引系统装在弹上,则为寻的制导;如果导引系统在地面或其他载体上,则为遥控制导。寻的制导根据导弹是否发射信号又包括三种类型:①被动寻的制导,导弹不发射信号,仅接收敌方目标的辐射信号;②半主动寻的制导,导弹不发射信号,接收敌方目标反射的己方指示设备发射的信号;③主动寻的制导,导弹发射信号,该信号被敌方目标反射后又被导弹接收。

2) 制导方式

制导方式主要指目标探测传感器的类型。根据目标探测传感器的不同,分为单一制导和复合制导两大类。这里主要讨论光电探测器,单一光电制导方式主要是指激光、红外和电视制导,其中,红外制导又分点源制导和成像制导。

复合制导是指两种或两种以上的制导方式进行复合。按照飞行时间顺序,可分为串接复合和并行复合两种方式。按基本制导方式进行复合有指令、程控、寻的间的不同复合;按制导体制进行复合有射频(微波,毫米波)、光学(可见光、激光、红外)间的复合;按结构来复合有共口径和分口径的复合。在射频、光波各自寻的制导的内部,又有两种频率(如 X 和 K 波段)和两种波长(如紫外和红外)间的复合,而在同一频谱中又可将主动、半主动和被动体制复合起来。在这众多的复合方式中,确定哪一种复合模式是最好的应遵守下面五个原则:

(1) 模式的工作频率,在电磁频谱上相距越远越好。参与复合的寻的模式工作频率在频谱上距离越大,敌方的干扰手段欲占领这么宽的频谱就越困难。当然,在考虑频率分布时,还应考虑它们的电磁兼容性。

(2) 参与复合的模式制导方式应尽量不同,尤其当探测的能量为一种形式时,更应注意选用不同制导方式进行复合,如主动/被动复合、主动/半主动复合、被动/半主动复合等。

(3) 参与复合模式的探测器口径应能兼容,便于实现共孔径复合结构。这是从导弹的空间、体积、重量限制角度出发考虑。

(4) 参与复合的模式在探测功能和抗干扰功能上应互补。只有这样才能提高导弹在恶劣作战环境中的精确制导和突防能力。

(5) 参与复合的各模式的器件、组件、电路实现固态化、小型化和集成化,满足复合后导弹空间、体积和重量的要求。

在寻的制导的多种复合体制中,目前普遍倾向于选用毫米波和红外复合制导。但红外波长与毫米波波长相差千倍,实现难度较大。另外,还必须考虑到采用双模导引头后增加的费用和复杂性是否能提高作战性能。鉴于系统实现的复杂性和信息之间的互补性,可见光电视和红外成像复合制导是当前末制导领域很有前途的研究方向[13]。不管哪种复合制导方式,与单一制导方式相比,复合制导的优点非常明显,主要包括:

(1) 具有较强的战争适应性。例如,毫米波/红外双模制导系统,毫米波良好的穿透性能弥补了红外传输性能差的缺点,而红外导引头分辨率高,隐蔽性好,但不能测距,二者的复合可以取长补短,从而增强武器系统在各种复杂环境条件下的作战能力,实现全天候作战。

(2) 增强电子对抗能力。如使用红外/激光复合寻的制导时,敌方对一种导引头进行干扰后,另一种还可以工作,可靠性明显增加,从而提高武器系统的战场适应能力。

(3) 提高制导系统对目标识别和分类能力。复合寻的制导系统比单一寻的制导系统能获取更多的信息来识别目标的特征,从而提高对目标识别和分类的能力。

(4) 增强抗干扰反隐身的能力。例如,隐身材料对于红外和毫米波二者是不可兼容的,涂有电磁波吸收材料的目标,必然是良好的红外辐射源,同样,防红外的表面又必然是良好的电磁反射体,因此,红外/毫米波双模制导系统的反隐身能力比较强。

综上所述,复合制导是精确制导导弹的发展趋势。考虑到制导方式里,复合制导的基础是单一制导方式。因此,在本节主要讨论单一制导,而且是单一光电制导的工作原理主要包括激光、红外和电视三类制导导弹的制导原理。为了便于阐述红外制导导弹的工作原理,将其归纳为以下三类:

(1) 第一代红外制导导弹的典型代表是美国的"红眼睛"导弹和苏联的SA-7导弹。在光学系统焦面上采用辐射状调制盘,使用感受高温能量的硫化铅红外探测器,红外目标能量调制后产生代表红外目标相对于导弹方位信息的光电信号。所以第一代红外制导导弹的特点是调幅调相式制导技术,主要跟踪飞机发动机尾喷口处的高温区,以尾追或侧攻方式攻击飞机。第二代红外制导导弹的典型代表是美国的"毒刺"导弹和苏联的SA-14导弹。采用调制盘及感受中温的锑化铟或硒化铟红外探测器。采用调频体制的制导技术,具备了全方位的飞机探测和攻击能力。基本原理与第一代红外制导导弹相同,所以将其归为第一类红外点源制导导弹。

(2) 第三代红外制导导弹的导引头与第一、二代红外导引头的最大区别是没有调制盘。信息处理电路的体制也由此发生了改变。其典型代表是美国的"毒刺"-Post(FIM-92B)和"毒刺"-RAM(FIM-92C)、法国的"西北风"、俄罗斯的SA-18。

"毒刺"-Post导弹导引头的位标器采用主、次镜相对旋转并且都相对主光轴偏轴,陀螺工作时像点扫描轨迹形成玫瑰线形状,习惯上称为玫瑰扫描系统。红外探测器置于主光轴的中心并位于光学焦面上,当像点扫过探测器一次,即产生一个光电脉冲,根据光电脉冲出现的时间可以计算出目标相对于导弹的相对位置并进而计算出控制导引头跟踪和导弹飞行的信号。

"西北风"导弹的导引头采用次反射镜偏转一定角度,目标光源经光学系统成像在焦平面上形成扫描圆,四个对称的条形探测器置于光学焦面上。像点扫描时,扫描到探测器时出现一个脉冲信号,根据光脉冲出现的时间间隔不同,可以计算出t时刻红外目标相对于导引头的空间位置。

SA-18导弹的红外导引头采用共轴光学系统在光学焦平面上置一水滴状的探测器。陀螺旋转时,调制盘旋转一个周期像点扫过探测器一次产生一个电脉冲信号,根据脉冲信号的形状,可以解调出反映目标方位信息的控制信号。

在这三种第三代红外制导导引头中,本书选择玫瑰扫描系统进行制导原理介绍。关于"西北风"导弹的制导原理在第8章抗干扰部分进行阐述，SA-18导弹的制导原理不做论述。

（3）第四代红外制导导弹的导引头有三个显著特点：一是成像导引头；二是弹上计算机实现了不同程度的智能化，且可方便升级；三是相较于单元探测器信号处理方式不同，较大程度地提高了导引头的作用距离。这一类红外制导导弹属于成像制导导弹。

2.1.2 激光制导原理

激光制导分为激光驾束制导与激光寻的制导。激光驾束制导导弹的种类很多，如瑞典的RBS70导弹，它具有简单、精度高、抗干扰性能好等特点，主要用于超低空防空，也可用于反坦克，可以车载，也可以单兵肩射。其工作原理：以瞄准线作为坐标基线，将激光束在垂直平面内进行空间位置编码发射，弹上寻的器接收激光信息并译码，测出导弹偏离瞄准线的方向及大小，形成控制信号，控制导弹沿瞄准线飞行，直至击中目标。

激光寻的制导由弹外或弹上的激光束照射在目标上，弹上激光寻的器利用目标漫反射的激光，实现对目标的跟踪和对导弹的控制，使导弹飞向目标。按照激光光源所在位置，激光寻的制导有主动和半主动之分。迄今为止，只有照射光束在弹外的激光半主动寻的制导系统得到了应用，并在若干次战争中大量使用，取得了很好的效果。这类武器的命中率常在90%以上，比常规武器的命中率（25%）高得多。激光半主动寻的制导的特点是制导精度高、抗干扰能力强、结构较简单、成本较低、可与其他寻的系统兼容。由于在摧毁目标之前用人用指示器向目标发射激光，增加了击中目标的可靠性，但也有被敌方发现的可能性。

半主动激光制导导弹多为机载，用来攻击地面重点军事目标。典型的半主动激光制导导弹有美国的"海尔法"和"幼畜"导弹等。制导系统主要由弹上的激光导引头和弹外的激光目标指示器两部分组成，激光目标指示器可以放在飞机上，也可放在地面上。激光导引头利用目标反射的激光信号来寻的，通常采用末段制导方式。制导过程：弹体投出后，先按惯性飞行，此时机上目标指示器不发射激光指示信号，当弹体飞近目标一定距离时，激光目标指示器才开始向目标发射激光指示信号，导引头也开始搜索从目标反射的激光指示信号。有资料报道，只要这一距离大于2km，就能有效击中目标。为增强激光制导系统的抗干扰能力，激光制导信号往往还采用编码形式。导引头在搜索从目标反射的激光信号时，还要对所接收的信号进行相关识别，当确认其符合自身的制导信号形式后，才开始进入寻的制导阶段，直至命中目标。图2.2为半主动激光制导的全过程。

目前，半主动激光制导武器的激光目标指示器，多采用固体Nd:YAG脉冲激

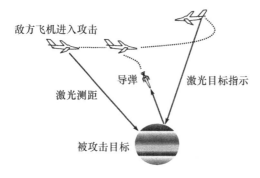

图 2.2　半主动激光制导的全过程

光器,激光波长为 $1.06\mu m$。其信号发射器(激光目标指示器)与接收器(激光导引头)是相互分离的,而制导信号的形式(脉冲编码)则是预先约定的。实战时,导引头对目标反射的激光指示信号,要经过接收、识别和确认这一系列过程。

2.1.3　红外点源制导原理

2.1.3.1　红外点源跟踪系统原理

红外点源跟踪系统基本组成如图 2.3 所示,由方位探测系统和跟踪机构两大部分构成。方位探测系统由光学系统、调制盘、探测器和信号处理四部分组成,有时也把方位探测系统和跟踪机构的测量头统称为位标器。

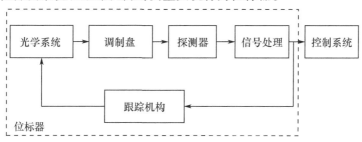

图 2.3　红外点源跟踪系统基本组成

跟踪系统的工作原理简述:如图 2.4 所示,目标与位标器的连线称为视线,视线、光轴与基准线之间的夹角分别为 q_t 和 q_M。当目标位于光轴上时,$q_t = q_M$,方位探测系统无误差信号输出。由于目标的运动,目标会偏离光轴,即 $q_t \neq q_M$,系统便输出与失调角 $\Delta q = q_M - q_t$ 相对应的方位误差信号。该误差信号送入跟踪机构,驱动位标器向减小失调角的方向运动,当 $q_t = q_M$ 时,位标器停止运动。此时若由于目标的运动再次出现失调角 Δq 时,则位标器又重复上述运动过程。如此不断进行,系统便自动跟踪目标。

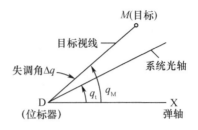

图 2.4 跟踪系统与目标的运动关系

2.1.3.2 调制盘的空间滤波作用

按照像点在调制盘上的扫描方式,调制盘可分为如下三类:

(1) 旋转调制盘:以调制盘本身的旋转实现像点在调制盘上的扫描,调制盘输出就携带了目标的方位信息。

(2) 章动调制盘:调制盘本身不转动,而是使其中心绕系统光轴做圆周平移运动,平移一周像点在调制盘上扫出一个圆,调制盘后出现扫描信号。

(3) 圆锥扫描调制盘:调制盘保持不动,以光学系统的扫描机构运动,实现像点在调制盘上的圆周扫描,扫描圆的圆心位置代表了目标的角坐标。

按调制方式划分,调制盘可分为调幅式、调频式、调相式、脉冲编码式和脉冲调宽式等。

这里以旋转调制盘为例来说明调制盘的空间滤波作用。调制盘是红外点源探测和跟踪系统中的一个元件,它在尺寸上往往是很小的,但在功用上却非常重要,它能提供目标的方位信息和抑制背景干扰,与此同时,它把目标辐射的直流信号变成交流信号以便于信号处理。

在空中,除了目标辐射红外线外,背景也辐射大量的红外线,如云层散射阳光的辐射等。导弹在低空飞行时还会受到来自地面的辐射的影响。如果背景和目标的辐射波长分布差别较大,可用滤光片来消除背景的干扰。而实际情况并非如此,如由背景云彩散射的阳光在 $2\sim2.5\mu m$ 波段的辐射要比远距离涡轮喷气发动机在导弹红外探测器上的辐照度值高 $10^4\sim10^5$ 倍,因而消除背景干扰是一个迫切需要解决的问题,否则红外探测系统根本无法从强背景辐射中发现目标。

由于导弹攻击的红外目标与背景相比都是张角很小的物体,如天空中的飞机,海面的舰艇,地面的车辆等。如果在探测器前加一个旋转的带黑白相间条纹的调制盘或者其他类似的装置,当目标和云彩的辐射透过调制盘照到探测器上时,输出信号就会不同。

通常调制盘置于光学系统的像平面上,其圆心与光轴重合。当带有旋转调制盘的红外探测系统扫过目标时,由于目标的像较小,像的辐射透过调制盘后使探测器的输出成为频率为f_s的一列脉冲串,脉冲波形将随像点大小与条纹尺寸之比而变化。当像点相对条纹来说很小时,信号波形就是矩形脉冲,脉冲频率为

$$f_s = nf_r \tag{2.1}$$

式中:f_r为调制盘的旋转频率;n为调制盘上的黑白相间的格子对数。

当光学系统视场内有云彩时,由于云彩的像较大,它一般要占有调制盘的多个条纹,每一瞬时占有的黑白条纹数是相近的,因此,输出幅值变化很小的信号(接近直流信号),这种直流信号经交流放大器后就会被滤除;相反,目标像点形成的脉冲信号就不会被滤除。由此可见,调制盘可以消除背景干扰,这种作用也称为空间滤波作用(图2.5)。

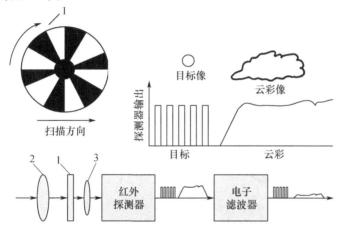

图2.5 旋转调制盘的空间滤波作用

1—旋转调制盘;2—主光学系统(目标成像在调制盘上);3—场光学系统(可缩小探测器的敏感面积)。

实际上,图中这种简单例子是很难完全滤除背景的。这是因为大多数云彩边缘是不规则的,云彩内部的辐射也是不均匀的,存在梯度。这样,当调制盘旋转时,它将对云彩产生切割作用,因而图中的云彩信号带有波纹而非直流。对于这种调制盘,如果有一条直线云边与辐条平行,则当调制盘转动时,将出现相当大的背景调制信号。为使调制盘在垂直于辐条方向上有空间滤波作用,可把幅条做径向分割,成为棋盘式调制盘。为了得到良好的空间滤波特性,棋盘调制盘做径向分割时,应该满足等面积分割的原理,根据此原理调制盘图案将由一个个小的单元组成,这些小单元的面积应该相等。这样如果背景的辐照度是均匀的,则背景在每一个小的单元透过的能量相同,透过调制盘的背景信号是直流信号。当然背景如云彩等的辐照度不可能总是均匀的,所以背景透过的信号是准直流信号。

2.1.3.3 调制盘提供目标的方位信息

为了能完成制导任务,导引头不但要能感知目标的存在,还应能提供目标的方

位。目标的方位信息包括方位角和失调角两种信息。下面分别叙述调制盘如何提供这两种信息。

1. 方位角信息

图 2.6 是一种简单的双扇面调制盘,这是能提供目标方位角信息的最简单的调制盘。当目标处于光轴上时,像点始终透过一半,探测器输出信号是个不变的直流信号,如图 2.6(c)所示。当目标在探测系统前方右下角时,目标像点落在调制盘的左上方,探测器输出如图 2.6(a)所示。由于目标偏离了光轴,则有图中的信号输出,这种信号称为误差信号。当目标处于探测系统左下方时,目标的像点落在调制盘的右上角,误差信号如图 2.6(b)所示。由图可见,只要有一个基准信号与之相比,就可测出此初相角,从而测出了目标的方位角。

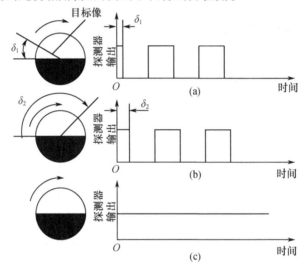

图 2.6 双扇面调制盘产生目标方位信息图

基准信号产生如图 2.7 所示。调制盘与一块永久磁铁装在一起绕系统的光轴转动。在红外探测系统的外壳上固定两个径向绕制的线圈。当永久磁铁旋转时,线圈中就产生一个正弦变化的感应电势,如图 2.7(a)所示,这就是基准信号。在调制盘旋转的一周内,探测器输出的目标误差信号如图 2.7(b)所示。将误差信号和基准信号相比就可得出误差信号的相位角,从而得到目标的方位角。

2. 失调角信息

红外系统在捕获、跟踪目标的过程中,目标像点通常具有固定的偏移量,目标的偏移量常以失调角表示,如图 2.8 所示。图中目标与探测器的连线与探测系统光轴间的夹角即为失调角 Δq。不同类型的调制盘,其失调角的求取原理也有所不同。

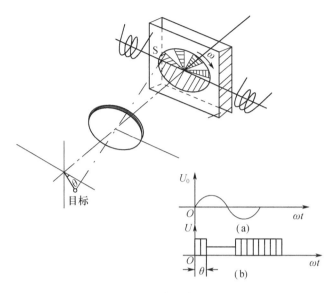

图 2.7 基准信号产生示意图

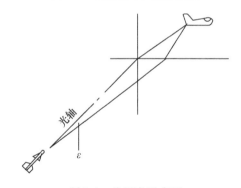

图 2.8 失调角示意图

1) 调幅式调制盘

图 2.9 所示即为将调幅式调制盘取出一部分并将其简化成扇形。由图可见,像点在 A、B、C 三个位置时,透过调制盘的能量不同,因而其输出脉冲的幅值将不同(如图中 A、B、C 三脉冲串)。设像点为圆形,像点总面积为 S,总功率为 P_0,在图示位置,像点透过最大面积为 S_1,透过功率为 P_1,相应的不透过面积为 S_2,遮挡功率为 P_2,当调制盘旋转时,透过的功率就在 P_1 与 P_2 之间变化。

像点透过调制盘的功率为

$$P(t) = \iint I(x,y)\tau(x,y,t)\mathrm{d}x\mathrm{d}y \tag{2.2}$$

式中:I 为物在像平面上形成的像函数;τ 为调制盘的透过率函数。

经过推导,可得

$$P(t) = \frac{1}{2}P_0 + P_0 \sum_{n=1}^{\infty} B_n \frac{2J_1(nZ)}{nZ}\sin(n\theta_0 + n\Omega t) \qquad (2.3)$$

式中:B_n 为透过率函数的 n 次波的幅值;$Z = \Delta q$;Ω 为调制盘旋转频率,$J_1(nZ)$ 为以 nZ 为变量的第一类一阶贝塞尔函数。

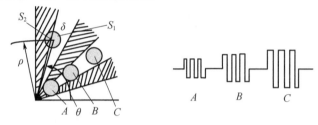

图 2.9　像点位置与输出信号幅值

考虑能量损失较小和信噪比较大的原则,合理地选取通频带,若调制盘的栅格数为 12,则谐波数 n 取为 11、12、13。取载频上下边频信号,得到有用的辐射能量信号,这部分辐射能经探测器转换为电信号,通常用信号处理电路某一级的输出电压 u 来表示有用调制信号的大小,对于不同的失调角,有不同的 u 值,画出 u 随 Δq 的曲线,就得到了调制曲线,如图 2.10 所示。

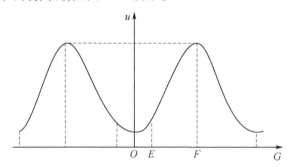

图 2.10　调幅式调制盘的调制曲线

当目标处在光轴上或在光轴附近时,由于像点透过的面积与不透过的面积几乎相等,调制深度很小,因而有用信号也小,调制曲线出现一个很平缓的区域,如图中 OE 段,此区域称为盲区,当 Δq 增加时,调制深度增加,有用信号值也增加,调制曲线在线性上升区(如图中的 EF),输出的误差信号也增大,此误差信号,驱动跟踪机构跟踪目标。

2) 调频式调制盘

调频式调制盘主要有旋转调频式调制盘、圆锥扫描调频调制盘和圆周平移扫描调频调制盘等。下面分别以旋转调频式及圆锥扫描调频调制盘为例进行说明。

图 2.11 是旋转调频式调制盘的图形及其输出波形。如果目标成像于图中外圈 P 处,方位角为 θ_0,则调制后的辐射波形如图 2.11(b) 所示,图中的矩形脉冲频率在调制盘的一个旋转周期内是不均匀的,呈正弦规律变化,形成近似于下式所表示的调频波:

$$F(t) = F_0 \cos[\omega t + M \sin(\Omega t + \theta_0)] \tag{2.4}$$

式中:F_0 为目标象点辐射能;ω 为像点所处环带内黑白扇形分格完全均匀时,所对应的载波的角频率;Ω 为调制盘旋转角频率;$M = \Delta\omega/\Omega$,为与像点所处环带扇形角度分格大小的变化范围相应的调制指数;θ_0 为目标象点的方位角。

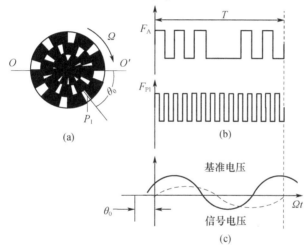

图 2.11　旋转调频式调制盘及其调制波形

由于各环带内,黑白扇形角度分格数目不等,因而 ω 不相同,同时不同环带内的最大频偏不相同,所以不同环带内的调制指数 M 也不相同,即 ω 和 M 都是偏移量 ρ 的函数。对任一环带而言,式(2.4)又可变为

$$F(t) = F_0 \cos[\omega(\rho) t + M(\rho) \sin(\Omega t + \theta_0)] \tag{2.5}$$

式中:$\omega(\rho)$、$M(\rho)$ 分别为与偏移量相对应的载波频率、调制指数。

由式(2.5)表示的调频信号,其波形如图 2.11(b) 所示,经过鉴频及滤波后可以得到如图 2.11(c) 所示的正弦电压信号,这个信号与基准信号的相位差即为目标方位角 θ_0。正弦电压信号的幅值由 $\omega(\rho)$、$M(\rho)$ 决定,即幅值反映了目标偏移量的大小。

对于旋转式调频调制盘,当目标处于同一环带内不同径向位置时,输出信号的幅值相同(因为同一环带内的 $\omega(\rho)$、$M(\rho)$ 值都相同),所以它们不能反映目标偏离量的连续变化情况。图 2.12(a)所示的扇形辐条式调制盘,则可以连续地反映目标的偏离量。调制盘置于光学系统焦平面上,且不运动,光学系统通过次镜偏轴旋转做圆锥扫描,在调制盘上得到一个光点扫描圆。当目标位于光轴上时,光点扫描圆 A 的圆心与调制盘中心重合,信号波形如图 2.12(b)所示,载波频率为一常值,无误差信号输出。当目标偏离光轴时,扫描圆中心偏离调制盘中心,如图 2.12(a)中扫描图 B,此时,光点扫描一周扫过扇形辐条的不同部位,扫描轨迹靠近调制盘中心那部分,载波信号频率升高,扫描轨迹远离调制盘中心部分,载波信号频率降低,光点扫描一个周期内,载波频率不等,便产生了调频信号,如图 2.12(c)所示,其瞬时频率的变化情况如图 2.12(d)所示,调频信号通过鉴频后与基准信号相比较,便可以确定目标的偏离量和方位角。

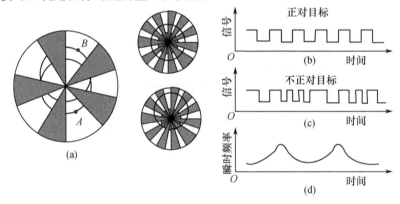

图 2.12 圆锥扫描调频调制盘及其调制波形

2.1.4 玫瑰扫描亚成像制导原理

1. 玫瑰扫描图形及其特点

玫瑰扫描是两个具有不同频率的圆锥扫描的合成,其扫描图形是由许多从公共中心发散出来的扫描线所组成,其外形酷似玫瑰花,故名"玫瑰扫描",如图 2.13 所示。实际上,每个花瓣形的扫描线是瞬时视场中心的运动轨迹,从图上可以看出,这种扫描图形在中心重叠大,即扫描线密集,而边缘扫描线稀疏。

这个特点正好适合于靠人工瞄准,将目标引入视场后进行自动跟踪的制导系统。扫描线稀疏的边缘,可具有一般调制盘的功能,即产生表征目标坐标的误差信息;而扫描线密集的视场中心区不仅能产生与目标位置相应的误差信号,而且能提供目标简单外形的热图像。如图 2.14 所示,由于此热图像的像素比一般热像仪所能提供的像元素要少得多,所以不能分辨目标的细节,只能给出目标简单轮廓,因此称为"亚成像"。

图 2.13　玫瑰扫描图形　　　　图 2.14　玫瑰扫描热图像

玫瑰扫描亚成像适合作为位标器在地空导弹制导系统上应用,这是因为天空背景比地面背景要简单得多,所以像元素不多的成像制导系统能够满足其一定的战术战技要求。同时,采用动力随动陀螺的制导导弹,均有高速旋转的陀螺转子,易于产生圆锥扫描。

2. 玫瑰扫描的数学表达式

玫瑰扫描图形由一组三参数的曲线族所组成,它可以定义为时间的函数,用笛卡儿坐标表示,其方程式为

$$x(t) = \frac{\rho}{2}(\cos 2\pi f_1 t + \cos 2\pi f_2 t) \tag{2.6}$$

$$y(t) = \frac{\rho}{2}(\sin 2\pi f_1 t - \sin 2\pi f_2 t) \tag{2.7}$$

用极坐标表示,其方程式为

$$r(t) = \rho \cos \pi (f_1 + f_2) t \tag{2.8}$$

$$\theta(t) = \pi (f_1 - f_2) t \tag{2.9}$$

式中:f_1、f_2 为旋转频率,它们的数值决定扫描图形特征,包括花瓣的瓣数 N、花瓣的宽度 W 以及相邻花瓣的重叠量;ρ 为比例参数,决定该扫描图形包络圆的半径即花瓣的长度,如图 2.15 所示。

扫描图形最外面、半径为 ρ 的包络圆称为扫描视场(SFOV),保证瞬时视场在扫描时无漏扫的圆称为有效视场(TFOV),该圆的半径与包络圆半径之比称为有效因子 η,显然有

$$\text{TFOV} = \eta \times \text{SFOV}$$

3. 玫瑰扫描亚成像位标器的误差信号

位标器的主要功能是测量空间目标相对光轴的偏差,采用极坐标表示,即目标

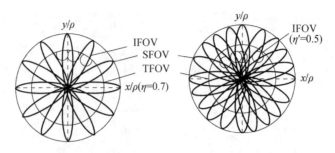

图 2.15 两种以 ρ 进行归一化的玫瑰扫描图形

偏离中心的距离 r_i 和相对初相位 θ_i。用"计时法"来测量和求取偏差量 r_i 和 θ_i,其原理如图 2.16 所示。

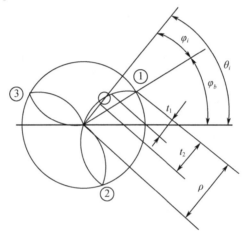

图 2.16 计时法测量原理

在瓣基准信号①的作用下开始计时直到第二个瓣基准信号②为止,接着以瓣基准②作为第二条扫描线开始计时的起点到基准信号③为止,这样依次延续下去。如果在扫描中遇上目标,则红外探测器产生一脉冲信号,将此脉冲信号的前沿和后沿分别对瓣基准信号进行时间采样,得前后沿的时间计数 t_1 和 t_2,并按下面公式求出目标的形心在本次扫描中相对视场中心的偏离量:

$$r_i = \frac{t_1 + t_2}{2} V_d - \rho \tag{2.10}$$

式中:t_1 和 t_2 分别为目标前、后沿的时间;ρ 为视场半径(常数);V_d 为玫瑰扫描速度。

若将瓣基准信号与兼作光学系统的主镜和转子的大磁钢相对应,即瓣基准信号表征大磁钢的 N 极(或 S 极)。这可采用比相线包的正弦电压为另一个基准信号,因为此电压是大磁钢旋转产生的,所以该正弦电压将准确地表征大磁钢的瞬时位置。因此,瓣基准脉冲的相位可由此求得。采用同样的计时法,就能求出每个瓣基准脉冲的相位 φ_v,如图 2.17 所示。

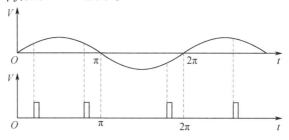

图 2.17 两种基准信号的对应关系

考虑到玫瑰扫描的非线性,为了获得精确的目标形心的瞬时相位,可按公式 $\varphi_i = \pi(f_1 - f_2)t$ 编制软件,计算目标的瞬时误差相位:

$$\theta_i = \varphi_b + \varphi_i \tag{2.11}$$

以上输出的误差信号经过 D/A 变换,成为模拟信号,可驱动陀螺进动,变换原理如图 2.18 所示。

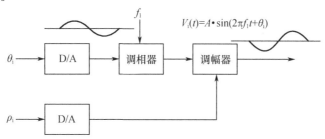

图 2.18 误差信号电压变换原理

变换后的电压为正弦电压,其幅度 A 与 r_i 值相对应,表征目标偏离中心的距离,其相位角与 θ_i 值相对应,表示目标偏离中心的相位。此电压不断输给动力陀螺的进动线包,使其向减小失调角的方向进动,直到失调角等于零为止,从而完成导弹制导。

2.1.5 红外成像制导原理

随着光电对抗技术的发展,红外点源制导导弹面临着很大的威胁。20 世纪 70 年代以来,红外成像技术有了很大的发展,并迅速在精确制导武器上得到了应用,形成红外成像制导系统,它能有效地对抗多种干扰,因而备受红外制导导弹设计师的青睐。红外成像制导系统与红外点源制导系统的主要区别是位标器接收和处理目标与背景红外辐射的方法不同。它主要由红外成像系统、图像处理器及随动系统三大部分组成,如图 2.19 所示。

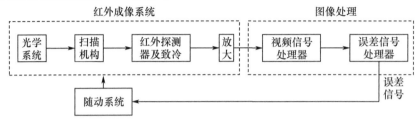

图 2.19　红外成像制导系统组成框图

红外成像制导导弹的基本工作过程:目标的红外辐射经红外成像系统后输出相应的视频信号,经图像处理器后可测定目标在视场中的方位,以及与视场中心的偏移量。经误差信号处理器得出相应的误差信号电压,此信号电压经功率放大后,驱动随动系统方位和俯仰的执行电机,使红外成像系统的视场中心对准目标。这样通过不断的测量和修正,保证对目标的跟踪。与此同时,装在随动系统轴上的角度传感器输出的角度信号与误差信号一起输给自动驾驶仪,然后输出与设定的制导规律相应的制导电压,该电压令导弹舵面的执行机构动作,使导弹按要求的弹道飞行。

从上述过程可以看出,成像制导的关键在于提取目标的图像信息。根据红外成像制导导弹提取目标信息的方法,可以将红外成像制导跟踪方式分为波门跟踪和相关跟踪。

2.1.5.1　波门跟踪

对于红外成像跟踪制导系统而言,所要攻击的同一目标的像点的大小随着距离的不同而变化。由于热成像系统的分辨率是有限的,因而目标在较远的距离上呈点源出现在视场中,当导弹接近目标时,才能出现目标的热图像,其尺寸会逐渐充满视场甚至超过视场。这要求图像处理系统具有兼顾点源和扩展源的处理功能。波门跟踪是一种既合适又简单的方法。

视场与波门关系如图 2.20 所示。波门的尺寸略大于目标的图像,它紧紧套住目标图像,图像处理系统只对波门内的视频信号进行处理,而不是处理整个视场图像。这样不仅大大压缩了信息处理量,而且允许目标与背景之间的视频信号比在较大范围内变化,同时也可以有效地排除部分背景干扰。针对目标图像尺寸随距离的变化,波门的尺寸也能跟随目标图像尺寸的变化而自动地改变,这种波门称为自适应波门。

在波门跟踪中,将目标视频信号处理成与角位置相应的误差信号的方法有边缘跟踪法和矩心跟踪法。

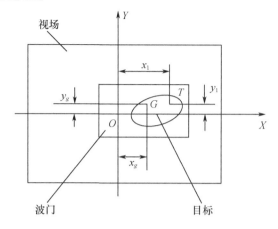

图 2.20　视场、目标与波门的关系

1. 边缘跟踪法

边缘跟踪法是根据目标图像与背景图像亮度的差异抽取目标图像边缘的信息,用这个信息去控制波门的形成,同时产生与目标位置相应的误差信号。

1) 边缘信号的产生

目标边缘信号的产生如图 2.21(a)所示。原始的视频信号经预处理电路后,得波形(1),然后输送给微分电路,检出该视频信号的上升沿和下降沿(波形(2)),此信号经全波整流电路整流后得波形(3),再经整形电路整形得波形(4),它对应于目标的左右边缘。用同样的方法和电路对整帧的视频信号中某一列像素进行采样,取出和处理该列的视频信号,得到的边缘脉冲则表征目标的上下边缘。

2) 误差信号的产生

表征目标边缘的信号取得以后,一边送经脉冲展宽器至波门发生器,以便得到比目标稍大一些的波门,同时将它送至误差信号处理电路,以便得到跟踪所必需的误差信号。误差信号处理电路的原理如图 2.21(b)所示。斜坡电压发生器产生一个通过 O 点的直流电压 $+U_0$ 和 $-U_0$。该电路是受热成像系统扫描同步信号控制,其零点对应于视场中心。用目标边缘脉冲对斜坡电压进行采样,如果两个边缘脉冲的中心与视场中心重合,采样的结果为正、负电压相等而平衡,无误差信号输出,如果两个边缘脉冲的中心偏离视场的中心,则采样的结果为正、负电压的绝对值不相等,则产生一个电压差值,此值表示目标与视场中心的偏离量,其极性表示偏离视场中心的方向,这就是误差信号。

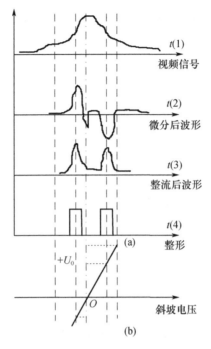

图 2.21 边缘信号产生原理
(a)边缘信号产生;(b)误差信号形成。

2. 矩心跟踪法

矩心跟踪也称为形心跟踪,根据对目标矩心的确定方法,矩心跟踪可分为质心坐标法和面积平衡法。质心坐标法是将跟踪窗内目标图像的有效面积划成矩阵,即对图像进行分割处理。各阵元即像素的视频信息幅度凡超过阈值的均参与积分处理,从而得到目标的质心坐标(图 2.22):

$$\overline{Y} = \frac{\sum_{j=1}^{m}\sum_{k=1}^{n}U_{jk}Y_j}{\sum_{j=1}^{m}\sum_{k=1}^{n}U_{jk}}, \quad \overline{Z} = \frac{\sum_{j=1}^{m}\sum_{k=1}^{n}U_{jk}Z_k}{\sum_{j=1}^{m}\sum_{k=1}^{n}U_{jk}} \tag{2.12}$$

式中:$U_{jk} = \begin{cases} 0, & \text{像元信息值} < \text{阈值} \\ 1, & \text{像元信息值} > \text{阈值} \end{cases}$;$Y_j$ 为 Y 方向的第 j 个像元的坐标;Z_k 为 Z 方向的第 k 个像元的坐标;m、n 分别为 Y、Z 方向的分辨像元数。

按质心坐标求矩阵的方法简便,精度较高,若以像元的信息代替阈值,则算出来的质心还具有加权作用。

面积平衡法是跟踪窗将目标图像分成四个象限或两对象限,然后对每对象限

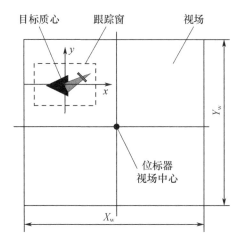

图 2.22　目标质心与视场关系

内超过阈值的视频信号分别积分,如图 2.23 所示。其中,A 和 B 象限对应于方位方向,C 和 D 象限对应于俯仰方向。

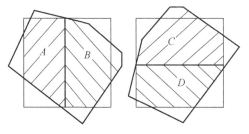

图 2.23　面积平衡法原理

如果目标处在跟踪窗中心,则跟踪窗中心线上下和左右的数字式目标信息应该平衡;否则会不平衡,结果产生误差信号,并将按帧频调整跟踪窗的中心线位置。这种平衡与不平衡的交替过程一直持续到目标充满跟踪窗而结束。上述过程中,视频模拟信息经过处理,变换成数字信息输出。幅值处理装置将大量的视频信息压缩成"1"或"0"的形式,即凡是像元信息幅值超过阈值的,都将计为"1";反之,均为"0"。只有高于阈值的像元信息才能参与坐标运算,这就进一步减少运算器和运算时间。

矩心跟踪的特点是阈值的取法随对比度的不同而变化。通常的做法是在跟踪窗的四角或四边各设一个背景门和在内侧各设一个目标边界门,如图 2.24 所示,背景门既可为条形也可为方形。每个门约占四个像元的位置,门电路对各个像元的信息幅值随时间进行综合和均化,为阈值计算提供背景信息水平数据。

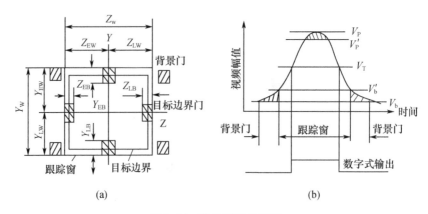

图 2.24 确定阈值的原理

2.1.5.2 相关跟踪

相关跟踪主要通过测量两幅图像之间的相关度的方法来计算目标位置的变化,用预先存储的目标图像去和实时摄取的目标图像求取相关值,经过处理得到误差信号,从而实现对目标的跟踪。

在相关跟踪中,由于两幅图像是对同一景物在不同时间摄取的,所以它们之间既有关系又有出入,因而可用相关函数来描述它们之间的相关程度,即

$$C(x,y) = \iint s(u,v) r(u+x,v+y) \mathrm{d}u \mathrm{d}v \qquad (2.13)$$

式中:(x,y) 为基准图像与实时图像 $r(u,v)$ 之间的相对位移量。

若使用离散量来表示,则

$$C(x,y) = \sum \sum s(u,v) r(u+x,v+y) \qquad (2.14)$$

式中:$s(u,v)$ 和 $r(u,v)$ 为两幅图像的矩阵,(x,y) 为位移量。例如:

$$s(u,v) = \begin{bmatrix} 1 & 1 & 1 \\ 1 & 1 & 1 \\ 1 & 1 & 1 \end{bmatrix} \qquad (2.15)$$

$$r(u,v) = \begin{bmatrix} 0 & 0 & 0 & 0 & 0 \\ 0 & 1 & 1 & 1 & 0 \\ 0 & 1 & 1 & 1 & 0 \\ 0 & 1 & 1 & 1 & 0 \\ 0 & 0 & 0 & 0 & 0 \end{bmatrix} \qquad (2.16)$$

则 $s(u,v)$ 和 $r(u,v)$ 的相关函数为

$$C(x,y) = \begin{bmatrix} 0 & 0 & 0 & 0 & 0 & 0 & 0 \\ 0 & 1 & 2 & 3 & 2 & 1 & 0 \\ 0 & 2 & 4 & 6 & 4 & 2 & 0 \\ 0 & 3 & 6 & 9 & 6 & 3 & 0 \\ 0 & 2 & 4 & 6 & 4 & 2 & 0 \\ 0 & 1 & 2 & 3 & 2 & 1 & 0 \\ 0 & 0 & 0 & 0 & 0 & 0 & 0 \end{bmatrix} \quad (2.17)$$

画出相应的相关度矩阵图如图 2.25 所示。从图上可以看出,其相关度呈山峰状分布,有一个最大值,峰值位置是两幅图像 $s(x,y)$ 和 $r(x,y)$ 完全重合的位置。因此在计算出两幅图像的相关度矩阵后,即可根据其主峰找出它们的配准点。若两幅图像失配,则产生两个点,该点与配准点之间的距离称为失配距离。失配距离决定输出误差信号的大小,此误差信号驱动伺服机构,使实时摄像系统的光轴向预存图像中心靠拢以实现配准。

相关跟踪既可以用于对地面固定目标的跟踪,

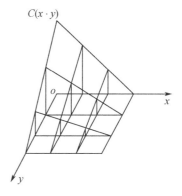

图 2.25 相关度矩阵图

也可以用于对动目标的跟踪。图像相关法对动目标的跟踪描述:如在某一瞬间对景物摄取的图像为第 k 帧图像 $r_k(x,y)$,当视场中的目标运动时,则在第 $k+1$ 帧图像 $r_{k+1}(x,y)$ 中的目标图像位置必然与第 k 帧图像中的位置有所不同,求取 $r_k(x,y)$、$r_{k+1}(x,y)$ 之间的相关值,即可求出目标的瞬时位移量,以此作为误差信号去控制伺服机构,对目标进行跟踪。

相关跟踪在红外成像制导中非常重要,特别是在末段,目标的热图像充满导弹位标器视场,其他跟踪方法将不能奏效,而图像相关跟踪,能确保精度而且能选择命中点。

2.1.5.3 复合跟踪

形心跟踪算法适合于跟踪目标面积比较小、目标/背景对比度比较大的情况,相关跟踪适合于跟踪目标面积比较大、目标区域灰度非均匀的情况。这两种情况在导弹接近目标的过程中是依次出现的,那么,意味着单纯用任一种跟踪算法都不能保证跟踪效果一直良好,需要采用复合跟踪算法。下面给出一种基于自适应波门技术的复合跟踪算法。

1. 自适应波门技术

在相关跟踪过程中,目标大小可能会发生变化,采用固定波门大小显然不合适。波门太大,对跟踪引入了不必要的干扰,波门太小,不能体现出目标的温度分布,易引起失配,必须采用自适应波门技术。波门变换可采用高亮点数原则,波门共分四挡,当最小波门时,就切换成形心跟踪算法[14]。

高亮点数求取采用阈值法,阈值模型为

$$T_s = \text{MEAN} + F \times \text{STD} \tag{2.18}$$

式中:MEAN 为窗口内灰度均值;STD 为窗口内灰度标准方差;F 为实验确定的一个常数。

当像素点灰度值大于 T_s 时,认为是高亮点。设 H 为高亮点总数,C_1、C_2、C_3 为实验参数,C 为满足条件的连续计数。则波门变换准则如图 2.26 所示。

$$\begin{cases} \text{第一挡波门} & H \geq C_1 \text{ 且 } N > C \\ \text{第二挡波门} & C_2 \leq H < C_1 \text{ 且 } N > C \\ \text{第三挡波门} & C_3 \leq H < C_2 \text{ 且 } N > C \\ \text{第四挡波门} & 0 \leq H < C_3 \text{ 且 } N > C \rightarrow \text{形心跟踪算法} \end{cases} \Biggr\} \text{相关跟踪算法}$$

图 2.26 波门变换准则

2. 跟踪算法流程

如图 2.27 所示,系统进入跟踪模式后,首先选择跟踪方式及波门大小,接着根据置信度判断是否处于正常跟踪状态,若不正常,则进入波门放大、局部分割、再次跟踪目标流程,若连续 K 帧(如 $K=25$)没能再次跟踪上目标,则认为目标丢失,进入全视场搜索识别阶段。置信度的判断采用置信度因子算法。跟踪过程中,由于目标的面积,亮度和位置在正常情况下是渐变的,不可能发生突变,故选用区域面积 A、平均亮度 L 以及目标位置差 d 来定义置信度因子。

区域面积置信度:

$$\omega_A = \begin{cases} 1 - |A_k - A_0|/A_0 \cdot \beta & (|A_k - A_0|/A_0 \cdot \beta < 1) \\ 0 & (|A_k - A_0|/A_0 \cdot \beta \geq 1) \end{cases} \tag{2.19}$$

区域亮度置信度:

$$\omega_L = \begin{cases} 1 - |L_k - L_0|/L_0 \cdot \beta & (|L_k - L_0|/L_0 \cdot \beta < 1) \\ 0 & (|L_k - L_0|/L_0 \cdot \beta \geq 1) \end{cases} \tag{2.20}$$

目标位置差置信度:

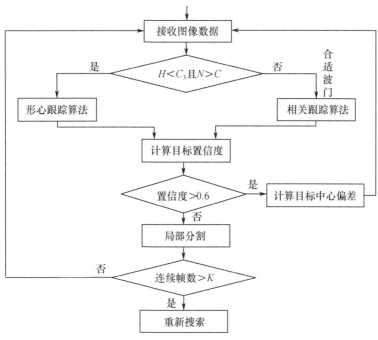

图 2.27 跟踪算法流程

$$\omega_D = \begin{cases} 1 - d/d_0 & (d/d_0 < 1) \\ 0 & (d/d_0 \geq 1) \end{cases} \quad (2.21)$$

式中:A_0、L_0 分别为跟踪目标的面积和平均亮度;A_k、L_k、d 分别为当前场目标区域的面积、平均亮度和目标位置差;β、d_0 为常数。

综上,置信度因子为

$$\omega = \sqrt{\omega_A \cdot \omega_L \cdot \omega_D} \quad (2.22)$$

在正常情况下,跟踪算法能够稳定跟踪运动目标。当有遮挡物出现干扰跟踪时,该如何处理呢？可采用局部分割技术,用式(2.18)对波门放大后区域进行分割,重新定位跟踪点,在得到新跟踪点之前,保持目标指向器定位在原跟踪点。实质上,局部分割技术相当于在跟踪转搜索过程中加了一个过渡阶段。

2.1.6 电视制导原理

1. 电视制导分类

电视制导目前主要有遥控式电视制导和电视寻的制导两种工作方式。对于精确制导导弹来讲,导引系统的设备位于何处,则是区分这两种制导方式的主要依据[15]。这里的电视制导主要是指可见光电视制导。

1）遥控式电视制导

系统的部分或全部导引设备不在导弹上,而是位于导弹发射点(地面、飞机或舰艇)上,由在导弹发射点的相关设备组成控制站,遥控导弹的飞行状态。导弹在飞行过程中,始终与控制站进行着信息交换,直至命中目标。

遥控式电视制导,由于弹上的导引设备比较简单、成本低、命中精度高和使用简便等优点而受到重视。在电视遥控制导技术方面,由于电视视线制导存在着作战距离近、隐蔽性较差的缺点,携带导弹的飞机和舰艇容易受到敌方攻击。英、法联合研制的 AJ168 "玛特尔"(Martel)空地导弹是一种比较典型的采用遥控式电视制导技术的导弹系统。这种导弹可在低、中、高空发射,射程远,速度快,但这种导弹的主要缺点是载机在导弹命中目标前不能脱离战区,易损性较大。伊战中,美军使用的 A、B 型"小牛"导弹是电视制导导弹,只能在白天使用,其发射距离约 20km。X-59M 是苏联/俄罗斯的防区外空射巡航导弹,其制导方式为电视加指令制导。如采用发射前锁定目标加电视自控引导方式,导弹射程为 40km,如果采用数据链指令加电视遥控引导方式,导弹最大射程可达 120km。

2）电视寻的制导

导引系统全部装在导弹上。电视摄像机装在导弹的头部,由它摄取目标的图像,经过导引系统的处理,形成导引指令,传递给控制系统以控制导弹的飞行状态。导弹自主地完成目标信息的获取、处理和自身飞行姿态的调整等一系列工作,实现自动搜索被攻击目标。电视寻的制导导弹具有"发射后不用管"的能力。

电视寻的制导武器的代表产品是美国的"幼畜"AGM65A/B 空地导弹,其跟踪和制导精度很高,俄罗斯的 X-29 空地导弹也是采用电视寻的制导的导弹。

2. 制导原理

电视制导是利用电视摄像机作为制导系统的敏感元件,获得目标图像信息,形成控制信号,控制和导引导弹飞向目标的制导方式。电视制导方式在飞航导弹制导中占有重要地位,随着光电转换器件和大规模高速实时图像处理技术的迅速发展,使电视制导性能越来越好。由于它具有抗电磁波干扰、跟踪精度高、价格低、可靠性高、体积小、重量轻、可在低仰角下工作等诸多优点,电视制导技术日益与雷达制导、激光制导、红外制导等一起成为制导技术的重要组成部分,广泛用于导弹和炸弹的制导系统。

采用电视制导的一个关键部件是电视导引头。导引头一般由电视摄像机、光电转换器、误差信号处理电路、伺服机构等组成,其简化框图如图 2.28 所示。在导弹发射前或飞行过程中,导引头的电视摄像机开机并搜索、捕获、跟踪、锁定目标。同时利用导引头敏感的俯仰误差角、航向误差角和倾斜误差角,送出误差电压控制弹体按预定方向飞向目标,并使目标处于视场内,有利于下阶段对目标的截获。在此阶段由计算机控制光学系统进行搜索,同时视频图像经降噪、图像数字化、增强等预处理后送二值像到计算机,自动识别出目标。计算机计算出目标中心相对于视轴中心的角偏差:一路送往伺服随动系统,控制转台实现对目标的实时闭环跟踪,另一路送自动驾驶仪,通过舵机伺服系统控制舵机,引导导弹或炸弹自动飞向目标,直至命中目标。

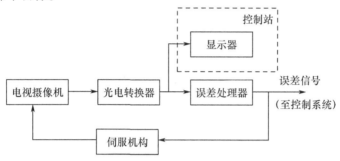

图 2.28　电视导引头系统简化框图

按在视场中提取目标位置的信息不同,电视跟踪可分为点跟踪(边缘跟踪、形心跟踪等)和面跟踪(相关跟踪)。电视制导需要借助跟踪波门对目标进行跟踪,当目标偏离波门中心时,产生偏差信号,形成引导指令,控制导弹飞向目标。可见,电视制导的跟踪单元和红外成像制导基本相同,区别在于电视制导的数据源是可见光图像,红外成像制导的数据源是红外图像。

2.2　光电侦测设备

光电武器装备主要有光电制导系统和光电侦测设备两类。本节仅讨论用于观察瞄准、搜索跟踪的光电武器系统,即光电侦测设备,主要包括电视、微光夜视仪、微光电视、红外热像仪和光电搜索跟踪系统。在介绍这些系统的基本原理之前,首先概述光电成像的基本情况。需要说明,关于光电搜索系统,本节只介绍有限空域光电搜索系统,而全方位光电搜索系统放在第 5 章的红外告警系统部分介绍。

2.2.1　光电成像概述

图像传感器按工作方式可分为直视型和扫描型两类。直视型图像传感器用于图像的转换和增强。其工作原理:将入射辐射图像通过外光电效应转化为电子图像,再由电场或电磁场的加速与聚焦进行能量的增强,并利用二次电子的发射作用进行电子倍增,最后将增强的电子图像激发荧光屏产生可见光图像。因此,直视型图像传感器主要由光电发射体、电子光学系统、微通道板、荧光屏及管壳等构成,通常称为像管。直视型图像传感器的典型实例就是微光夜视仪。

扫描型图像传感器通过电子束扫描、光机扫描或固体自扫描方式将二维光学图像转换成一维时序信号输出。

(1) 电子束扫描:景物整个成像在摄像管的靶平面上,然后通过电子束扫描去分割景物的像,并依次取出相应小单元的信号,最后获得整个图像信息。

(2) 光机扫描:利用偏转反射镜,使光学系统作方位偏转和俯仰偏转时,单元探测器所对应的瞬时视场也做相应的方位与俯仰扫描,从而获得整个观察空间的图像信息。

(3) 固体自扫描:也称凝视,景物成像在面阵探测器上,面阵中每个探测器单元对应于景物空间的一个小单元。通过采样技术对图像进行分割,并使各探测器单元感受到的景物信号依次输出,从而获得整个景物的图像信息。

无论哪种扫描方式,这种代表图像信息的一维信号称为视频信号。视频信号通过信号放大和同步控制等处理后,通过相应的显示设备(如监视器)还原成二维光学图像信号。或者将视频信号通过 A/D 转换器输出具有某种规范的数字图像信号,经数字传输后,通过显示设备(如数字电视)还原成二维光学图像。视频信号的产生、传输与还原过程中都要遵守一定的规则,才能保证图像信息不产生失真,这种规范称为制式。例如广播电视系统中所遵循的规范被称为电视制式。根据计算机接口方式的不同,数字图像在传输与处理过程中也规定了许多种不同的制式。扫描型图像传感器的典型实例包括电视、微光电视、红外热像仪、光电搜索和跟踪系统等。

当前,扫描型图像传感器的应用范围远远超过了直视型图像传感器的应用范围[16]。基于这个原因,本小节将以扫描型图像传感器为例来解释光电成像原理。

2.2.1.1 摄像机的基本原理

如图 2.29 所示为光电成像的原理框图。光电成像系统由摄像系统(摄像机)与显像系统两部分组成。摄像系统由光学成像系统(成像物镜)、光电变换系统、同步扫描和图像编码等部分构成,输出全电视视频信号。

图像显示系统由信号接收部分(对于电视接收机为高频头,而对于监视器则直接接收全电视视频信号)、锁相及同步控制系统、图像解码系统和荧光显示系统等构成。

光学成像系统主要由各种成像物镜构成,其中包括光圈、焦距等调整系统。光电变换系统包括光电变换器、像束分割器与信号放大器等电路。同步扫描和同步控制系统包括光电信号的行、场同步扫描、同步合成与分离等技术环节。图像编码、解码系统是形成各种彩色图像所必备的系统。荧光显示系统为输出光学图像的系统,它能够完成图像的辉度显示、彩色显示与显示余辉的调整功能,以便获得理想的光学图像,即构成监视器或电视接收机。

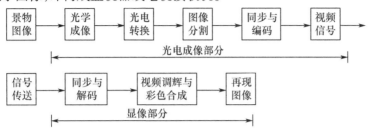

图 2.29　光电成像的原理框图

在外界照明光照射下或自身发光的景物经成像物镜成像在物镜的像面(光电图像传感器)上,形成二维空间光强分布的光学图像。光电图像传感器完成将光学图像转变成二维"电气"图像的工作。这里的二维"电气"图像由所用的光电图像传感器的性质决定,如超正析像管为电子图像、摄像管为电阻图像、面阵 CCD 为电荷图像。"电气"图像在二维空间的分布与光学图像的二维光强分布保持着线性关系。组成一幅图像的最小单元称为像素或像元,像元的大小或一幅图像所包含的像元数决定了图像的分辨率,分辨率越高,图像的细节信息越丰富,图像越清晰。

高质量的图像来源于高质量的摄像系统,主要取决于高质量的光电图像传感器。对于光电图像传感器,像元通常称为传感器的像敏单元。像敏单元的大小直接影响它的灵敏度,通常像元尺寸越大灵敏度越高,动态范围也会提高。因此,有时为提高灵敏度、提高动态范围不得不以牺牲分辨率或增大像元尺寸为代价。

2.2.1.2　图像的分割与扫描

将一幅图像分割成若干像素的方法有很多:超正析像管利用电子束扫描光电阴极的方法分割像素;面阵 CCD,CMOS 图像传感器用光敏单元分割。被分割后的电气图像经扫描才能输出一维时序信号。扫描的方式也与图像传感器的性质有关。例如,真空摄像管采用电子束扫描方式输出一维时序信号;面阵 CCD 采用转移脉冲方式将电荷包(像素信号)顺序转移出器件,输出一维时序信号;CMOS 图像传感器采用顺序开通行、列开关的方式完成像素信号的一维输出。因此,面阵 CCD,CMOS 图像传感器也称为具有自扫描功能的器件。

传统的扫描方式是,基于电子束摄像管的电子束按从左向右、从上向下的扫描方式进行扫描,并将从左向右的扫描方式称为行扫描,从上向下的扫描方式称为场扫描。为确保图像任意点的信息能够稳定地显示在荧光屏的对应点上,在进行行、场扫描的同时必须设定同步控制信号,即行与场的同步控制脉冲。由于监视器或电视接收机的显像管几乎都是利用电磁场使电子束偏转而实现行与场扫描,因此,对于行、场扫描的速度、周期等参数有严格的规定,以便显像管显示理想的图像。例如,对于如图2.30(a)所示的亮度按正弦分布的光栅图像,电子束扫描一行将输出如图2.30(b)所示的正弦时序信号,其纵坐标为与亮度L有关的电压u,横坐标为扫描时间t。若图像的宽度为W,图像在x方向的亮度分布为L_x,设正弦光栅图像的空间频率为f_x,则电子束从左向右扫描(正程扫描)的时间频率应为

$$f = f_x \frac{W}{t_{\text{hf}}} \qquad (2.23)$$

式中:t_{hf}为行扫描周期;W/t_{hf}为电子束的行扫描速度,记为v_{hf}。则式(2.23)变形为

$$f = f_x v_{\text{hf}} \qquad (2.24)$$

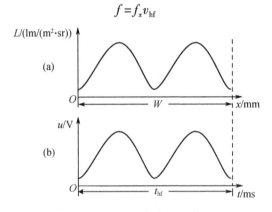

图2.30 正弦光栅与视频信号

式(2.23)和式(2.24)均可以描述将光学图像转换成一维时序信号的过程,当需要转换的图像的f_x确定时,视频信号的时间频率f与电子束的扫描速度v_{hf}成正比。

CCD与CMOS等图像传感器只有遵守上述的扫描方式才能替代电子束摄像管,因此CCD与CMOS图像传感器的设计者均使其自扫描制式与电子束摄像管相同。

1. 电视制式

电视制式常包含电视画面的宽高比、帧频、场频、行频和扫描方式等重要参数。电视制式的制定,是根据当时的科技发展状况和技术条件,并考虑到本国或本地区电网对电视系统的干扰情况,以及人眼对图像的视觉感受和人们对电视图像的要求等制定的。

目前,正在应用中的电视制式一般有三种:

(1) NTSC彩色电视制式:这种制式于20世纪50年代由美国研制成功,主要用于北美、日本及东南亚各国的彩色电视制式。该电视制式确定的场频为60Hz,

隔行扫描每帧扫描行数为525行,伴音、图像载频带宽为4.5MHz。

(2) PAL彩色电视制式:这种制式于20世纪60年代由德国研制成功,主要用于我国及西欧各国的彩色电视制式。该电视制式确定的场频为50Hz,隔行扫描每帧扫描行数为625行,伴音、图像载频带宽为6.5MHz。

(3) SECAM彩色电视制式:这种制式于20世纪60年代由法国研制成功,主要应用于法国和东欧各国。该电视制式场频为50Hz,隔行扫描每帧扫描行数为625行。

这里主要详细讨论我国现行的PAL电视制式:

(1) 电视图像的宽高比。若用W和H分别代表电视屏幕上显示图像的宽度和高度,则将二者之比称为图像的宽高比,即

$$\alpha = W/H \tag{2.25}$$

电视选用早期电影屏幕的宽高比(4:3)。电影画面的宽高比是通过影院对银幕图像的观测实验得到的:观察者坐在影院中央位置,与银幕保持一定距离时,4:3宽高比的银幕效果最佳,多数观众看电影时头不需要摆动,眼球也不需要左、右(或上、下)转动,感觉轻松、舒适。

(2) 帧频与场频。每秒电视屏幕变化的数目称为帧频。由于电视系统出现在电影系统之后,因此,其帧频也受到电影系统的影响。电影放映机受机械运动和胶片耐热性的限制,采用每秒24幅画面(帧频为24Hz),并在每幅画面放映期间再遮挡一次,使场频变为48Hz,人眼基本分辨不出画面的跳动。因此,电视的场频应该大于或等于48Hz。此外,为了消除交流电网的干扰,应尽量使电视的场频与本国的电网频率相等。我国电网频率为50Hz,因此采用50Hz场频和25Hz帧频的隔行扫描的PAL电视制式。

(3) 扫描行数与行频。帧频与场频确定后,电视扫描系统中还需要确定的参数是每场扫描的行数,或电子束扫描一行所需要的时间,又称为行周期。行周期的倒数称为行频。

扫描行数越多,图像在垂直方向上的分辨率越高,电子束在水平方向上的扫描速度$v_{\rm hf}$加快。根据式(2.24),在图像空间频率f_x确定的情况下,时间频率f与扫描速度$v_{\rm hf}$成正比。由于图像信号f_x的低频分量可以接近于零,因此,电视扫描系统中用视频信号的上限频率f_B来代表视频的带宽。因此,视频的带宽与扫描行数之间必须进行折中。扫描行数的选择应该兼顾图像清晰度指标和电视设备的技术难度、成本,尤其要考虑电视接收机的成本。根据20世纪60年代的技术现状,PAL电视制式规定每帧的扫描行数为625行,行频为15625Hz,每帧图像的水平分辨率为466线,垂直分辨率为400线。

综合以上讨论，PAL 制式的主要参数：宽高比 $\alpha = 4:3$；场频 $f_v = 50\text{Hz}$；行频 $f_1 = 15625\text{Hz}$；场周期 $T = 20\text{ms}$，其中场正程扫描时间为 18.4ms，场逆程扫描时间为 1.6ms；行周期为 $64\mu\text{s}$，其中行正程扫描时间为 $52\mu\text{s}$，行逆程扫描时间为 $12\mu\text{s}$。

2. 扫描方式

电视图像的监视器与电视接收机的显示部分的原理是相同的，它们都是应用荧光物质的电光转换特性来显示图像的。在监视器中电子束在显像管的电磁偏转线圈产生的洛伦兹力的作用下，产生水平方向和垂直方向的偏转（行、场两个方向扫描荧光屏）。电子束扫描的同时，由视频信号的幅度控制电子束轰击荧光屏的强度，荧光屏的发光强度是电子束强度的函数，这样就建立了荧光屏的发光强度与视频信号的函数关系：

$$L_v = L(U_0) \tag{2.26}$$

式中：U_0 为视频电压信号。

电视图像扫描常分为逐行扫描与隔行扫描两种方式，通过这两种扫描方式摄像机将景物图像分解成为一维视频信号，图像显示器将一维视频信号合成为电视图像。摄像机与图像显示器必须采用同一种扫描方式。

1）逐行扫描

显像管的电子枪装有水平与垂直两个方向的偏转线圈，线圈中分别流过如图 2.31 所示的锯齿波电流，电子束在偏转线圈形成的磁场作用下同时进行水平方向和垂直方向的偏转，完成对显像管荧光屏的扫描。

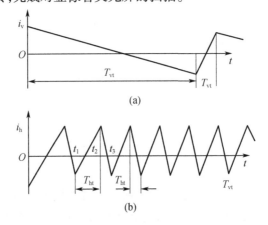

图 2.31　逐行扫描电流波形

(a) 场扫描锯齿波电流；(b) 场扫描锯齿波电流。

场扫描电流的周期 T_{vt} 远大于行扫描的周期 T_{ht}，即电子束由上到下的扫描时间远大于水平扫描的时间，在场扫描周期中可以有几百个行扫描周期。场扫描周期中电子束由上到下的扫描为场正程,场正程时间 T_{vt} 远大于电子束从下面返回到初始位置的场逆程时间 T_{vr},即 $T_{vt} \gg T_{vr}$。电子束上、下扫一个来回的时间称为场周期,场周期 $T_v = T_{vt} + T_{vr}$。场周期的倒数为场频,用 f_v 表示。

行扫描周期中电子束自左向右的扫描为行正程,即 $t_1 \sim t_2$ 时刻的扫描为行正程时间 T_{ht}。电子束从右返回到左边初始位置的回扫过程为行逆程,即行逆程时间 T_{hr} 为 $t_2 \sim t_3$ 时刻的时间。显然,$T_{ht} \gg T_{hr}$。电子束左、右扫一个来回的时间称为行周期,即行周期 $T_h = T_{ht} + T_{hr}$。行周期的倒数为行频,用 f_h 表示。

在行、场扫描电流的同时作用下,电子束受水平偏转力和垂直偏转力的合力作用进行扫描。由于电子束在水平方向的运动速度远大于垂直方向的运动速度,所以,在屏幕上电子束的运动轨迹为如图 2.32 所示的稍微倾斜的"水平"直线。当然,电子束具有一定的动能,它打在荧光屏上会发出光来,电子束的轨迹又是一条条的光栅。逐行扫描的光栅如图 2.32 所示。图中一场中只有 8 行"水平"光栅,因此光栅的水平度很差。当一场中有很多行时(如几百行),行扫描线的水平度将很高,即一场图像由很多行扫描光栅构成。无论是行扫描的扫描逆程,还是场扫描的扫描逆程都不希望电子束使荧光屏发光,这就需要加入行消隐与场消隐脉冲,使电子束在行逆程与场逆程期间截止。实际上,行消隐脉冲的宽度稍大于行逆程时间,场消隐脉冲的宽度也大于场逆程时间,以确保显示图像的质量。

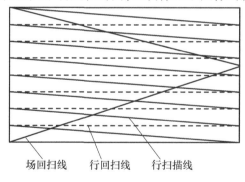

图 2.32 逐行扫描光栅图像

场回扫线　行回扫线　行扫描线

逐行扫描方式中的每一场都包含着行扫描的整数倍,这样,重复的图像才能被稳定地显示,即要求 $T_v = NT_h$ 或 $f_h = Nf_v$(N 为正整数)。逐行扫描的帧频与场频相等。对人眼来说,高于 48Hz 变化的图像的闪动是不能分辨的,因此,要获得稳定的图像,要求场频与帧频都必须高于 48Hz。

2) 隔行扫描

根据人眼对图像的分辨能力所确定的扫描的水平行数至少应大于 600 行,因此,对于逐行扫描方式,行扫描频率必须大于 29000Hz 才能保证人眼视觉对图像的最低要求。这样高的行扫描频率,无论对摄像系统还是对显示系统都提出了更高的要求。为了降低行扫描频率,又能保证人眼视觉对图像分辨率及闪耀感的要求,早在20世纪初,人们就提出了隔行扫描分解图像和显示图像的方法。

隔行扫描采用如图2.33所示的扫描方式,由奇、偶两场构成一帧。奇数场由1,3,5,…奇数行组成,偶数场由2,4,6,…偶数行组成,奇、偶两场合成一帧图像。人眼看到的变化频率为场频,人眼分辨的图像是一帧,一帧图像由奇、偶两场扫描形成,帧行数为场行数的2倍。这样,既提高了图像分辨率又降低了行扫描频率,是一种很有实用价值的扫描方式。因此,这种扫描方式一直为电视系统和监控系统所采用。

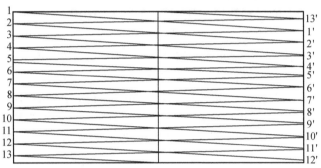

图2.33 隔行扫描光栅

两场光栅均匀交错叠加是对隔行扫描方式的基本要求,否则图像的质量将大为降低。因此,要求隔行扫描必须满足下面两个要求:

(1) 要求下一帧图像的扫描起始点应与上一帧起始点相同,确保各帧扫描光栅重叠;

(2) 要求相邻两场光栅必须均匀地镶嵌,确保获得最高的清晰度。

从第一条要求考虑,每帧扫描的行数应为整数;若在各场扫描电流都一样的情况下,要满足第二条要求,每帧均应为奇数。因此,每场的扫描行数就要出现半行的情况。目前,我国现行的隔行扫描电视制式采用每帧扫描行数为625行,每场扫描行数为312.5行。

2.2.2 电视

电视是一类用于将景物的可见光图像转换为电视视频信号并显示输出的光电成像系统,主要用于白天侦察、目标跟踪和火控系统等[17]。

电视的原理框图主要由光学系统、电视摄像器件、视频信号处理电路、显示器四部分组成,如图2.34所示。

图 2.34 电视原理图

光学系统用于收集景物的可见光辐射并成像于电视摄像器件的光敏面上。电视摄像器件用于将可见光图像转换为时序电视视频信号。视频信号处理电路对电视摄像器件输出的时序电视视频信号进行处理,包括自动增益控制,校正,与行、场同步信号和行、场消隐信号合成,功率放大等,最后得到全电视信号。显示器用于显示景物图像。

电视摄像器件是电视成像系统的核心,不同电视成像系统的差别主要是电视摄像器件。电视摄像器件分为真空摄像器件和固体成像器件两大类。

2.2.2.1 真空摄像管

真空摄像管种类很多,按照光敏面光电材料的光电效应,可分为外光电效应和内光电效应两大类型。例如,析像管、超正析像管、分流管、二次电子导电摄像管等均属于外光电效应,硫化锑摄像管、氧化铅摄像管等属于内光电效应。真空摄像管由封装在真空管内的摄像靶、电子枪和套在管外的扫描偏转线圈三部分组成,见图 2.35。

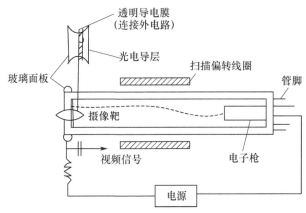

图 2.35 真空摄像管组成

摄像管由几万个到几十万个光敏元(像素)组成。每个光敏元的体电阻和体电容构成一个等效 RC 并联回路。当光敏元受到的光照度越大时,存储的电荷越多,即存储电荷与光照度成正比。于是,靶面可以将输入图像的光照度分布转化为靶面光敏元电荷的二维空间分布,完成景物图像的光电转换及电荷存储过程。电子枪提供电视信号拾取的电子束流。由电子枪各电极电场和扫描偏转线圈组成的电子光学系统,使电子枪发射出的电子束按照一定的电视制式,对靶面进行行、场扫描。当行、场扫描电子束着靶而使各光敏元依次接地时,各光敏元存储的电荷依次放电,便得到一相应于各光敏元存储电荷的时序电信号,从而完成图像信号的扫描读出过程。

2.2.2.2 固体成像器件

固体成像器件是基于微电子学超大规模集成电路技术,将电视摄像的三个物理过程,即景物图像的光电转换及电荷存储、电荷转移和信号读出,通过一个集成的半导体芯片,在外驱动电路控制下一并实现的全固态器件。固体成像器件有电荷耦合(CCD)、电荷注入(CD)等多种类型,其中以CCD型应用最为普遍。

1. CCD 的发展

1970年,美国贝尔电话实验室发现CCD的原理,使图像传感器的发展进入了一个全新的阶段,使图像传感器从真空电子束扫描方式发展成为固体自扫描输出方式。CCD图像传感器不但具有固体器件的所有优点,而且它的自扫描输出方式消除了由电子束扫描所造成的图像光电转换的非线性失真,即CCD图像传感器的输出信号能够不失真地将光学图像转换成视频电视图像,而且它的体积、重量、功耗和制造成本等方面的优点是电子束摄像管根本无法达到的。CCD图像传感器的诞生和发展使人类进入了广泛应用图像传感器的新时代。利用CCD图像传感器人们可以近距离地实地观测星球表面的图像,观察肠、胃、耳、鼻、喉等器官内部的病变图像信息,以及观察人们不能直接观测的图像(如放射环境的图像,敌方阵地图像等)。CCD图像传感器目前已经成为图像传感器的主流产品,其应用研究成为当今高新技术的主流课题。它的发展推动了广播电视、工业电视、医用电视、军用电视、微光与红外电视技术的发展,带动了机器视觉的发展,促进了公安刑侦、交通指挥、安全保卫等事业的发展。

按照CCD探测的波长范围,可分为可见光CCD和红外CCD。按照红外CCD的结构不同又可以分为单片式CCD和混合式CCD两类。其中,单片式CCD与可见光CCD结构相似,衬底材料同时又做光敏材料;而混合式CCD是将常规红外单元探测器(主要是光伏型)和硅电荷耦合器件结合,并通过电学方法连接两者,使红外单元探测器产生的信号电荷注入硅CCD中,所以混合式CCD的光电特性主要取决于所采用的红外单元探测器。本节仅从CCD的基本结构出发,分析其工作原理。

2. CCD 基本原理

CCD器件是一种大规模集成的光电二极管阵列成像器件,分为线阵和面阵两种结构。

CCD电荷转移原理:如图2.36(a)所示,在P型硅上生长一层SiO_2绝缘层,在

SiO_2 层上再沉积一层金属作为栅极。在电极上相对于硅基片加正电压,如+15V。如果在硅基片内有自由电子,则自由电子将受到正电极的吸引,向靠近绝缘层的表面内聚集,即电子在表面层将具有较低能量,形成电子沟道。采用光刻方法,将金属电极分割成许多块,图2.36(b)所示,并施加不同电压,电极1、3、4加+15V,电极2、5加+20V。这样,电极2、5下面的表面层的电子势阱就要比相邻电极1、3、4下面表面层的势阱深,如果在硅基片中用某种方法产生或注入自由电子,则电子就会进入电极2、5处的势阱。如果将外加电压改变,电极3加+20V,电极1、2、4、5加+15V,则电极3下表面层的势阱突然降低,低于电极2下的势阱,电极2下面的电子就会流向电极3下面的势阱,如图2.36(c)、(d)所示。通过改变电压,还可把电极3下面的电子迁移到电极4下面的势阱。恰当改变各电极的电压,就可以将电荷从硅表明层内的一点转移到另一点。

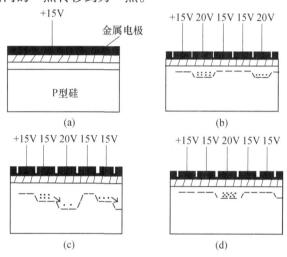

图2.36 CCD电荷转移原理

1) 线阵CCD基本原理

图2.37为线阵CCD基本原理。如果把电荷耦合器件做成电极数目很多的一个线列,将电极1、4、7等连在一起加电压 $\phi_1 = +15V$,电极2、5、8等连在一起加电压 $\phi_2 = +20V$,电极3、6、9等连在一起加电压 $\phi_3 = +15V$。每3个相邻电极作为一组,称为1位。如果硅基片的另一面受到来自景物的光辐射,因光电效应激发产生载流子,载流子中的电子向表面层扩散进入相应势阱。各势阱中的电子数与该处的光辐射照度成正比,于是景物图像的光照度分布便转化为相应势阱中电子数的空间分布,完成景物图像的光电转换及电荷存储过程。如果改变外加电压,使 $\phi_1 = +15V, \phi_2 = +15V, \phi_3 = +20V$,则原来在2、5、8等电极下面的电子就会迁移

到 3、6、9 等电极下面。这种顺序轮转的电压称为时钟电压。在时钟电压变化的同时打开输出门,最后一个电极下面的电子就通过 PN 结形成输出信号。当时钟电压不断轮转时,PN 结就把图中从左至右各势阱中的电荷分布,即光照度分布变成视频信号输出。

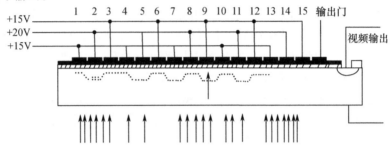

图 2.37 线阵 CCD 基本原理

通过 PN 结输出信号的电路如图 2.38 所示。它由检测二极管、二极管的偏置电阻 R、源极输出放大器和复位场效应管 VR 等构成。当信号电荷在转移脉冲 CR1、CR2 的驱动下向右转移到最末一级转移电极(图中 CR2 电极)下的势阱中后,CR2 电极上的电压由高变低时,由于势阱的提高,信号电荷将通过输出栅(加有恒定的电压)下的势阱进入反向偏置的二极管(图中 N^+ 区)中。由电源 U_D、电阻 R、衬底 P 和 N^+ 区构成的输出二极管反向偏置电路,它对于电子来说相当于一个很深的势阱。进入到反向偏置的二极管中的电荷,将产生电流 I_d,且 I_d 的大小与注入到二极管中的信号电荷量成正比,而与电阻的阻值 R 成反比。电阻 R 是制作在 CCD 器件内部的固定电阻,阻值为常数。所以,输出电流 I_d 与注入二极管中的电荷量 Q_S 呈线性关系,且

$$Q_S = I_d \mathrm{d}t \tag{2.27}$$

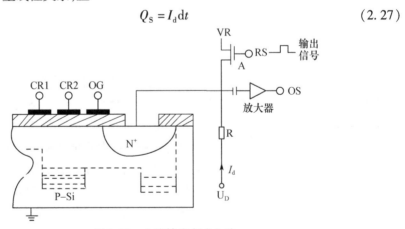

图 2.38 电流输出方式电路

由于I_d的存在,使得A点的电位发生变化。注入二极管中的电荷量Q_S越大,I_d也越大,A点电位下降得越低。所以,可以用A点的电位来检测注入输出二极管中的电荷Q_S。隔直电容是用来将A点的电位变化取出,使其通过场效应放大器的OS端输出。在实际的器件中,常常用绝缘栅场效应管取代隔直电容,并兼有放大器的功能,它由开路的源极输出。

应注意,CCD电极间隙必须很小,电荷才能不受阻碍地从一个电极转移到相邻电极。如果电极间隙比较大,两电极间的势阱将被势垒隔开,不能合并,电荷也不能从一个电极向另一个电极完全转移,CCD便不能在外部驱动脉冲作用下实现电荷转移。能够产生完全转移的最大间隙一般由具体电极结构、表面态密度等因素决定。理论计算和实验证明,为不使电极间隙下方界面处出现阻碍电荷转移的势垒,间隙的长度应不大于$3\mu m$。这大致是同样条件下半导体表面深耗尽区宽度的尺寸。当然如果氧化层厚度、表面态密度不同,结果也会不同。但对于绝大多数的CCD,$1\mu m$的间隙长度是足够小的。

2)面阵CCD基本原理

按一定的方式将一维线阵CCD的光敏单元及移位寄存器排列成二维阵列,即可构成二维面阵CCD。由于排列方式不同,面阵CCD常有帧转移方式、隔列转移方式、线转移方式和全转移方式等。下面以线转移型面阵CCD来说明如何用一维线阵CCD构成面阵CCD。

如图2.39所示,线转移面阵CCD有一个线寻址电路(图中1),它的像敏单元一行行地紧密排列,类似于帧转移型面阵CCD的光敏区,但是它的每一行都有确定的地址;它没有水平读出寄存器,只有一个垂直放置的输出寄存器(图中3)。当线寻址电路选中某一行像敏单元时,驱动脉冲将使该行的光生电荷包一位位地按箭头方向转移,并移入输出寄存器。输出寄存器在动脉冲的作用下使信号电荷包

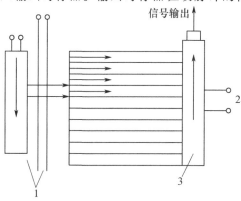

图2.39 线转移面阵CCD结构

经输出放大器输出。根据不同的使用要求,线寻址电路发出不同的数码,就可以方便地选择扫描方式,实现逐行扫描或隔行扫描。也可以只选择其中的一行输出,使其工作在线阵 CCD 的状态。因此,线转移面阵 CCD 具有有效光敏面积大、转移速度快、转移速率高等特点,但电路比较复杂,应用范围受到限制。

2.2.3 微光夜视仪

微光夜视仪是一类用于对微弱光(夜天星光)条件下的景物进行成像以供人眼直接观察的光电成像系统,主要用于作战人员夜间观察战场阵地、目标瞄准等。夜天微光的光谱分布主要在 $0.8 \sim 1.3\mu m$,这也是微光夜视仪的工作波段。

微光夜视仪主要由成像物镜、微光像增强器、目镜等部分组成(图 2.40)。成像物镜用于收集景物反射的微弱光并成像于微光像增强器的光阴极上。微光像增强器用于将光阴极上的微弱光照度转换为电子图像,并经过电子放大,再转换为可见图像。目镜用于放大景物视角,以供人观察。

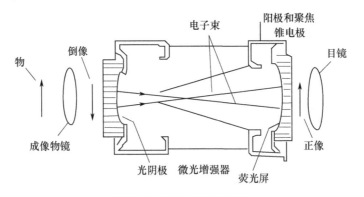

图 2.40 微光夜视仪组成

微光像增强是微光夜视仪的核心,是实现微光景物亮度增强的关键。微光像增强器一般由光阴极、电子光学透镜、微通道板、电子倍增器、荧光屏以及纤维光学面板等功能部件组成(图 2.41)。光阴极是用于将输入光子图像转换为相应电子图像。微通道面板是一种大面阵电子倍增器。电子光学透镜用来形成特定的电场和磁场分布,以实现对电子束的加速、聚焦和偏转。荧光屏上沉积有荧光粉层,按照电致发光原理,荧光粉层在高能电子束的轰击下,可以发出大量可见光荧光光子,而且屏的输出亮度与输入电子流密度成正比,从而与输入图像光照度成正比。纤维光学面板基于光的全反射原理,能将二维光学图像从其一端传递到另一端,普遍应用于像增强器中各环节之间光子图像的耦合传递、倒像以及像场弯曲补偿等。其工作过程:光阴极在输入光照度的激发下,产生相应电子图像。在超高真空管内,这些电子在外部高压作用下加速,并受电子光学透镜聚焦、偏转,再经过微通道板电子倍增器的倍增放大,最后以高能量轰击荧光屏发光,产生亮度比原景物大得多的相应的可见光图像。

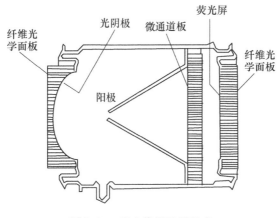

图 2.41 微光像增强器组成

2.2.4 微光电视

微光电视也是一类用于对微弱光照射条件下的景物进行成像的光电成像系统。与微光夜视仪直接用于人眼观察不同,微光电视可以得到景物的电视视频图像信号,可通过显示器显示或进一步处理。主要用于夜间观察战场阵地、目标瞄准、火控等。

微光电视一般由成像光学系统、微光摄像器件、视频信号处理电路、显示器等部分组成(图 2.42)。成像光学系统用于收集景物反射的微弱光并成像于微光摄像器件的光敏面上。微光摄像器件用于将微弱光子图像转换为时序电视视频信号。视频信号处理电路对微光摄像器件输出的视频信号进行处理得到全电视信号。显示器用于显示景物的可见光图像。

图 2.42 微光电视原理框图

2.2.5 红外热像仪

红外热像仪是一种通过探测景物的自然红外辐射而成像,并转化为可见图像的光电成像系统。红外热像仪的工作波段多在 $1\sim3\mu m$ 的短波红外、$3\sim5\mu m$ 的中波红外、8~14μm 的长波红外。按成像方式不同,分为光机扫描式和凝视式。多应用于夜间或不良气象条件下观察战场阵地、监视、目标瞄准、目标搜索跟踪、侦察告警、导航、火控等。

1. 光机扫描式红外热像仪

光机扫描式红外热像仪利用光机扫描物方视场的方法实现全视场景物成像,一般由红外光学系统、扫描系统、红外探测器组件(含致冷器)、探测器偏置及前放、视频处理器和显示器等组成(图 2.43)。

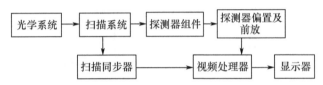

图 2.43 光机扫描式红外热像仪原理框图

光学系统收集来自景物的特定波段的红外辐射,并最终成像于红外探测器上。扫描系统位于光学系统和红外探测器之间,通常包括平面反射摆镜、多面反射镜鼓及其驱动机构等。通过按一定程序摆动反射镜和转动反射镜鼓,可以使物方视场内景物各点红外辐射按一定规律依次成像于红外探测器上,从而完成全视场景物扫描。红外探测器顺序接收景物各点的红外辐射,并依次转换为电信号。根据不同扫描需要,红外探测器可以是单元探测器、多元线阵或面阵探测器,可能实现的扫描体制有单元扫描、多元线阵扫描、多元线阵串联扫描和多元面阵串联–并联扫描等。由于某些探测器必须要在低温下工作,所以探测器组件里必须有制冷设备。经过制冷,设备可以缩短响应时间、提高探测灵敏度和输出信号的信噪比。探测器偏置和前放电路用于提供红外探测器正常工作所需要的偏置电压,并对探测电信号进行放大处理,输出一维时序视频信号。视频处理器对视频信号进行处理,包括自动增益控制,校正,与行、场同步信号合成,功率放大等,最后驱动显示器显示全视场景物的红外图像。

WP-95 型红外热像仪的热电传感器为碲镉汞(HgCdTe)热释电器件,采用点扫描方式,扫描时采用震镜对被测景物进行扫描,扫描一帧图像的时间为 5s,不能直接用于监视器观测,只能将其采集到计算机中,用显示器观测。为了提高探测灵敏度,采用对接收器件进行制冷的方法,使探测器件工作在很低的温度。WP-95 型红外热像仪的工作温度为液氮制冷温度 77K,在这样低的温度下,对温度的响应非常灵敏,可以检测 0.08℃ 的温度变化。一幅图像的分辨率为 256×256,图像灰度分辨率为 8bit(256 灰度等级)。热像仪的探测距离为 0.3m 至无限远距离。热像仪视角范围大于 12°,空间角分辨率为 1.5mrad。

2. 凝视式红外热像仪

凝视式红外热像仪的成像方式与电视类似,属于红外 CCD,采用可以覆盖物方视场的大面积红外探测器阵列,放在光学系统的像平面上,无须扫描,直接对全视场景物成像。以目前常用的红外焦平面阵列热像仪为例,凝视型红外热像仪由红外光学系统、红外焦平面阵列、视频处理器、显示器等组成(图 2.44)。红外焦平面阵列探测器组件包括用于感光的红外探测器阵列和用于信号读出和处理的 CCD 及其驱动电路。

图 2.44　凝视式红外热像仪原理框图

2.2.6　光电搜索、跟踪系统

上述各类光电成像系统除了可以直接用于观察瞄准,还可以结合搜索、跟踪平台,构成光电搜索、跟踪系统,用于运动目标的搜索、捕获、跟踪和测量。在军事领域,用于目标侦察告警、搜索跟踪、火控等场合的光电成像侦测设备都是带有搜索、跟踪平台的光电搜索、跟踪系统。

搜索系统由搜索信号产生器、状态转换机构、放大器、测角机构和执行机构等组成,跟踪系统由光电摄像头、图像信号处理器、状态转换机构、放大器和执行机构等组成,如图 2.45 所示。

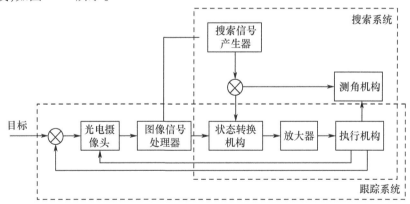

图 2.45　光电搜索、跟踪系统原理框图

系统工作时,状态转换机构首先处于搜索状态。由搜索信号产生器发出搜索指令,经放大器放大后送给搜索跟踪执行机构,带动光电摄像头进行扫描。测角机构输出与执行机构转角成比例的信号,并将该信号与搜索指令相比较,比较的差值

经放大后又去控制执行机构运动,这样执行机构的运动规律将跟随搜索指令的变化而变化。在搜索过程中,如果光电摄像头接收到目标辐射而发现目标后,将有信号送给状态转换机构,使系统转入跟踪状态(该转换过程即捕获),同时搜索信号产生器停止发送搜索指令,光电摄像头在搜索跟踪执行机构的带动下自动跟踪目标。

1. 电视跟踪系统

电视跟踪系统的研制始于 20 世纪 60 年代,由于电视图像信息量大,而且具有直观、实时、精度高、抗电子干扰能力强等特点,因而在军事应用中占有重要地位。在电视制导炸弹、电视制导导弹、防空火控系统、机载武器系统、舰载火控系统中都得到了广泛的应用,成为综合性光电系统的一种重要手段。下面介绍电视跟踪系统在武器系统中的一些应用[18]。

1968 年,英国研制了 WSA420 系列舰用武器系统,由 Ferranti 公司生产,1972 年正式装备部队,这是一种雷达加电视的系统。在 RTNIOX 跟踪雷达天线上同轴安装有马可尼公司生产的 V323 或 V324 电视摄像机,可实施昼夜制导和跟踪;用于对"海猫"导弹进行指令制导或火炮瞄准、射击检查修正及雷达标定。

法国 VEGA 海军火控系统,其瞄准雷达上也配有电视跟踪装备,摄像机视场为 $2.3°×1.7°$,采用 Vidicon 摄像管,跟踪器环路全数字化,处理波门内信号,以对比度最大点为跟踪点,能自动跟踪飞机、导弹或海上目标。对飞机的截获距离为 11km,对掠海导弹为 6.5km,跟踪精度为 0.5mrad。VEGA 系统由汤姆逊公司生产,已供除法国外的 13 个国家装备。

美国 1968 年研制了 UVR-700 型昼夜电视跟踪系统,用于飞机上侦查地面目标或武器投放。其主要由增强型 UVR-700 摄像机、电子视频对比度跟踪器、双轴陀螺稳定平台、目标显示器等组成。

法国 CSEE 公司生产的 TOTEM 反掠海导弹光电指挥仪,包括红外、电视跟踪、激光测距等光电传感器。电视摄像机采用 SINTRA 白天型摄像机,镜头焦距 300mm,视场角 $3°×3°$,视频信噪比大于 35dB,抗电磁干扰,耐冲击振动。跟踪器采用 TATOU 电视跟踪器,通过视频处理检测出目标中心相对于视场中心的偏差,用以控制伺服系统,使视场中心对准目标。TATOU 跟踪器的静态精度为 $0.2\mu s/$行,能跟踪信号幅度相对于背景为 40mV、大于 3 行的目标,TATOU 还用于 NAJA 光电指挥仪,控制舰炮。

2. 光电搜索系统

光电搜索系统是以确定的规律对一定空域进行扫描,通过探测目标光辐射来确定目标方位或跟踪目标的光电系统。

根据系统是否主动发射光信号照射目标来进行分类,光电搜索系统可以分为主动式光电搜索系统和被动式光电搜索系统;按照系统所搜索空域的大小进行分类,光电搜索系统又可以分为有限空域光电搜索系统和全方位光电搜索系统。例如,红外导引头或目标方位仪是被动式有限空域光电搜索系统,而红外警戒系统是被动式全方位光电搜索系统。

主动式光电搜索系统和被动式光电搜索系统之间的区别与其他类型的主、被动光电探测系统的区别类似,只不过一个有辐射源,另一个没有辐射源;而有限空域光电搜索系统和全方位光电搜索系统却在结构组成、扫描图形的产生以及信号处理等方面都有较大的差异。

有限空域光电搜索系统只对一定空域中的目标进行探测,它经常与跟踪系统组合在一起而成为搜索跟踪系统,一般装于导弹或飞机前方,构成红外导引头或目标方位仪。其中搜索系统控制位标器瞬时视场扫描导弹或飞机前方一定的空域,搜索过程中发现目标后,给出一定形式的信号,使系统由搜索状态转换成跟踪状态(截获)。

第 3 章

光电主动侦察

根据侦察装备是否发射光辐射信号,光电侦察分为主动侦察和被动侦察。光电主动侦察也称有源侦察,是指系统采用一个人造光学辐射源来照明目标,然后通过接收景物反射回来的辐射信号实现侦察。

辐射源可以是人工红外光源照明,典型装备为主动红外夜视仪。主动红外夜视仪早在 20 世纪 30 年代就研制成功,其核心部件是红外变像管。这种夜视仪的组成和工作原理类似于第一代微光夜视仪,只是其光电阴极可对波长较短的红外线(近红外)敏感。由于室温条件下物体发出的近红外线较少,实际使用时,要用红外探照灯主动发射近红外去照射目标。由于主动红外夜视仪隐蔽性差,第二次世界大战以后很少再生产[19]。

辐射源也可以是激光器,常见的设备包括激光测距机和激光侦察雷达[20]。利用高亮度、高定向性和脉冲持续时间十分短的激光束来代替普通雷达的微波或无线电波射束,可以大幅度提高测距和测方位精度。激光侦察雷达与测距的另一个优点是可以不受地面假回波影响而测量各种地面和低空目标,从而填补了普通雷达的低空盲区空白。此外,激光侦察雷达与测距完全不受各种电磁干扰,不但使目前已有的各种雷达干扰手段完全失效,而且可突破导弹再入弹头周围等离子体层的屏蔽作用,或者核爆炸产生的电离云的干扰作用。

尽管激光测距机和激光侦察雷达与主动红外夜视仪一样,也由于发射光辐射信号,容易暴露自己,生存能力差,但由于它们的突出优点和重要作用,其成为重要的光电侦察装备,在各国部队都得到了广泛应用。这也是光电主动侦察通常只指激光测距机和激光侦察雷达的原因。从功能分类角度,激光侦察雷达是激光雷达的一种,因此,3.2 节从激光雷达的角度介绍激光侦察雷达的系统组成和基本原理等相关问题。

3.1 激光测距机

3.1.1 激光测距机的定义、特点和用途

激光测距机是指对目标发射一个窄脉宽的激光脉冲或发射连续波激光束实现对目标的距离测量的仪器。

激光测距的突出优点是测距精度高,并且与测程的远近无关;此外,仪器体积小,测距迅速,距离数据可以数字显示,操作简单,训练容易,特别适用于数字信息处理。因此,激光测距机一出现很快就代替了光学测距机成为战场测距的主要仪器。与微波测距相比,激光测距具有波束窄,角分辨率高,抗干扰能力强,可以避免微波雷达在贴近地面和海面上应用的多路径效应和地物干扰问题,以及天线尺寸小和重量轻等优点。

目前,激光测距机作为一种有效的辅助侦察手段,已大量应用于坦克、地炮、高炮、飞机、军舰、潜艇及各种步兵武器上,成为装备量最多的军用激光设备。

3.1.2 激光测距机的分类

根据工作体制的不同,激光测距机分为相位激光测距机和脉冲激光测距机。相位激光测距机采用连续波激光,通过检测经过调幅的连续光波在由测距机到目标再回到测距机的往返传播过程中的相位变化来测量光束的往返传播时间,进而得到目标距离。由于连续波激光功率难以做到很高,相位激光测距机的作用距离很有限,所以军事上很少用。但考虑到波导型气体激光器的迅速发展,研制出非合作目标的相位测距系统是完全可能的。

脉冲激光测距机是通过检测激光窄脉冲到达目标并由目标返回到测距机的往返传播时间来进行测距。设激光脉冲往返传播时间为 t,光在空气中的传播速度为 c,则目标距离 $R=ct/2$。光脉冲往返传播时间是通过计数器计数从光脉冲发射,经目标反射,再返回到测距机的全过程中,进入计数器的时钟脉冲个数来测量。设在这一过程中,有 N 个时钟脉冲进入计数器,时钟脉冲的振荡频率(单位时间内产生的时钟脉冲个数)为 f,则目标距离 $R=cN/2f$。

3.1.3 激光测距机的系统组成和基本原理

1. 系统组成

脉冲激光测距机由激光发射机、激光接收机和激光电源组成。激光发射机由

Q 开关脉冲激光器、发射光学系统、取样器及瞄准光学系统组成;激光接收机由接收光学系统、光电探测器、放大器(包括低噪声放大器和视频放大器)、接收电路(包括阈值电路、脉冲成形电路、门控电路、逻辑电路、复位电路等)和计数器(包括石英晶体振荡器)组成;激光电源提供激光器所需的能量。典型固体脉冲激光测距机的系统组成如图 3.1 所示。

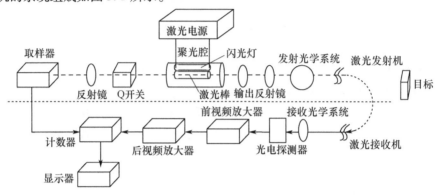

图 3.1 固定脉冲激光测距机的系统组成

2. 基本原理

脉冲激光测距机工作时,首先用瞄准光学系统瞄准目标,然后接通激光电源,储能电容器充电,产生触发闪光灯的触发脉冲,闪光灯点亮,激光器受激辐射,从输出反射镜发射出一个前沿陡峭、峰值功率高的激光脉冲,通过发射光学系统压缩光束发散角后射向目标。同时从激光全反射镜射出来的极少量激光能量,作为起始脉冲,通过取样器输送给激光接收机,经光电探测器转变为电信号,并通过放大器放大和脉冲成形电路整形后,进入门控电路,作为门控电路的开门脉冲信号。门控电路在开门脉冲信号的控制下开门,石英振荡器产生的钟频脉冲进入计数器,计数器开始计数。由目标漫反射回来的激光回波脉冲经接收光学系统接收后,通过光电探测器转变为电信号和放大器放大后,输送到阈值电路。超过阈值电平的信号送至脉冲成形电路整形,使之与起始脉冲信号的形状(脉冲宽度和幅度)相同,然后输入门控电路,作为门控电路的关门脉冲信号。门控电路在关门脉冲信号的控制下关门,钟频脉冲停止进入计数器。通过计数器计数出从激光发射至接收到目标回波期间所进入的钟频脉冲个数而得到目标距离,并通过显示器显示出距离数据。

脉冲激光测距机能发出较强的激光,测距能力较强,即使对非合作目标,最大测程也可达十几千米至几十千米。其测距精度般为 ±5m 或 ±1m,有的甚至更高。脉冲激光测距机既可在军事上用于对各种非合作目标的测距,也可用于气象上测定能见度和云层高度,还可应用到人造地球卫星的精密距离测量。

3. 测距方程

无论脉冲激光测距机或连续波激光测距机,都需要接收到一定强度的从目标反射的激光信号才能正常工作。因此,研究激光测距机接收到的回波信号功率 P_r 与所测距离 R 之间的关系,对提高激光测距机的性能,具有重要的指导意义。测距方程就描述了 P_r 与 R 的关系,它与待测目标特性(形状、大小、姿态和反射率等)密切相关。

1)漫反射小目标情况

当目标离激光发射机很远时,激光束在目标上的光斑面积通常大于目标的有效反射面积。此时 P_r 与 R 的关系,即测距方程为

$$P_r = P_t \frac{A_\tau \sigma}{2\pi \theta_t^2 R^4} T_t T_\tau T_a^2 \tag{3.1}$$

式中:P_t 为激光发射机发射的功率(W);θ_t 为发射激光束的光束发散角(rad),A_τ 为激光接收机的接收孔径面积(m²);σ 为目标的有效发射截面积(m²);T_t 为发射光学系统的透射率;T_τ 为接收系统的透射率;T_a 为大气或其他介质的单程透射率。

2)镜反射大目标情况

在这种情况下,目标上的激光光斑面积小于目标的有效反射面积,目标表面只能部分截获激光束,这相当于实际情况中的近距离镜面目标探测。假设光垂直入射,这种情况下的测距方程为

$$P_r = P_t \frac{A_\tau \rho}{4 \theta_t^2 R^2} T_t T_\tau T_a^2 \tag{3.2}$$

式中:ρ 为目标的反射率;其他各参量的含义与漫反射小目标相同。

3)最大可测距离

激光测距机并非对接收到的任何小的功率都能"感知",它有一个最小可感知或可探测的功率。假设这个最小可探测功率为 P_{min},则由测距方程可得到最大可测距离 R_{max}。例如,在漫反射小目标情况下,令 $P_r = P_{min}$,则由式(3.1)可得

$$R_{max} = \left[P_t \frac{A_\tau \sigma}{2\pi \theta_t^2 P_{min}} T_t T_\tau T_a^2 \right]^{1/4} \tag{3.3}$$

在镜反射大目标情况下,同样令 $P_r = P_{min}$,则由式(3.2)可得

$$R_{max} = \left[P_t \frac{A_\tau \rho}{4 \theta_t^2 P_{min}} T_t T_\tau T_a^2 \right]^{1/2} \tag{3.4}$$

由上述方程可知,最大可测距离与众多因素密切相关。为增大可测距离,可采

取如下方法:①提高测距机的发射功率 P_t;②增大接收孔径的面积 A_r;③加大目标的有效反射截面积 σ;④增大发射光学系统和接收光学系统的透射率 T_t 和 T_r;⑤减小发射光束的发散角 θ_t;⑥提高接收灵敏度即减小接收机的最小可探测功率 P_{min}。另外,可测距离还与大气的透射率密切相关:晴朗的天气,透射率 T_a 大,可测距离远;恶劣天气,透射率 T_a 小,可测距离会大大缩短。

3.1.4 激光测距机的关键技术

激光测距机的性能不仅取决于发射激光器的功率、接收探测器的性能和光电信号处理,其探测能力还与激光大气传输特性密切相关。影响激光大气传输特性的主要因素有大气气体分子和悬浮微粒对激光的选择性吸收、散射引起的衰减,大气湍流对激光光束产生的闪烁、漂移和扩展等影响。另外,太阳光和背景光的传输、散射和辐射特性也直接影响测距机的测距能力。因此,对激光传输的大气环境进行分析和研究是非常重要的[21]。

3.1.5 激光测距机的发展史及趋势

激光由于亮度高、单色性和方向性好,是人们早就渴望得到的理想的测距光源,因此在它出现后不到 1 年的时间就用于测距。可以说,激光测距是激光最早,也最成熟的应用领域之一。从柯利达Ⅰ型红宝石激光测距机的诞生(1961 年)到首次装备美国陆军(1969 年)只经历了 9 年时间。红宝石激光器在激光测距机领域中现已基本上被淘汰,Nd:YAG 激光器是现有激光测距机的主要激光光源。目前,装备和研制中的军用激光测距机有如下特点:

(1) 小型化、标准化和固体组件化。小型化和低成本是激光测距机能否普遍应用和大量装备部队所要解决的首要问题。在低重复频率激光测距机中采用可饱和吸收染料 Q 开关、硅雪崩光电二极管和大规模集成电路,是实现小型化、低成本、低功耗的主要技术途径。这类激光测距机于 20 世纪 70 年代中后期研制成功,可手持使用,也可放置在带有测角装置的三脚架上,或装在战车、飞机、军舰上使用。

为了进一步降低激光测距机的成本和实现小型化、固体组件化,目前广泛使用的技术是将激光器的谐振腔固体化,即在 YAG 棒的一端镀上介质膜作为输出反射镜,另一端则将染料片(或盒)及全反射镜黏结为一体。这种固体组件化的谐振腔体积小、质量小、成本低、稳定性高。同样,将接收光电器件与前置放大器、视频放大器和阈值检测电路组件化、固体化而构成标准化部件,则可大大降低结构设计的复杂性。

(2) 激光测距机的多功能化。目前研制和装备的多功能激光测距机有激光测距指示器、激光测距跟踪器两类。实现测距指示功能有两种途径：一是将现有激光测距机的激光输出能量提高到100mJ以上，重复频率提高到4～20Hz并编码发射；二是将现有指示器加装激光接收和测距部件，但两者均要求将激光发散角减小到0.1～0.4mrad。实现测距、跟踪双重功能的技术途径是在激光测距机中附加四象限探测器。

此外，还有将激光测距机与其他仪器组装在一起完成多种功能的激光仪器，如美国的M-931型激光测距夜视仪，它将砷化镓（GaAs）激光测距机和微光夜视仪组装成望远镜，可供昼夜观察和测距用；又如，挪威的LP-100型激光测距机与微型数字式弹道计算机组装在一起，除测距外，还可做简单的弹道计算。

当前激光测距机的发展趋势主要有：

(1) 研制开发的人眼安全激光测距机。目前普遍装备应用的Nd:YAG激光测距机的主要缺点是对人眼不安全，在烟雾中的传输性能差。已研制开发的人眼安全激光测距机有两类：

第1类是CO_2激光测距机，它与Nd:YAG激光测距机相比，有以下优点。

① 透过大气、雾、霜和战场烟雾的性能好。战场烟雾通常是白磷、红磷和六氯乙烷，它们对CO_2的吸收系数比对Nd:YAG激光的吸收系数小，因此在硝烟弥漫的战场中，对同样的激光输出功率，CO_2激光测距机的测程大于Nd:YAG激光测距机的测程。

② 对人眼安全。Nd:YAG激光器发射的$1.06\mu m$波长激光能透过眼球聚焦到视网膜，极易损伤视网膜，而眼球对$10.6\mu m$波长的激光不透射，故不易损伤视网膜，对人眼安全。

③ 与现有的$8～14\mu m$波段的热像仪兼容性好，便于组合使用。

此外，CO_2激光器还具有能量转换效率高、可采用高灵敏度的外差探测技术、在$9～11\mu m$波段内可发射多条谱线等优点。但目前CO_2激光器的体积大，工作电压高、放电干扰强。大体积和强屏蔽使CO_2激光测距机的体积、质量、成本远远大于Nd:YAG激光测距机，并且与其相关的制冷技术、$10.6\mu m$高质量的窗口材料及镀膜技术、高压放电使CO_2离解的催化还原技术等尚不成熟，还有待进一步的研究。

第2类人眼安全激光测距机的工作波长应在$1.5～1.8\mu m$范围内，此波段既对人眼安全，又正好是大气窗口，也有较为合适的探测器，相应的激光器有Er玻璃($1.54\mu m$)激光器等。

(2) 研制具有较高效率、较远测程和多目标测距能力的固体激光测距机。提高固体激光器效率的主要途径是使泵浦光谱尽可能与激光介质的吸收谱匹配，半导体激光器阵列泵浦 Nd:YAG 激光晶体便是技术途径之一。虽然这类激光器目前的峰值输出功率还很低,但它效率高,而且易于实现高重复频率运转,因而成为目前的热门研究课题之一。

提高测程的主要技术途径除尽可能提高探测灵敏度外,使用高增益激光材料和压缩发射光束的束散角也是十分重要的。但从综合技术指标及性价比衡量,目前 Nd:YAG 激光晶体仍占优势。采用非稳谐振腔可有效压缩束散角,而应用光学相位共轭技术可将束散角压缩到原来的 1/4～1/3,这意味着可将测程增加近 1 倍。

将计算机技术引入激光测距机有助于解决多目标测距问题。

3.2 激光雷达

3.2.1 激光雷达的定义、特点和用途

与微波雷达的工作原理一样,激光雷达主动发射激光束,接收并记录大气后向散射光、目标反射光及背景反射光,将其与发射信号进行比较,从中发现海空目标信息,如目标位置(距离、方位和高度)、运动状态(速度、姿态和形状)等,从而对飞机、导弹等目标进行探测、跟踪和识别。

由于光的波长比微波短好几个数量级,激光的方向性又比微波好得多,所以激光雷达拥有微波雷达所不具有的优点:

(1) 分辨力高。激光雷达的角分辨率非常高,一台望远镜孔径 100mm 的 CO_2 激光雷达的角分辨率可达 0.1mrad,即可分辨 3km 远处相距 0.3m 的目标,并可同时(或依次)跟踪多个目标;激光雷达的速度分辨力也高,可轻而易举地确认运动速度为 1m/s 的目标,其距离分辨力可达 0.1m,通过一定的技术手段(如距离 – 多普勒成像技术)可获得目标的清晰图像。

(2) 抗干扰能力强。与工作在无线电波段的微波雷达易受干扰不同,激光雷达几乎不受无线电波的干扰,适于工作在日益复杂激烈的各种(微波)雷达电子战环境。

(3) 隐蔽性好。激光方向性好,其光束非常窄(一般小于 1mrad),只有在其发射的瞬间并在激光束传播的路径上,才能接收到激光,要截获它非常困难。

(4) 体积小、重量轻。激光雷达中与微波雷达功能相同的一些部件,其体积或重量通常都小(或轻)于微波雷达,如激光雷达中的望远镜相当于微波雷达中的天线,望远镜的孔径一般为厘米级,而天线的口径则一般为几米至几十米。

当然，激光雷达也存在着致命的弱点。由于大气对激光的衰减作用，激光雷达的工作特性受天气影响很大，即使所发射激光波长正好位于大气窗口的 CO_2 激光雷达，其在晴朗和恶劣的天气工作时，其作用距离也会从 10～20km 下降为 3～5km，有时甚至降至 1km 内。而且由于激光光束很窄，只能小范围搜索、捕获目标。

为了充分利用激光雷达的优点并克服其缺点，正在研制的激光雷达多设计成组合系统，如将激光雷达与红外跟踪器或前视红外装置（红外成像仪）、电视跟踪器、光电经纬仪、微波雷达等进行组合，使其兼具各分系统的优点，相互取长补短。例如，激光雷达与微波雷达组合系统可先利用微波雷达实施远距离、大空域目标捕获和粗测，再用激光雷达对目标进行近距离精密跟踪测量，这样既克服了激光雷达目标搜索、捕获能力差的缺点，又可弥补微波雷达易受干扰和攻击的不足。

当前，激光雷达是一大类广泛应用的军用雷达，用于各种重型武器或其火控系统，基本功能是动态目标的定位和跟踪，即实时测量目标相对于激光雷达的角位置和距离，并根据测角信息自动跟踪目标。

3.2.2 激光雷达的分类

根据探测机理的不同，激光雷达可以分为直接探测型激光雷达和相干探测型激光雷达两种，其中直接探测型激光雷达采用脉冲振幅调制技术，不需要干涉仪，相干探测型激光雷达可用外差干涉、零拍干涉或失调零拍干涉等，相应的调谐技术分别为脉冲振幅调制、脉冲频率调制或混合调制等；按激光雷达的发射波形或数据处理方式，可分为脉冲激光雷达、连续波激光雷达、脉冲压缩激光雷达、动目标显示激光雷达、脉冲多普勒激光雷达和成像激光雷达等；按激光雷达的架设地点不同，可分为地面激光雷达、机载激光雷达、舰载激光雷达和航天激光雷达等；按激光雷达完成的任务不同，可分为光学窗口侦察雷达、火炮控制激光雷达、指挥引导激光雷达、靶场测量激光雷达、导弹制导激光雷达和飞行障碍物回避激光雷达等。

3.2.3 激光雷达的系统组成和基本原理

1. 系统组成

从激光雷达的组成看，直接探测激光雷达与相干探测激光雷达有较大的不同。直接探测激光雷达与脉冲激光测距机很相似，不同之处是激光雷达配有激光方位与俯仰测量装置、激光目标自动跟踪装置，另外后续的信号处理结果不再是存储的距离计数值，而是距离与方位和俯仰数据关系，并通过计算和图像显示，表达出目标的空间分布及速度。相干激光雷达与普通射频雷达的工作作原理更相似，图3.2 给出了微波雷达与相干激光雷达组成框图。在相干激光雷达中，探测器同时起混频器的作用,望远镜和激光器等部件与微波雷达中的天线、振荡器等部件之间存在着一一对应的关系,数据处理电路则基本相同,由于这种相似性,激光雷达可以沿用微波雷达的许多成熟技术。

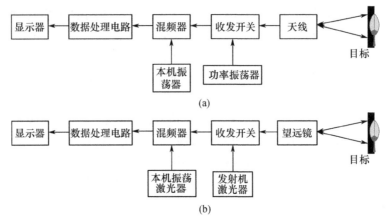

图 3.2 微波雷达与相干激光雷达组成框图
(a)微波雷达;(b)激光雷达。

由于直接探测过程及其信号处理和激光测距机部分相似,因此本小节着重讨论相干激光雷达的原理。

2. 相干激光雷达的基本原理

如图 3.3 所示,探测器同时接收平面光波,一束是频率为 v_L 的本振光,另一束是频率为 v_S 的信号光,这两束光在探测器表明合成形成相干光场。合成光场可以写为

$$E(t) = E_L\cos(\omega_L t) + E_S\cos(\omega_S t + \phi_S) \tag{3.5}$$

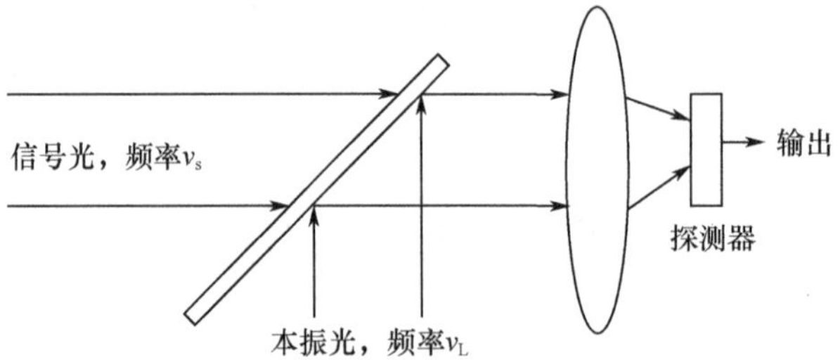

图 3.3 相干探测原理

相应的光强为

$$\begin{aligned}E^2(t) &= E_L^2 \frac{1+\cos(2\omega_L t)}{2} + E_S^2 \frac{1+\cos(2\omega_S t + 2\phi_S)}{2} \\ &\quad + E_L E_S\{\cos[(\omega_L-\omega_S)t-\phi_S] + \cos[(\omega_L+\omega_S)t+\phi_S]\}\end{aligned} \tag{3.6}$$

相干探测信号从差频项中取出,为此在后续电路中进行以$|\omega_L-\omega_S|$为中心频率的滤波和放大,从而消除直流项。光电探测器对于和频项与倍频项实际上并不响应。信号光强为$E_L E_S \cos[(\omega_L-\omega_S)t-\phi_S]$。
探测器信号电流为

$$i_S(t)=\frac{q\eta}{h v_L}A_d E_L E_S \cos[(\omega_L-\omega_S)t-\phi_S]=2\frac{q\eta}{h v_L}\sqrt{P_L P_S}\cos[(\omega_L-\omega_S)t-\phi_S]$$

(3.7)

式中:η为探测器的量子效率;q为电子电量;P_L、P_S分别为两束光入射到探测器上的功率;A_d为探测器面积。

3. 激光雷达的测量原理

1)"猫眼"效应

基于"猫眼"效应的激光雷达称为光学窗口侦察雷达。它通过主动向敌方光学或光电设备发射激光束,而对敌方光学和光电子设备进行侦察。当一束光照射到光学系统的镜头上时,由于镜头的汇聚作用,同时探测器正好位于光学系统的焦平面附近,光线将聚焦在探测器表面,由于探测器表面的反射或散射作用,对来自远处的激光产生部分反射,相当于在焦平面上与入射激光对应的位置有一个光源,其反射光通过光学系统沿入射光路返回,这会使得光学系统的后向反射强度比普通漫反射目标的反射要强得多,这种特性称为"猫眼"效应。

图3.4给出光学系统"猫眼"效应。G为探测器的光敏面,L为等效物镜,OO'为光轴,C为光学焦点。由于系统具有圆对称性,光束AA'汇聚于C点,被光敏面反射后沿CB'传播,光束BB'汇聚于C点,被光敏面反射后沿CA'传播,所以光敏面产生的部分反射光以镜面反射方式近似按原光路返回。通常探测器都不是正好位于焦点上,有时是由于安装误差引起离焦,有时则是有意离焦放置(如四象限探测器),这种离焦效应会引起后向反射回波的发散,降低回波强度。

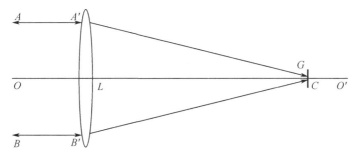

图3.4 光学系统"猫眼"效应原理

主动侦察的激光波长应与敌方光学或光电设备工作波段相匹配,这是"猫眼"效应的基本要求。根据现役光学或光电设备的一般工作波段,主动激光侦察告警主要为 1.06μm 和 10.6μm 波长两种。波长不同,设备的具体构成形式也不同。

主动激光侦察设备通常由高重频激光器、激光发射和接收系统、光束扫描系统和信号处理器组成。它利用高重频的激光束对侦察的区域进行扫描,在扫描到光学和光电设备时,由于被侦察对象的"猫眼"效应,能接收到比漫反射目标强得多的信号,信号处理器通过一定的信号处理方法,抑制掉漫反射目标的回波信号,达到侦察光学和光电设备的目的。

2) 四象限测角原理

激光雷达的测距原理与激光测距机完全相同,这里只介绍其测角原理。激光雷达一般采用四象限探测器测角技术,其核心部件是四象限探测器及其和差运算处理电路。四象限探测器由 4 个性能完全相同的光电二极管按直角坐标排成 4 个象限,每只光电二极管的输出电压与其接收光能量成正比。四象限探测器安装在接收光学系统的焦面附近,且探测器中心即四象限原点与接收光轴重合。当目标偏离接收光轴时,其反射回来的激光能量经接收光学系统到达四象限探测器时,在 4 个象限上的分布将不相等,相应的输出电信号也不相等,经和差运算处理电路处理后,可以得出目标偏离光轴的方位和大小。

图 3.5 是四象限探测器与和差电路。目标散射的激光信号被光学系统成像于四象限探测器上,根据探测器离焦量的不同,像点的大小也不同。探测器的平面对应某一空间领域,被划分为 A、B、C、D 四个象限,在每个象限上都布满光敏元件,当激光束照射到某个光敏元件上,相应的元件就有电压输出,其他未照到的元件,输出为零。因此,探测器起到光电转换的作用。判断激光目标到底在哪个象限上,通过简单的逻辑电路运算便可确定。不妨假设:当激光照射到某象限时,探测器有信号输出,设为"1";无信号时,输出为"0"。暂时认为激光束是照在 A 象限上,则探

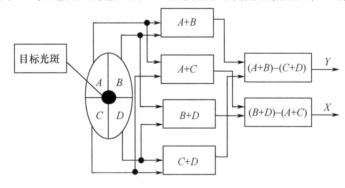

图 3.5 四象限探测器与和差电路

测器输出的 y 值为 $y=(A+B)-(C+D)=(1+0)-(0+0)=1$，$y$ 值为正，说明目标是在 A 或 B 象限上，即在探测器平面 x 轴的上方，偏离了光轴，那么，到底是在 A 象限，还是 B 象限上呢？还必须再进行一次逻辑判断，探测器输出的 x 值为

$$x=(B+D)-(A+C)=(0+0)-(1+0)=-1$$

x 值为负数，说明目标是在 A 象限上。从两次逻辑运算可以得出：目标的位置在 $(-1,1)$，的确是在 A 象限上，与前面的假设相吻合。

3.2.4 激光雷达的关键技术

1. 空间扫描技术

激光雷达的空间扫描方法可分为扫描体制和非扫描体制。其中，扫描体制可以选择机械扫描、电学扫描和二元光学扫描等方式；非扫描成像体制采用多元探测器，作用距离较远，探测体制上同扫描成像的单元探测有所不同，能够减小设备的体积、重量。

机械扫描能够进行大视场扫描，也可以达到很高的扫描速率，不同的机械结构能够获得不同的扫描图样，是目前应用较多的一种扫描方式。声光扫描器采用声光晶体对入射光的偏转实现扫描，扫描速度可以很高，扫描偏转精度能达到微弧度量级。但声光扫描器的扫描角度很小，光束质量较差，耗电量大，声光晶体必须采用冷却处理，实际工程应用中将增加设备量。

二元光学是光学技术中的一个新兴的重要分支，它是建立在衍射理论、计算机辅助设计和细微加工技术基础上的光学领域的前沿学科之一。利用二元光学可制造出微透镜阵列灵巧扫描器。一般这种扫描器由一对间距只有几微米的微透镜阵列组成，一组为正透镜，另一组为负透镜，准直光经过正透镜后开始聚焦，然后通过负透镜后变为准直光。当正负透镜阵列横向相对运动时，准直光方向就会发生偏转。这种透镜阵列只需要很小的相对移动输出光束就会产生很大的偏转，透镜阵列越小，达到相同的偏转所需的相对移动就越小。因此，这种扫描器的扫描速率能达到很高。二元光学扫描器的缺点是扫描角度较小（几度），透过率低，目前工程应用中还不够成熟。

2. 激光发射机技术

目前，激光雷达发射机光源的选择主要有半导体激光器、半导体泵浦的固体激光器和气体激光器等。

半导体激光器是以直接带隙半导体材料构成的 PN 结或 PIN 结为工作物质的一种小型化激光器。半导体激光器工作物质有几十种，目前已制成激光器的半导体材料有砷化镓（GaAs）、砷化铟（InAs）、锑化铟（InSb）、硫化镉（CdS）、碲化镉

(CdTe)、硒化铅(PbSe)、碲化铅(PbTe)等。半导体激光器的激励方式主要有电注入式、光泵式和高能电子束激励式。绝大多数半导体激光器的激励方式是电注入，即给 PN 结加正向电压，以使在结平面区域产生受激发射，也就是说是一只正向偏置的二极管，因此半导体激光器又称为半导体激光器二极管。自世界上第一只半导体激光器在 1962 年问世以来，经过几十年来的研究，半导体激光器得到了惊人的发展，它的波长从红外到蓝绿光，覆盖范围逐渐扩大，各项性能参数不断提高，输出功率由几毫瓦提高到千瓦级（阵列器件）。在某些重要的应用领域，过去常用的其他激光器已逐渐为半导体激光器所取代。

半导体泵浦固体激光器综合了半导体激光器与固体激光器的优点，具有体积小、重量轻、量子效率高的特点。通过泵浦激光工作物质，输出光束质量好、时间相干性和空间相干性好的泵浦光，摒弃了半导体激光器光束质量差、模式特性差的缺点，与氪灯泵浦固体激光器相比具有泵浦效率高、工作寿命长、稳定可靠的优点。激光工作物质可以选择钕(Nd)、铥(Tm)、钬(Ho)、铒(Er)、镱(Yb)、锂(Li)、铬(Cr)等，获得从 $1.047 \sim 2.8 \mu m$ 的多种波长。目前，半导体泵浦固体激光器的许多工程应用问题已经得到解决，是应用前景最好、发展最快的一种激光器。

气体激光器是目前种类较多、输出激光波长最丰富、应用最广的一种激光器。其特点是激光输出波长范围较宽；气体的光学均匀性较好，因此输出的光束质量好，其单色性、相干性和光束稳定性好。

3. 高灵敏度接收机设计技术

激光雷达的接收单元由接收光学系统、光电探测器和回波检测处理电路等组成，其功能是完成信号能量汇聚、滤波、光电转变、放大和检测等功能。对激光雷达接收单元设计的基本要求是高接收灵敏度、高回波探测概率和低的虚警率。在工程应用中，为提高激光测距机的性能而采用提高接收机灵敏度的技术途径，要比采用提高发射机输出功率的技术途径更为合理、有效。提高激光回波接收灵敏度的方法主要是接收机选用适当的探测方式和光电探测器。

探测器是激光接收机的核心部件，也是决定接收机性能的关键因素，因此，探测器的选择和合理使用是激光接收机设计中的重要环节。目前，用于激光探测的探测器可分为基于外光电效应的光电倍增管和基于内光电效应的光电二极管及雪崩光电二极管等，由于雪崩光电二极管具有高的内部增益、体积小、可靠性好等优点，往往是工程应用中的首选探测器件。

激光雷达的回波信号电路主要包括放大电路和阈值检测电路。放大电路的设计要与回波信号的波形相匹配，对于不同的回波信号（如脉冲信号、连续波信号、准连续信号或调频信号等），接收机要有与之相匹配的带宽和增益。如对于脉冲工作体制的激光雷达，放大电路要有较宽的带宽，同时还要采用时间增益控制技术,其放大器增益不是固定的,而是按激光雷达方程变化曲线设计的控制曲线,以抑制近距离后向散射,降低虚警,并使放大器主要工作于线性放大区域。

阈值检测电路是一个脉冲峰值比较器,确定回波到达的判据是回波脉冲幅值超过阈值。这种方法的优点是简单,但存在两个主要缺点:首先,只要有一个脉冲幅值首先超越阈值,检测电路就会将其确定为回波,而不管它是回波脉冲还是杂波干扰脉冲,从而导致虚警;其次是回波脉冲幅度的变化会引起到达时间的误差,从而导致测距误差。在高精度激光测距机中,通常采用峰值采样保持电路和恒比定时电路来减小测时误差。

4. 终端信息处理技术

激光雷达终端信息处理系统的任务是既要完成对各传动机构、激光器、扫描机构及各信号处理电路的同步协调与控制,又要对接收机送出的信号进行处理,获取目标的距离信息,对于成像激光雷达来说还要完成系统三维图像数据的录取、产生、处理、重构等任务。

目前激光雷达的终端信息处理系统设计采用主要采用大规模集成电路和计算机完成。其中测距单元可利用现场可编程门阵列(FPGA)技术实现,在高精度激光雷达中还需采用精密测时技术。对于成像激光雷达来说,系统还需要解决图像行的非线性扫描修正、幅度/距离图像显示等技术。回波信号的幅度量化采用模拟延时线和高速运算放大器组成峰值保持器,采用高速 AD/完成幅度量化。图像数据采集由高速 DSP 完成,图像处理及二维显示可由工业控制计算机完成[22]。

3.2.5 激光雷达的发展史及趋势

1964 年美国研制成波长为 632.8nm 的气体激光雷达 OPDAR,装在美国大西洋试验靶场,测距精度为 0.6m,测速精度为 0.15m/s,角精度为 ±0.5mrad,对装有角反射器的飞行体作用距离为 18km。

20 世纪 70 年代,重点研制用于武器试验靶场测量的激光雷达,国外研制成多种型号,例如,美国采用 Nd:YAG 固体激光器的精密自动跟踪系统(PATS);瑞士的激光自动跟踪测距装置(ATARK);美国研制的 CO_2 气体激光相干单脉冲"火池"激光雷达,跟踪测量飞机、导弹和卫星,最远作用距离达 1000km。

20 世纪 80 年代,在进一步完善靶场激光测量雷达的同时,重点研制各种作战飞机、主战坦克和舰艇等武器平台的火控激光测量雷达。在此期间研制成具有代表性的产品有采用 Nd:YAG 激光器、四象限探测器体制的防空激光跟踪器(瑞典),作用距离为 20km,角精度为 0.3mrad。

20 世纪 90 年代以来,国际上着重对激光雷达的实用化进行研究。在解决关键元器件、完善各类火控激光雷达的同时,积极进行诸如前视/下视成像目标识别、火控和制导、水下目标探测、障碍物回避、局部风场测量等方面的激光雷达实用化研究。

激光侦察雷达的发展过程具体如下：

美国早在20世纪60年代初就已开始主动激光侦察系统的研制工作,60年代末曾投入越南战场上使用,采用的主要是He-Ne、Ar离子和GaAs激光器,主要用于夜间航空侦察,获得高清晰度的目标图像。70年代中期,荷兰研制了一种地面激光主动侦察系统,采用Nd:YAG作为激光源,能在白天和夜晚获得数千米外的目标图像,并可测距。目前随着激光和光电子技术的进步,激光相干探测技术已经可以进入实际应用,利用激光外差探测技术的激光雷达已经应用于目标精密成像、目标识别和侦察等方面。

将激光主动侦察技术用于引导激光致盲武器或干扰机对准敌目标上的光学窗口,则是最近的发展动向。据悉,俄罗斯已装在坦克上的激光致盲武器系统,就是先发射低功率的激光束扫描战场,当发现后向反射强的光学窗口后,再发射高功率激光束进入光学窗口,实施致盲干扰,其他典型装备实例还包括:

(1) 美制"虹鱼"系统:该系统中有激光主动侦察手段。作战时,该系统先以波长为1.06μm的高重频低能激光对其所覆盖的角空域进行扫描侦察。一旦搜索到光电装备,就启动致盲激光进行攻击。故"侦察"是"攻击"的前奏。

(2) 美国空军的"灵巧"定向红外对抗系统:该系统作战的主要对象是红外制导导弹。使用时,它首先发射激光并接收由导引头返回的激光回波,据此判断敌导弹的方位、距离及其种类等,以确定最有效的调制方式以实施干扰。这就是"闭环"定向干扰技术。

当前激光雷达的主要发展趋势如下:

(1) 开发新型激光辐射源。在未来的若干年内,二极管泵浦的固体激光器技术和光参量振荡器(OPO)技术将是新型激光源的关键技术。

激光二极管泵浦固体激光器是固体激光泵浦技术的一场革命。二极管激光器光电转换效率高(约为47%),室温下输出激光波长(0.808μm)与Nd:YAG等固体工作物质的吸收峰相匹配,工作寿命长(约1×10^4h)。与灯泵固体激光器相比,DPL器件的特点:泵浦光－光转换效率高(就端面泵浦来说,转换效率可达30%～70%),热损耗小、体积小、重量轻、工作寿命长、可靠性高,大大扩展了其作为激光雷达辐射源的应用范围,这种全固态激光辐射源已经并将要成为未来激光雷达的主导辐射源。美国等西方国家在20世纪八九十年代就投入了大量的人力、物力和财力进行DPL的技术和应用研究,发展速度极快,输出平均功率已达千瓦量级。

利用光学参量振荡器可获得宽带可调谐、高相干的辐射光源,在激光测距、光电对抗光学信号处理等领域已显示出广泛的应用前景。近年来,随着二极管泵浦的固体激光技术的发展,全固化宽调谐 OPO 技术得以迅速发展,它具有高效率、长寿命、结构紧凑、体积小、重量轻、可高重复频率工作等特点。美国的直升机防撞激光成像雷达和预警机载"门警"系统激光雷达,英国的差分吸收光雷达(DIL 系统)都是采用 OPO 作辐射源。

(2) 多传感器集成和数据融合。激光雷达的另一个发展方向是成像应用。激光雷达成像具有优越的三维成像能力,其数据处理算法相对简单,不需要多批次图像融合即可得到侦察区域多层次的三维图,与其他成像侦察手段相比,在时效性方面具有不可比拟的优势。与光学和微波成像相比,激光雷达成像在获得侦察区域目标的同时能够快速获得目标高程数据,提高对战场环境的探测能力。

激光雷达成像所获得的是目标的距离和强度数据,激光雷达数据图像与可见光数据图像、红外电视数据图像等其他数据图像的融合在目标特征的提取、识别等方面具有重要作用。激光雷达数据图像包含有目标物的三维空间坐标信息,可以提取出目标物的三维空间坐标,包括目标的位置、体积、形状等三维立体信息,充分反映目标物的几何信息;但激光雷达数据由于激光谱线成像,光谱信息单一,不能充分反映目标物的物理属性信息。而可见光数据图像、红外电视数据图像包含丰富的目标物光谱信息,但目标物的几何信息只有二维的平面位置信息。将激光雷达数据图像与可见光数据图像、红外电视图像相融合,实现多传感器继承,可发挥出各自的优势。

(3) 不断探索激光雷达新体制。多年来,对激光雷达新体制的探索工作一直在进行,尤其近几年研究工作比较活跃,包括激光相控阵雷达、激光合成孔径雷达、非扫描成像激光雷达等,这些新体制激光雷达成为以后一段时期内军用激光雷达的研究方向。

相控阵激光雷达是通过对一组激光束的相位分别进行控制和波束合成,实现波束功率增强和电扫描的一种体制。美国自 20 世纪 70 年代初开始研究激光相控阵技术并首次用钽酸锂晶体制成移相器阵列(46 元),实现一维光相控阵以来,先后研制出多种二维移相器阵列,并制成以液晶为基础的二维光学相控阵样机,阵面孔径为 4cm×4cm,包括 1536 个移相单元。存在的技术难题主要是制造工艺不成熟,光束偏转范围还比较小(几度),控制效率低(小于 10%),因此,还有许多工作要做。但相信,光学相控阵技术的突破将对高性能激光雷达乃至光电传感器系统产生革命性的影响。

合成孔径雷达是利用与目标做相对运动和小孔径天线并采用信号处理方法,获得高方位(横向距离)分辨力的相干成像雷达。微波频段的合成孔径雷达在战场侦察、监视、遥感和测绘方面已得到成功的应用,在火控和制导领域也将有广泛的应用前景。利用激光器作辐射源的激光合成孔径雷达,由于其工作频率远高于微波,对于同样相对运动速度的目标可产生大得多的多普勒频移,因此,横向距离分辨力也高得多,而且利用单个脉冲可瞬时测得多普勒频移,无需高重频发射脉冲。正因为如此,基于距离/多普勒成像的激光合成孔径雷达的研究工作受到重视。美国自20世纪80年代开始开展了激光合成孔径雷达的概念研究,并进行了原理实验。实验研究采用重复频率为100Hz的TEA CO_2 相干脉冲激光器,脉宽为150ns,峰值功率为100kW,以单纵横工作,而且频率可调。尽管迄今尚未见到有关成功的报道,但仍不失为激光雷达的一个发展方向。自90年代初以来,美国桑迪亚国家实验室一直致力于发展一种新的非扫描距离成像激光雷达。这种新体制激光成像雷达不需要机械扫描,而是利用高频强度调制的激光器照射目标,用带像增强器的CCD摄像机接收回波,经过数字信号处理依次提取每个光点的距离信息,形成目标的强度/距离三维图像。其特点是简单、可行、体积小、重量轻,可得到高分辨率、高帧率视频图像。该实验室已用市售器件制成连续、准连续和脉冲激光二极管成像雷达原理样机。在发射功率为5W(CW)和250mJ(单脉冲能量)、照射视场为5°~9°的情况下,对1km远的坦克和军用卡车,获得帧速度为15~30Hz、距离分辨率为15.34cm的清晰图像。

第 4 章

光电被动侦察

光电被动侦察也称为光电告警,是指利用光电技术手段对敌方光电武器和侦测器材辐射或散射的光信号进行探测截获、识别,并及时提供情报和发出告警的一种军事行为。根据其工作波段属性,一般分为激光告警、红外告警、紫外告警等几种形式。将各单项告警综合起来就是光电综合告警。光电告警能快速判明威胁,并将威胁信息提供给被保护目标,使其采取对抗措施或规避行动。

光电被动侦察与主动侦察相比,由于不发射光辐射信号,光电告警的隐蔽性好,告警装备的生存能力强。但也因此引入一些不足:对激光告警,只限于告警激光类光电系统,而激光主动侦察则可以侦察所有的军用光电系统;只能得到方位信息,缺乏距离信息,(这个问题可以通过光电被动定位技术解决)。总的来说,光电告警的优势更为突出,装备应用也更加广泛。

4.1 激光告警

4.1.1 激光告警的定义、特点和用途

激光告警设备本身不发射激光,它利用激光技术手段,通过探测激光威胁源辐射或散射的激光,获取激光武器的技术参数、工作状态和使用性能的军事行为。激光告警是一种特殊用途的侦察行为,它针对战场复杂的激光威胁源,及时准确地探测敌方激光测距机、目标指示器或激光驾束制导照射器发射的激光信号,确定其入射方向,发出警报。

进行有效的激光告警有相当的技术难度,其原因如下:

(1) 在信号的到达方向与威胁物位置之间可能存在模糊性,这是有不同传播路径的结果(图4.1)。装备在一辆坦克上的激光告警器,在受到威胁源激光束照射时,除了由激光源直接入射到激光告警器上的光信号外,还会有由周围目标散射

而进入激光告警器视场的光信号。在截获散射光的情况下,光源是在受激光报警接收机保护的平台上,或在邻近此平台的一个区域内,其位置与威胁物位置没有直接关系。与此类似,还存在大气气溶胶沿激光束路径对其散射而进入激光告警器视场的问题。在拦截大气散射光的情况下,光源是大气中的一根线,其终端在威胁激光器处,但其起点,从接收机的角度看,可能与威胁物的实际位置偏离180°。此时激光的到达方向与威胁物位置间可能有差别,这给激光威胁源的方位确定带来了困难,特别是在定向精度要求高的情况下困难更大。

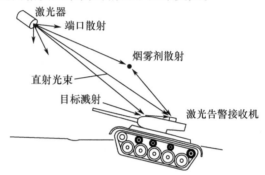

图 4.1 激光告警接收机受周围环境干扰

(2) 由于无法预知激光束入射方位,因此激光告警设备的警戒视场要足够大。同时,可能的入射激光的波长分布在近红外至远红外这样一个很宽的范围内,这要求激光告警设备能够响应的波段足够宽。这样激光告警设备就会容易受到周围环境的干扰。毫无疑问,太阳光及周围环境对太阳的反射光、火炮口的闪光等自然或人为背景光都可能会对激光告警设备产生干扰,从而产生虚警或错误定向。

(3) 从背景光、光信号探测器到后续信号处理电路,光信号探测的每一个环节都会有干扰,当随机的干扰信号强度超过一定阈值时就会产生虚警,虚警率过高,显然无法容忍。而要降低虚警率,往往就要牺牲探测灵敏度或探测概率。鉴于绝大多数被保护目标的重要价值,大大降低探测概率是不可行的。

(4) 某些激光器有单脉冲的特性。当单脉冲持续时间为 30ns 或更短时,用单脉冲来找方向显然是有困难的,因为所有的测试必须同时进行,并要在有很宽带宽的电路中实现。这与典型的雷达告警接收机有很大差别,因为后者的脉冲链是无间断的,容易求出方向数据。

为了克服上述困难,理想的激光告警接收机应具有如下特点[23]。

(1) 接收视场大,能覆盖整个警戒空域,从而探测器能接收来自各个方向的激光辐射。

(2) 波段宽。可探测的光谱带宽可以覆盖敌方可能使用的各种激光,包括激光目标指示器、测距机、激光雷达以及激光武器。

(3) 低虚警、高探测概率、宽动态范围。能从阳光、闪电、曳光弹及各种弹药爆炸产生的背景光辐射中准确分辨激光脉冲,且漏检率为零,虚警率为零。

(4) 能测出来袭激光的方向、波长、调制和编码等参数。

(5) 探测距离为 10~15km,反应时间短,能适应现代战争的要求。

激光告警适用于固定翼飞机、直升机、地面车辆、舰船、卫星和地面重点目标,用以警戒目标所处环境的激光武器威胁。

4.1.2 激光告警的分类

1. 根据工作原理分类

(1) 光谱识别型激光侦察告警。光谱识别型又分为非成像和成像型两种。非成像型侦察告警接收设备通常由若干个分立的光学通道和电路组成。这种接收机探测灵敏度高,视场大,且结构简单,无复杂的光学系统,成本低;但角分辨度低,只能概略判定激光入射方向。使用光纤前端探测头的告警是非成像光谱识别型激光侦察告警的一个新分支,它可优化光路设计,提高设备抗干扰能力,实现高可靠性和小型化。成像型侦察告警接收设备通常采用广角远心鱼眼透镜和面阵 CCD 器件或 PSD(位置传感探测器)器件,优点是视场大,角分辨度高。当降低覆盖空域、减小视场后,可使定向精度达 1mrad 左右;缺点是光学系统复杂,只能单波长工作且成本高,难以小型化。

(2) 相干识别型激光侦察告警。相干识别是目前测定激光波长的最有效方法。激光辐射有高度的时间相干性,故利用干涉元件调制入射激光可确定其波长和方向。根据所用干涉元件的不同,相干识别型接收机分为法-珀型、迈克尔逊型、光栅型、傅里叶变换光谱型等。其共同特点是可识别波长且识别能力强,虚警率低。不同点:法-珀型和迈克尔逊型都是基于分振幅原理;光栅型是基于分波振面原理;傅里叶变换光谱型是基于双光束干涉的傅里叶变换光谱探测技术。由于光源在干涉仪中形成的空间干涉条纹与光源的光谱分布存在傅里叶变换关系,通过将干涉条纹作傅里叶变换获得激光的全光谱。

2. 按探测头的工作体制分类

(1) 凝视型激光侦察告警不需进行任何扫描即可探测整个半球空域范围内的入射激光,优点是能及时准确地探测敌方的激光辐射,对在一次战术行动中只发射一次的激光源,也能及时准确地探测到。它包括光纤时间编码、光纤位置编码、偏振度编码、阵列探测、成像探测等多种体制。

(2) 扫描型激光侦察告警适用于激光脉冲重频较高或有一定周期的激光辐射,性价比较高,扫描型激光侦察告警设备包括旋转反射镜、全息探测等体制。

（3）凝视扫描是一种新颖的激光侦察告警探测体制，它兼顾了扫描型的实用和凝视型的高分辨率的特点。

全息探测型激光告警系统的工作原理是利用全息场镜将入射的激光束分成四部分，分别在四个显示器上成像，所产生的光斑大小与激光的入射方向成一定比例，入射光束通过物镜会聚形成一个位于其后的全息场镜上的光点，利用安装的光电传感器，探测出不同位置传感器上的能量大小。不同的光斑会输出不一样的信号，从而计算出光斑的对应位置，得出的结果就是入射信号的方向角函数。

全息探测型激光告警系统是根据全息场镜的色散性计算激光的波长和测定激光入射方位，该方式采用的电路设计简单、反应速度快且成本低，还可用它对光学系统进行扩展和突破，但其制作工艺比较复杂，而且由于激光束的实际透过率较低，因此系统的灵敏度不高。

3. 按截获方式分类

大气中传输也会相应出现气溶胶性散射，光谱识别型激光告警接收机接收激光信号的方法通常有直接拦截型和散射探测型。直接拦截型的设计思想比较简单，即以拦截的方式，通过多个探测单元对入射的激光信号进行拦截，并根据接收到的探测单元的位置，判断入射激光信号的大致方位信息。这种方式设计的接收机具有高灵敏、全角度、设计简单等优点，只是无法确定来袭激光的具体方位。

散射探测型利用接收来自地面、空气及装备外表等散射出的激光信号，通过分析计算实现判断、报警。利用透光性很好的光学玻璃组成一个圆锥形状的棱镜，它的内部是呈现下凹状的锥形，由滤光镜和光电探测器构成的组合位于其下方。这种设计使告警区域将装备完全包裹起来，来自任意角度射到装备上的入射激光信号，都必须经过它，但这种方式设计的探测器还是不能准确判定入射激光信号的具体方位，同时由于利用大气散射，与天气状况有关，且散射能量与波长的四次方成反比，因而只能用于可见光和近红外探测，对中远红外难以奏效。因此，为了可靠截获激光束，确保不漏警，往往将直接截获和散射探测相结合，这种方法更为实用。

表4.1概括给出了几类典型激光告警方法的主要特点。

表4.1 几类激光告警方法的主要特点

类型	非成像型光谱识别	成像型光谱识别	法-珀型相干识别	迈克尔逊型相干识别	散射探测型
优点	①视场大；②结构简单；③灵敏度高；④成本低	①视场大；②可凝视监视；③虚警率低；④角分辨率高；⑤图像直观	①虚警率低；②能测激光波长；③灵敏度高；④视场较大；⑤光电接收简单	①虚警率低；②能测激光波长；③角分辨率高；④能测单次脉冲	①无需直接拦截光束；②可凝视监视

(续)

类型	非成像型光谱识别	成像型光谱识别	法-珀型相干识别	迈克尔逊型相干识别	散射探测型
缺点	①不能测定激光波长; ②角分辨率低; ③虚警率高	①不能测激光波长; ②成本高; ③单波长工作; ④需用窄带滤光片	①角分辨率低; ②机械扫描,工艺难度大; ③成本高; ④不能截获单次脉冲	①视场小; ②成本较高; ③灵敏度低	①光学系统加工困难; ②要用窄带滤光片; ③不能分辨方向

4.1.3 激光告警的系统组成和基本原理

激光告警的关键任务是识别出入射的激光信号,同时最大限度地抑制背景光的干扰,为此必须充分利用激光与背景光的差异。激光与各种来源的背景光之间的最大区别在于光谱亮度不同,即两者的单位波长间隔、单位立体角、单位面积的光辐射通量有很大差异。光谱亮度差异的具体表现,除了方向性之外,主要是单色性和相干性。光谱识别型和相干识别型激光告警设备就是基于激光与背景光分别在单色性和相干性方面的差别进行工作的。

4.1.3.1 光谱识别型激光告警原理

1) 激光与背景光的单色性

对于普通光源,无论是太阳、雷电等自然光源还是灯光、炮火等人造光源,发出的光一般是分布在一个很宽的波长范围内,尽管它们所发光的总功率可以很大,但其光谱辐射功率,即光源单位波长间隔所发出的功率并不大。相比而言,由于激光的单色性非常好,所有的发射功率都集中在一个很窄的波长范围内,光谱辐射功率比背景光要强。激光的线宽很窄,所以单色性好。其原因主要有两个:一是只有频率满足发出的光子能量与激光介质上下能级差相等的光波才能得到放大;二是振荡只能发生在谐振频率处。激光器的类型不同,其单色性也不相同。单模稳频氦氖激光器的线宽仅为 10^3 Hz,单色性最好,而半导体激光器的单色性最差。考虑一台调 Q Nd:YAG 激光器,其参数如下:

输出功率 ΔP:1mJ。

光束发散角 $\Delta \theta$:1mrad。

脉宽 Δt:10ns。

波长 λ:1.06μm。

谱线宽 $\Delta \lambda$:1nm。

在晴朗大气中,大气衰减系数 $\mu = 0.113 \mathrm{km}^{-1}$,该激光器在 $R = 10\mathrm{km}$ 处产生的光辐照度 $E = \Delta\Phi/\Delta A$,其中:

辐射通量 $\quad\quad\quad\quad \Delta\Phi = \dfrac{\Delta P \mathrm{e}^{-\mu R}}{\Delta t} = 3.23 \times 10^{4}(\mathrm{W})$

光斑面积 $\quad\quad\quad\quad \Delta A = (\Delta\theta R)^{2}\pi = 3.14 \times 10^{2}(\mathrm{m}^{2})$

则 $\quad\quad\quad\quad\quad\quad E = 1.03 \times 10^{2} \mathrm{W/m}^{2}$

相应的光谱辐照度 $\quad E_{\lambda} = E/\Delta\lambda = 1.03 \times 10^{5} \mathrm{W}/(\mathrm{m}^{2} \cdot \mu\mathrm{m})$

即使大气有霾,相应的能见度降为 5km,对应大气吸收系数 $\mu = 0.415\mathrm{km}^{-1}$,则 $E_{\lambda} = 5.02 \times 10^{3} \mathrm{W}/(\mathrm{m}^{2} \cdot \mu\mathrm{m})$。由图 4.2 看出,即使是对于这样低能量的普通激光器,其在 10km 远处于 1.06μm 波长附近所产生的光谱辐照度也是很高的。倘若告警接收机的滤光片带宽为 10nm,则激光和太阳光进入探测器的辐射通量之比高达 10^{2} 量级。由于激光经过较远距离的传播后在某特定波长处的光谱辐照度仍然远大于背景光的光谱辐照度,光谱识别型激光告警器可通过滤光片滤除激光波长附近的背景光,从而产生较高的信噪比。

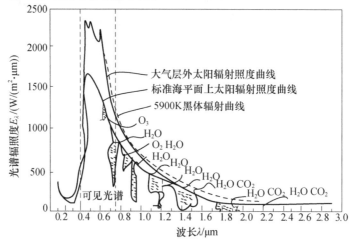

图 4.2 平均地 - 日距离上太阳的光谱分布
(阴影区域表示海平面上所示大气成分引起的吸收)

2. 非成像型光谱识别激光告警

1) 系统组成

光谱识别型激光侦察告警是比较成熟的体制,国外在 20 世纪 70 年代就进行了型号研制,80 年代已大批装备部队。它通常由探测头和处理器两个部件组成(图 4.3)。探测头是由多个基本探测单元所组成的阵列,阵列探测单元按总体性能要求进行排列,并构成大空域监视,相邻视场间形成交叠。当某一光学通道接收到激光时,激光入射方向必定在该通道光轴两旁一定视场范围内。当相邻二通道同时收到激光时,激光入射方向必定在二通道视场角相重叠的视场范围内。依此类推,探测部件将整个警戒空域分为若干个区间。接收到的激光脉冲由光电探测器(一般为 PIN 光电二极管)进行光电转换,经放大后输出电脉冲信号,经过预处理和信号处理,从包含有各种虚假的信息中实时鉴别信号,确定激光源参数并定向。

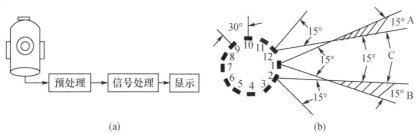

图 4.3　非成像型光谱识别激光侦察告警接收机
(a)系统组成；(b)探测头。

信号处理器同时接收到了目标发射激光信号和其他普通光信号,它是如何区分呢？简单的滤波手段就可以实现。同时,激光侦察告警设备为大幅度降低虚警,除采用电磁屏蔽、去耦、接地等措施外,还常采用多元相关探测技术。它是在一个光学通道内采用两个并联的探测单元,对探测单元的输出进行相关处理,该技术可使虚警率大幅度下降。

激光威胁源的一些典型特征:激光武器波长特定、脉冲持续时间较长；测距机脉冲短、重频低；指示器类似于测距机,但重频高；对抗用的激光器类似于测距机,但强度高；通信激光器是调制的连续波光源或很高重频的脉冲串。因此,对提取出的激光信号,获取其技术参数(如激光波长和脉冲间隔等)后,就可以判断辐射源的类型。

光谱识别型激光告警设备具体如何滤波、测向和获取激光参数(如波长),这涉及激光告警的实现方法。

2) 实现原理

光谱识别型激光告警设备的实现方法主要有以下两种:

(1) 采用一组并列的窄带滤光片和探测器分别对应特定波长工作,如将窄带滤光片的中心波长分别选定为 $0.53\mu m$、$1.06\mu m$、$1.54\mu m$、$10.6\mu m$ 等,以监视这几个常用波长的激光威胁,如图 4.4(a)中所示的通道 1 情形。也可以采取多个通道相邻覆盖某个光谱带的配置方式,如图中通道 2 与通道 3 之间的配置。整个接收机可以是单通道单波长与多通道多波段覆盖相结合,如在可见光至近红外的硅探测波段上用 2~20 个光谱通道进行覆盖,并在 3.8μm、10.6μm 波长分别有一个通道进行探测。这样,在可见光至近红外范围内,各个通道不仅具备光谱识别功能,而且能减小太阳光杂波和太阳光的散粒噪声。采用该方法时,必须在所用通道的数目及所获得的光谱分辨率之间做折中处理。采用多个通道相邻覆盖光谱带的告警系统时,存在光谱带的重叠问题,即干涉滤光片的透过波段与激光入射角度有关,由于入射角度的变化,会使得报警系统对入射激光波长的判断出现错误。

另外,因为军用激光器的类型不断增加,可调谐激光器也已进入实用阶段,这会在激光告警系统所需要监视的波段范围和系统所能容纳的通道数之间产生矛盾。因此,多滤光片方法虽然在现有装备中被大量采用,但已显的比较落后。

(2) 采用色散元件和阵列探测器。如图 4.4(b) 所示,入射光束通过色散元件(如光栅)后,会依照入射光波长的不同形成不同方向的出射光,经一段传播路径(如经过一个成像凸透镜)后照射到阵列探测器上,不同波长的光会照射到探测器的不同单元上。换句话说,色散元件对探测器每个单元的作用相当于一个中心波长不同的窄带滤光片。一般而言,该方式存在着阵列探测器的高空间分辨率与高响应速度之间的矛盾,即用高光谱分辨率的探测器往往会丢失信号的时间数据,因为它们的带宽小,而采用高速探测器时,因探测元之间的耦合问题而难于做成大的阵列。

总之,光谱识别就是充分利用自然和人工背景光的光谱辐照度比激光的光谱辐照度在特定波长处要小,来提高激光信号识别的可靠性。光谱识别非成像型激光告警是早期的光谱识别告警,主要缺点只能大概估算激光入射方向,光谱识别成像型可以克服这个不足。

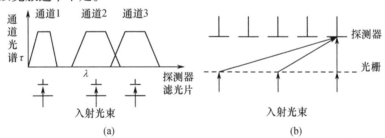

图 4.4 光栅识别型激光告警器的实现方法
(a)多通道式(多滤光片方式);(b)色散元件方式(光栅方式)。

3. 成像型光谱识别激光告警

成像型光谱识别激光侦察告警设备是一种复杂的透镜组合系统,通常也由探测和显控两个部件组成,探测部件采用 180°视场的等距投影型鱼眼透镜作物镜,采用面阵 CCD 成像器件接收图像。由于成像型激光侦察告警设备的角分辨率通常为零点几度到几度,因而可精确确定辐射源的位置及光束特性(包括光谱特性、强度特性、偏振特性等)、时间特性、编码特性等。

美国 LAHAWS 成像型激光告警系统采用了 100×100 面阵 CCD 成像器件及双通道消除背景措施,其工作原理:由鱼眼透镜把会聚的光通过 4∶1 分束镜分成两个光学通道,80% 的光能通过窄带滤光片,进入 CCD 摄像机的靶面,其余 20% 再经两块分束镜和窄带滤光片进一步分成 1∶1 的两条光学通道,各自进入一个 PIN 硅光电二极管探测器,其中一个通道包含激光和背景信号,另一通道只包含背景信号,经相减放大,把背景信号抵消,当无激光入射时,其输出为零;当有激光入射时,输出不为零。两个 PIN 光电二极管的输出,经差分放大和阈值比较器处理后,区分出背景照明和激光辐射,产生音响及灯光指示。光电二极管有输出信号时,CCD 面阵输出的视频信号进行模/数变换和数字帧相减处理,消去背景,突出激光光斑图像,由计算机解算出激光源的角度信息送火控或对抗系统,并在显示器上显示。光路中采用了光学自动增益控制以防强光饱和。LAHAWS 激光告警系统主要技术指标:工作波长 $1.06\mu m$;警戒空域方位 $360°$,俯仰 $0°\sim90°$;定向精度 $3°$。

4.1.3.2 相干识别型激光告警原理

1. 光的相干性

相干性包括时间相干性和空间相干性。时间相干性是指光场中同一空间点在不同时刻光场的相干性。如果在某一空间点上,t_1 和 t_2 时刻的光场仅在 $|t_1-t_2|\leqslant\tau_c$ 时才相干,称 τ_c 为相干时间。光沿传播方向通过的长度 $L_c=c\times\tau_c$ 称为相干长度,它表示在光的传播方向上相距多远的光场仍具有相干特性。因此,时间相干性是一个"纵"的概念。

实际上,没有一种光源是严格意义上的单色光源。从光谱角度看,这种准单色光源发射的光谱线有一定频率宽度 Δv,且 $\Delta v=1/\tau_c$。Δv 越小,单色性越好,相干时间越长,光的时间相干性越好。因此,时间相干性的概念直接与光的单色性的概念有关。表 4.2 给出了几种典型光源的相干长度的大致量级,从中可以看出,不同的光源的相干长度存在巨大差距,即便是同一种光源,由于工作状况的不同,也存在极大的变化。

表 4.2　几种典型光源的相干长度

光源	近似相干长度/m
白炽灯	10^{-7}
太阳光(硅材料敏感波段)	10^{-6}
发光二极管	10^{-4}
He-Ne 激光器	10^{-1}

(续)

光源	近似相干长度/m
二极管激光器	$10^{-4} \sim 1$
染料激光器	$10^{-4} \sim 1$
CO_2 激光器	$10^{-4} \sim 10^4$

空间相干性是指光场中不同的空间点在同一时刻光场的相干性。普通光源中各个发光中心相互联系很弱,它们发出的光波是不相干的。但是同一个发光中心在空间不同点贡献的光场却是相干的。光源中每个发光中心都各自贡献相干光场。在普通光源的光场中,与光源相距 R 的一个面积范围内,任何两点的光场都是相干的。

光源面积为

$$A_c = R^2 \lambda^2 / A_s \tag{4.1}$$

光的空间相干性是指垂直于光传播方向的平面上的光场的相干性。光的空间相干性是一个"横"的概念。A_c 为光源的相干照明面积或光场的相干面积,A_c 越大,说明光源的横向相干性越好,它是光的横向相干性的量度。可以把式(4.1)改写为

$$\lambda^2 = A_s A_c / R^2 = A_s \Delta\Omega \tag{4.2}$$

式中:$\Delta\Omega$ 为相干面积相对光源中心的张角,称为相干范围的立体孔径角。

式(4.2)的物理意义:如果要求在 $\Delta\Omega$ 范围内光波是相干的,则普通光源的面积必须限制在 $\lambda^2/\Delta\Omega$ 以下。由于普通光源的发光中心基本上各自独立,尽管在相干面积内各处的光场是相干的,但相干程度不同。在相干面积内,边缘处的相干性就很差。

由于激光是依靠受激辐射产生的,激光器中各发光中心的发光是互相关联的,因此对于激光器输出的激光束,特别是单模激光器输出的高斯光束,其发光面中各点都有着完全一样的位相。所以单模激光器输出的高斯光束在整个光束截面具有空间相干性,可以认为激光具有完善的空间相干性。

对激光告警接收机来说,为从战场上各种复杂的辐射源中区分出激光辐射源,相干性是一个很有用的特性。采用相干技术的主要优点包括:可以在不限制系统的光谱带通的情况下,排除太阳光闪烁、枪炮的闪光、曳光弹、泛光灯及飞机信标等光信号的干扰;不限制系统的光谱带通,意味着可以在光电传感器件响应的全光谱范围内,对激光威胁源进行警戒,这正是光谱滤波法的弱点。当然,利用相干性识别进行激光告警时,还需要着力解决如下两个问题。

(1)对单脉冲探测与分析的一般要求。

(2) 大气闪烁的影响。大气闪烁会产生入射激光束的空间和时间调制,它可使采用波前分割方式进行的任何相干性测量变得复杂;而采用振幅分割方式,则可能取决于探测系统内部的动态过程,在进行几毫微秒脉宽的激光单脉冲分析时,这一过程恐怕难以完成。这两个问题的解决方法将在下面相关识别激光告警实现时给予具体分析和论述。

2. 法-珀型相干识别激光告警

美国珀金-埃尔默公司的AN/AVR-2型激光侦察告警机是相干告警的典型,也是世界上技术最成熟、装备量最大的激光侦察告警机之一。它有4个探测头和1个接口比较器,可覆盖360°范围。设备利用法-珀标准具对激光的调制特性进行探测和识别。

法-珀(F-P)干涉仪又称为标准具,它是一块高质量透明材料(如玻璃或锗等)平板,两个通光面高度平行并且镀有反射膜,反射率均在40%~60%范围内,当光线入射标准具时,一部分光直接穿过,另一部分光在透明材料中经二反射面多次反射后再穿出标准具。因激光是相干性极好的平行光,故两部分光将产生相干叠加现象。当两部分光的光程差为波长的整数倍时,同相位叠加,此时标准具的透过率最大。当光程差为半波长的奇数倍时,两部分光相位差180°,光强相互抵消,这时标准具的透过率最小,绝大部分光被标准具反射。光程差随入射角的不同而变化,故落在探测器上的光强与入射角有关。如图4.5所示,标准具z轴周期性左右摆动(z轴垂直于通光面法线)时,落在探测器上的光强与标准具摆动角之间的关系见图中的曲线所示。曲线上的A点所对应的角度恰好是标准具的法线与激光平行时标准具的摆动角,因此,只要测定此时标准具的摆动角,就可确定激光束的入射方向。同时,确定曲线中A点与B点之间的距离,就可推算出激光波长。非相干光穿过标准具时不产生上述相干叠加现象,故落在光电探测器上的光强不

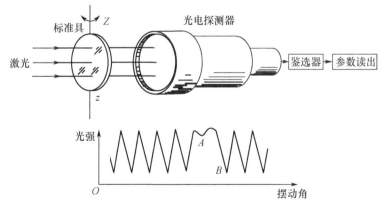

图4.5 法-珀相干型激光侦察告警接收机的工作原理

产生图中曲线所示的变化,这就大大降低了虚警率,提高了鉴别激光的能力。

单级法-珀标准具需要标准具的周期性摆动来形成光程差的变化,从而区分激光和普通光、估计激光入射方向和求取激光波长。对于高频脉冲激光而言,要在单个脉冲周期内实现标准具的摆动难度非常大。而两级法-珀标准具不需要标准具的摆动,可以克服这个不足。图4.6给出了两级法-珀标准具用于相干识别的原理。法-珀标准具之后的探测器连到差分放大器电路上。标准具材料的折射率为 n,相距为 d 的前后两个平行面镀有反射率为 R 的部分反射膜,那么对于相干长度大于 d 的入射激光束,标准具的透过率为

$$T = \frac{1}{1 + \frac{4R}{(1-R)^2}\sin^2\frac{\delta}{2}} \quad (4.3)$$

式中

$$\delta = \frac{4\pi}{\lambda}d\cos\theta' \quad (4.4)$$

其中:θ' 为光束在标准具内部传播方向与标准具表面法线的夹角。

式(4.3)表明:当光束的相干长度比标准具的内部尺寸大得多的时候,标准具的透射率是其厚度、光波长及光束入射方向的函数。由于将图4.6(a)中的两块标准具设计得一块比另一块长 $\lambda/4$,故两块标准具对于入射激光的透过率总是有差别,即一块具有高透过率时另一块必然具有高反射率。因此有激光入射时,在后面的差分放大器中总是有大的输出值。反之,当入射光的相干长度大大小于标准具的间隔长度时,入射光在两块标准具中都不会共振,两块标准具的透射率不再服从上式,实际上这时透过率等于标准具反射面透射率的平方,即

$$T = (1-R)^2 \quad (4.5)$$

此时,两块标准具的透过率一样,故图4.6(b)中的两块标准具后的差分放大器的输出为零。

上面说明了用两级法-珀标准具实现相干识别的原理,但直接将上面这种分波前结构放在受扰动的激光束中时,大气对光束产生的强度空间调制便会叠加在标准具引起的光强调制之上,使探测器的差分输出信号改变,相干性测量过程失真。比如,假定某一波长的激光照射在标准具上,正好使较薄标准具为高透过、较厚标准具为高反射,在正常情况下两个探测器输出的不同强度信号会使差分放大器输出报警信号。但因为大气扰动,恰好在较薄标准具上出现的闪烁为最小、在较厚标准具为的闪烁为峰值的情况下,结果有斑纹的相干光束使两个通道中产生低的、可能是同样强度的信号,出现测量失真现象,对这些信号可能会错误地按非相

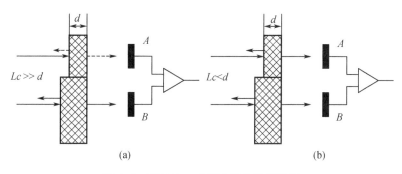

图 4.6 两极法 – 珀标准具作相干识别
(a) 相干光入射情况；(b) 非相关光入射情况。

干光处理。

因此,在实际应用中由于大气扰动的影响,法 – 珀标准具需要做适当的变化。图 4.7 给出了两个用法 – 珀标准具进行相干识别的可用方案。图 4.7(a) 中给出的方法采用了分束镜的分波幅法,从而避开了分波前法的麻烦。图 4.7(b) 则依然采用分波前法,它有两个探测器,每一个探测器具有叉指形,且各探测器交叉在一起。将一块法 – 珀标准具淀积在每一个"指"的上面,故相邻的"指"便构成一对标准具。分波前法中闪烁产生的影响,可以被如下方法避免,即"指"尺寸很小(远小于子光斑的线度),而集光面积则通过将很多指合成一个探测器组而得到增加。

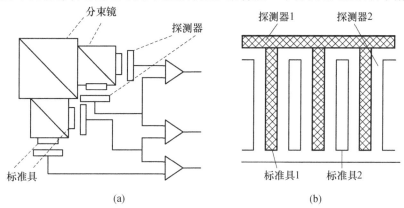

图 4.7 相干报警器的两种典型形式
(a) 分束镜与四级标准具；(b) 叉指型二极标准具与探测器。

3. 迈克尔逊型相干识别激光告警

迈克尔逊型相干识别激光告警由两个曲率半径为 R 的球面反射镜和一个分束器构成的迈克尔逊干涉仪与一个面阵 CCD 固体摄像机组成,如图 4.8 所示。激光束经过迈克尔逊干涉仪后,因为在两个通道经历有光程差 ε,结果产生一组干涉环并被 CCD 接收。同样，由于 $\varepsilon \neq 0$，非相干的背景光不产生干涉条纹，故不会对该类激光告警系统产生干扰。入射激光经分束镜后分为两束光，然后分别由两块球面反射镜反射再次进入分束棱镜，出射后到达一个二维阵列探测器，在观测面上形成特有的"牛眼"状的同心干涉环，由微处理机对干涉条纹进行处理，根据同心环的圆心可计算出激光入射角，根据条纹间距计算出波长。若是非相干光入射，则不形成干涉条纹。美国电子战中心系统实验室的激光接收分析器是典型的迈克尔逊相干识别型告警装置。

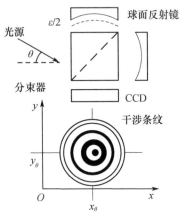

图 4.8 相干识别迈克逊型结构示意图

通过探测干涉环的中心位置和各个环的位置，可以对激光源进行定位并测定入射激光的波长。球面反射镜的作用相当于焦距 $f = R/2$ 的透镜，通过求解光程差与光线在 CCD 上位置的关系，可以知道激光的入射方向：俯仰角 $\theta_x = x_\theta / f$，方位角 $\theta_y = y_\theta / f$。为分析方便，假定 CCD 处于两个反射镜焦点中间位置，那么第 N 个圆环的半径为

$$r_N = \sqrt{2N\lambda/\varepsilon}\ \frac{\varepsilon}{2} \tag{4.6}$$

因此，以 N 为横坐标、r_N 为纵坐标对实验数据用最小二乘法进行拟合，得出的直线斜率为 $\lambda \varepsilon / 2$，由此可以确定激光波长 λ。这里采用的是分波幅技术，故对大气的闪烁干扰具有抵抗作用。

4.1.4　激光告警的关键技术

1. 虚警和假信号的抑制技术

在实战环境中，确保激光侦察告警设备高灵敏、低虚警工作至关重要，通常与宇宙射线、电磁干扰、闪光等因素有关。

宇宙射线是来自太阳的高能电荷粒子,随太阳活动、大气、当地条件变化而变化,当激光侦察告警设计为可响应单脉冲激光信号时,对于常规探测器,这些电子与激光产生的光电子没有明显区别,电路上需采取措施加以抑制;屏蔽、接地等常规的电磁兼容设计需要特别考虑,尤其是要解决同一平台上微波火控雷达等产生的假信号源。比如通过在光学通道上附加一探测器、前放、结构完全一致的另一光学单元,进行相关抑制。

2. 相干探测技术

对于从复杂的战场辐射源环境中识别激光威胁,相干技术是一种非常有效的手段。不同的激光器有不同的相干度,在激光侦察告警机设计中,相干度是一个重要的参数,尤其对一些低相干度的激光器,应避免把这类激光误作非威胁源。激光相干鉴别技术的关键问题是:单脉冲探测和分析;大气闪烁效应;可调谐激光信号相干调制技术。

3. 光谱识别技术

一些传统的激光侦察告警接收机无光谱识别技术,因为利用激光器固定波长等参数已足够抑制光学假信号,但随着可调谐激光器在军事领域的不断应用,光谱识别技术变得越来越重要。光谱识别窄带激光信号的同时可提供对太阳闪烁、炮火闪光等的抑制。

4. 到达角测量技术

绝大多数激光侦察告警需要精确的方向信息。但由于以下三个因素的影响,信息难以精确获得:①某些激光器的单脉冲特征;②入射激光和威胁源不同方向;③大气波前失真。解决办法是利用成像系统把入射激光的角度信息转换为探测器的坐标。成像系统须为凝视型,因为扫描体制会漏掉单脉冲,降低探测概率。

5. 宽动态范围设计技术

对激光侦察告警接收机,激光源能量既可能直接入射到接收机,也可能通过中介散射物体的散射入射到接收机。依照入射方式,信号能量可分几个量级,产生4~10个量级的变化,因此,入射信号强度的宽动态范围是激光侦察告警设计的一个主要指标,尽管许多光学探测器有大的线性动态范围,但前放及偏置电路的线性动态范围只有3~4个量级。

4.1.5 激光告警的发展史及趋势

光电对抗侦察中首先出现的是20世纪60年代问世的带有威胁探测器的主动防御系统,即红外探测器,它安装在主战坦克上。这种探测器在70年代得到了进一步的发展,不仅能对抗连续的红外威胁,而且能对抗来自激光测距机、激光目标指示器的激光威胁。据此,美国首先研制出了激光告警接收机,它与烟幕弹发射装置联合使用,形成了早期的对抗手段,至今仍是主动防御系统中广泛使用的对抗方式。其后,法国、英国也先后公开展出了红外和激光警戒接收机、激光与红外探照灯探测器[24]。

1980年,美国电子战中心系统研究实验室研制成功激光接收分析仪(LARA),用迈克尔逊干涉仪原理测定激光的到达角度和波长,用二维阵列探测器接收并存储条纹图。

1980年,美国空军赖特航空实验室研制激光警戒接收机DOLE,并于1982年成功进行了战术试验。它是一种机载激光警戒装置,用扫描式法-珀干涉仪探测激光方向和波长。此后由美国空军航空电子学实验室研制的DOLRAM是DOLE的发展型,能测量激光入射角,并将激光警戒、毫米波警戒装置与AN/ALR-46A雷达警戒接收机相结合。

1983年,美国陆军将AN/GLQ-13车载激光对抗系统编入美军装备,它可探测激光并采取适当的对抗措施,可保卫各种尺寸和形状的区域,用于保护地面重点目标。

应该说,这时各国研制的激光告警设备只能对激光威胁源进行粗略定向,在解决了许多关键技术问题的基础上,采用激光告警先进技术,不断开发研制出能对激光威胁源进行精确告警的小型化设备。德国在1989年提出了一种利用光的干涉原理测量激光波长的方法,与用扫描式法-珀干涉仪探测激光方向和波长相比,它具有结构简单、技术难度小等优点,这在迄今为止的激光告警技术中不能不说是一种创新,它推动了激光告警技术的发展。其他国家也相继研制出多种先进的激光告警设备,如瑞典研制的机载激光告警系统采用了光纤延迟技术,而且在光路中使用分色镜,实现了多波长告警。美国在1992年提出一种袖珍型激光告警接收机,它体积小、重量轻,特别适合在飞机上使用。

当前激光告警的主要发展趋势如下:

(1)工作波段不断拓展。鉴于激光威胁频谱的日益扩展,激光侦察告警的工作波段也必将因之而不断拓展,既要满足对不同激光器不同波长的探测,也要满足对可调谐波长探测的需要。

(2)角分辨率不断提高。角精度的要求随平台和场景不同而变化。在传统应用的多数情况下,激光侦察告警和无源干扰相交联,象限定位即可满足要求。但对机载激光侦察告警接收机,需要类似于雷达告警系统几度的角精度。对于反辐射武器定向精度要求更高。

(3)设备紧凑,体积小,重量轻。为了降低对平台安装后勤支援条件的要求,以适用于更广的应用范围,激光侦察告警将通过各种技术措施,在设备组成方面更加紧凑,以降低体积、重量和功耗。

(4) 侦察告警体制更加多样化。把应用光学的最新成果成功地运用于激光辐射探测系统,将会产生越来越多的新体制激光侦察告警设备,如利用激光相干特性、偏振特性和衍射特性的激光侦察告警设备,利用近代光纤技术、全息技术所构成的激光侦察告警设备。可以肯定,激光侦察告警设备的性能随着光电探测器、光学材料、光学镀膜、光学制造工艺、超高速集成电路技术及信息处理技术的发展必将日趋完善。

4.2 红外告警

红外制导、电视制导和毫米波被动制导的导弹,它们本身不辐射电磁波,对它们的告警需针对其特点进行。导弹在飞行时,发动机的红外辐射是导弹最明显的特征,这样就可用红外探测器进行探测,适时告警。红外告警系统的任务主要有导弹发射侦察告警、导弹接近侦察告警和辐射源定位。本节主要论述告警问题,关于辐射源定位放在光电被动定位部分讨论。

4.2.1 红外告警的定义、特点和用途

红外告警通过红外探测头探测飞机、导弹、炸弹或炮弹等目标本身的红外辐射或该目标反射其他红外源的辐射,并根据测得数据和预定的判断准则发现和识别来袭的威胁目标,确定其方位并及时告警,以采取有效的对抗措施。红外告警的技术特点如下:

(1) 以红外技术为基础,大都采用被动工作方式,探测飞机、导弹等红外辐射源的辐射,完成告警任务。

(2) 由于采用隐蔽工作方式,因此不易被敌方光电探测设备发现,给敌方的干扰造成困难,同时有利于平台隐身作战。

(3) 能提供高精度的角度信息(0.1～1mrad)。

(4) 具有探测和识别多目标的能力和边搜索、边跟踪、边处理的能力。

(5) 除起到告警作用外,还可以完成侦察、监视、跟踪、搜索等功能,也可以与火控系统连用,为其指示目标或提供其他信息。

红外侦察告警设备可以安装在各种固定翼飞机、直升机、舰船、战车和地面侦察台站,用于对来袭的威胁目标进行告警,目前以这种用法构成了多种自卫系统。同时它还可单独作为侦察设备和监视装置,这时一般都配有全景或一定区域的显示器,类似于夜视仪或前视装置。此外,还可以与火控系统连接作为搜索与跟踪的指示器[25]。

4.2.2 红外告警的分类

红外告警按工作方式可分为扫描型和凝视型两类。扫描型的红外探测器采用线列器件,靠光机扫描装置对特定空间进行扫描,以发现目标。凝视型采用红外焦平面阵列器件,通过光学系统直接搜索特定空间。

红外告警按探测波段可分为中波告警和长波告警以及多波段复合告警,中波一般指 $3\sim5\mu m$ 的红外波段,长波指 $8\sim14\mu m$ 的红外波段。

红外侦察告警设备还可以按其装载平台分为机载、舰载、车载和星载四类。

4.2.3 红外告警的系统组成和基本原理

红外告警是实施红外对抗的基础。不同的平台对红外告警系统的要求有所不同,信号处理方法也不一致,但其原理及基本工作方法相同。红外告警系统组成框图如图4.9所示,光学系统用于收集光辐射,探测器将光辐射转换成电信号,信号处理单元的任务是对探测所得信息进行处理,输出控制单元的任务将信号处理结果进行图像显示或启动对抗措施。告警接收机的性能同时受到许多因素的限制,如平台往往限制告警系统的实际尺寸和重量,使其警戒视场、灵敏度、刷新串等指标受到限制,图4.10是一种典型的舰载红外告警系统的结构框图。其主要由光学扫描聚光系统、探测器阵列、信号处理器和图像显示四大部分组成。下面结合图4.9和图4.10叙述红外告警系统的工作原理。

图4.9 红外告警系统组成框图

红外侦察告警系统一般由告警单元、信号处理单元和显示控制单元构成。在告警单元中有整流罩、光学系统、光机扫描系统、致冷器、红外探测器和部分信号预处理电路,完成对整个视场空域的搜索和对目标的探测,并通过红外探测器将目标的红外辐射转换为电信号,经预处理后输出给信号处理单元,信号处理单元一般将信号放大到一定程度后,经模/数转换后为数字信号,再采用数字信号处理方法,进一步提取和识别威胁目标,并输出威胁目标的方位角、俯仰角和告警信息,这些信息一方面直接给显示及控制单元,另一方面为其他系统提供信息。在图4.10中,稳定平台主要用于消除舰艇摇摆的影响,使承载的扫描头的安装平面稳定在大地水平面内。电子机柜(B机柜)主要担负提供系统正常工作的电源及备件等。显控台(A机柜)是舰艇操作人员对设备控制的主要平台,并显示目标图像。显控台的操控组合主要包括触摸屏键盘、表页显示器、操纵杆及跟踪球。表页显示器用来显示跟踪目标数据信息;操纵杆用来控制扫描头俯仰角度的调整;跟踪球用来控制鼠标在显示器上的移动和局部放大图像区域选定以及人工干预的有关操作等;触摸屏键盘主要用于设备参数的设置及操作命令的输入,实现人机对话。

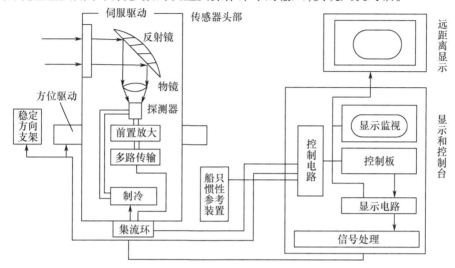

图4.10 舰载红外告警系统

1. 光学系统

光学系统与所用的探测器阵列有很大关系。

扫描型红外侦察告警采用线列红外探测器,在光学系统焦平面上,线列探测器的光敏面对应一定的空间视场。在空间视场 A 内的红外辐射能量将汇聚在探测器 A' 单元的光敏面上,当光学系统和探测器一起旋转时,对应的空间视场便在物空间进行扫描,扫描到空间某一特定的目标(一般比背景的红外辐射强)时,探测器光敏面上得到一个光信号,线列探测器将光信号转换为电信号并输出。该信号通过后续处理并与扫描同步信号相关,计算出该目标的相对方位角和俯仰角。阵列器件扫描过程如图4.11所示。

凝视型红外侦察告警系统采用红外焦平面器件,不需进行机械扫描,便可以使所有的探测器光敏面直接有一个对应的空间视场。

实际上这种焦平面探测器的信号一般合成为一路信号输出,这样可在帧时内把每个单元的信号全部输出一次,这种合成也可理解为在器件上进行电扫描,对应于物空间也是扫描,因此,扫描型和凝视型从理论上说都是扫描。机械扫描速度较慢,扫描整个视场一次(称一个帧时),帧时在 1~10s;而后者的帧时在 30ms 至几百毫秒。除告警探测器部分的差别以外,二者其他部分的工作原理是相近的。

扫描型和凝视型红外侦察告警是对瞬时视场而言的,而红外告警系统的扫描

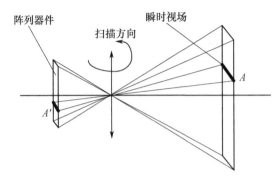

图 4.11 阵列器件扫描过程

范围较宽,方位搜索视场为 360°,俯仰搜索视场一般在 30°~100°之间,因此,还有搜索视场的扫描问题。针对搜索视场扫描,光机扫描头的结构安排上可以有以下两种方式:一种是由扫描机构、光学聚光系统、探测器、致冷器和前置放大器组成的测量头一起做高速旋转,此时应设置集流环,以便将多路信号传输给信号处理器;另一种是采用反射镜组和固定式传感器箱相结合的设计结构,即上部的反射镜组在做高速方位扫描的同时进行俯仰扫描,使入射的光线向下反射,经红外聚光镜成像于红外探测器阵列,会聚透镜、探测器阵列、致冷器和前置放大器装在旋转头下方的固定传感箱内,此时不需设置集流环。后一种结构轻便灵活,扫描反射镜组可安放在舰船的桅杆等较高位置上以预告海上来袭,或安放在飞机垂直尾翼的顶部及机身下部后方,用于预告尾随来袭的导弹,也可将扫描镜组用三脚架支撑,装在备有火炮的战车上。

红外告警系统的光机扫描机构通常用同一块平面镜来完成两个方向上的扫描运动,平面镜每转一圈完成一行扫描后,使平面镜在俯仰方向摆动 $n\beta$ 角度(β 为单元探测器的俯仰瞬时视场角,n 为并扫线列探测器的元数),从而完成行和帧方向的扫描。在扫描过程中,扫描图形主要有以下两种形式:

(1) 平行直线形扫描图形。这种图形是平面镜转过一周扫出一个条带后,在阶梯波俯仰信号的作用下,使摆镜在俯仰方向转过一个条带对应的俯仰角($n\beta$)而形成的,如图 4.12(a) 所示。这种方式的最大缺点:行与行间的转换需加阶跃信号,由于系统惯性作用,摆镜位置不能突变,需经过一段过渡时间才达到要求的稳态转角,而这段时间内方位方向仍在不停地扫描,这就会使在行与行转换处形成漏扫空域。

(2) 螺旋形行扫描线搜索图形。为消除上述扫描方式在行行转换时出现漏扫空域,应使俯仰摆镜扫描过程平滑无突变,通常可采用图 4.12(b) 所示的螺旋形式的扫描图形。该扫描要求平面镜的俯仰摆动不是突变跳跃式的,而是连续慢变的转动,并且要使方位方向的平滑连续转动速度与俯仰慢变转动速度间有确定的比例关系,即这个比例关系保证了方位转一圈后,俯仰刚好转过一个条带的角度($n\beta$),这样才能保证系统在搜索空域不漏扫、不重叠。

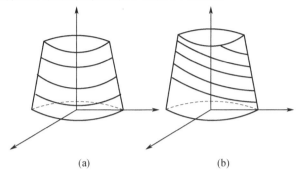

图 4.12 全方位警戒系统的搜索图形

2. 探测器的选择使用

探测器的选择主要由系统工作的谱段、系统灵敏度、分辨率等决定。在可能的情况下,红外告警系统应尽可能工作在多个波段,这样可以鉴别出导弹与其他辐射源,以提高探测概率和降低虚警率。另外,探测器的选择也与成本、系统的复杂程度等密切相关。

为提高系统灵敏度,降低虚警,增大探测距离和增强系统抗干扰能力,目前各国研制的红外告警系统几乎都采用了多元阵列式探测器。由于焦平面阵列探测器的价格昂贵,且信息处理较复杂,故目前各国大多数红外告警仍采用 100 元以上的红外线列探测器,但使用红外焦平面阵列探测器是发展趋势,目前部分国家的红外告警系统已经使用最新的红外全景探测器。随着红外焦平面阵列探测器制造工艺的成熟,探测器生产的成品率将会增长,当这种探测器的生产成本下降到一个合理的水平时,红外告警系统的发展将会上一个新台阶。

3. 信号处理器

红外告警系统的信号处理有以下特点:

(1) 数据量高;

(2) 帧频低,全场搜索时间为 5~8s;

(3) 目标为强背景辐射下的点源;

(4) 要求高探测率、低虚警率,以及运行的即时性、可靠性。

根据上述特点,红外告警系统通常采用并行处理、实时空间滤波、点特征增强与自适应阈值比较、多重判别、光谱相关等处理技术。为了压缩数据量,充分发挥硬件处理的快速性与软件处理的灵活性,红外告警系统的信号处理系统常采用分段处理的结构,如图4.13所示。前处理器由一个电子学带通滤波器构成,滤波器设计成与目标信号相匹配并使背景源的信号输入减至最小。这些修正的景物信息被送到信号处理器,信号处理器利用各种不同的判别技术来鉴别目标的像元,然后根据不同的目标采取不同的应对措施,做出是否告警等处理。

图4.13 红外告警系统的信号处理

当红外告警系统工作时,红外探测器接收到的红外辐射中,除了来袭导弹的红外辐射以外,还会有来自天空以及地面的其他红外辐射,红外告警系统必须能加以辨别,以实现可靠告警。信号处理器常用的鉴别技术:①利用目标与背景的空间特性进行鉴别。②利用导弹的瞬时光谱和光谱能量分布特征来识别和检测目标。③利用导弹红外辐射时间特征进行鉴别。导弹具有特定的速度和加速度特征,在不同的时间段上,导弹的红外辐射特性不同,告警器可根据这些特点识别目标与干扰。④利用频谱和时间相关法进行鉴别。⑤利用导弹羽烟调制特性来鉴别。导弹在飞行过程中,在较大范围内有热羽烟,不同物体发出的羽烟具有不同的调制特性,红外告警系统可以探测出这些羽烟调制,进行识别。⑥采用红外成像系统进行成像探测,降低虚警并提高识别能力。

经过各种信号处理手段,最后由信号处理器输出的包含可能目标的像元被送到后处理器。后处理器收集到可能目标的信息,将这些信息集中起来进行更高水准的识别,然后将确认的目标信息送到输出控制单元。

4. 输出控制单元

输出控制单元对目标信息进行成像或形成其他信息传递给系统操作者。同时可根据威胁的程度采取适当的对抗措施。告警接收机与其他对抗系统的自动相互作用,可使对威胁物做出响应的时间延迟最小。

4.2.4 红外告警的设计考虑

1. 主要性能参数

红外告警器可用于多种平台,不同的平台有不同的要求,一般来说,主要参数指标如下:

(1)告警对象:导弹是对告警平台威胁最大的攻击性武器,对它的来袭应做到适时告警。红外制导导弹的制导系统不依赖雷达,在这种情况下,雷达告警器就不能发出告警信号。但导弹从发射到击中目标的全过程中均有红外辐射,并在导弹飞行的不同阶段红外辐射特征也各不相同,红外告警器可接收这种辐射对导弹的来袭实现告警。对导弹尤其是战术导弹进行告警是目前红外告警系统的主要任务。

飞机是攻击性武器系统的平台,飞机本身是一个较强的红外辐射源,因此可利用其红外辐射来实现告警。

(2) 探测概率:威胁目标出现在视场时,设备能够正确探测和发现目标并告警的概率。当有威胁物接近时,只有有效地探测到威胁物,才能及时采取对抗措施。为了载体的安全,告警系统应尽最大可能地探测到来袭目标。一旦出现漏警,后果不堪设想。现代的告警系统的探测概率应在95%以上。

(3) 虚警率:事实上威胁不存在而设备发出的告警,虚警发生的平均间隔时间的倒数称虚警率。这是红外告警器是否有实战价值的一项重要指标。它与前面的探测概率是一对矛盾,探测概率的增加往往需要降低探测阈值,由此可能带来虚警率的上升。虚警包含两个方面:一是外界没有威胁目标系统却输出告警信号;二是外界有红外辐射源存在但它不是作战对象,系统也告警。可以通过信号处理手段,使系统对非作战对象不告警,如对大面积的红外辐射源、太阳等不告警,对炮火、曳光弹等不告警,对作战对象不工作的频段不告警等。

(4) 探测距离:告警系统发现威胁物的距离,在战术情况下一般为 1~10km。

(5) 告警距离:设备确认威胁存在时,威胁距被保护目标的距离。攻击武器(飞机、导弹)的速度和攻击位置不同,所需的告警距离也不同。适当的告警距离应当保证使载体有采取战术机动或实施光电对抗所需的反应时间。

(6) 告警区域:在现代战争中,由于飞机和导弹全向攻击的可能性增加,告警在方位平面应具有全向能力,但作为载机,威胁最大的区域为尾后30°左右,而垂直平面有±25°的告警区基本能满足要求。

(7) 导弹接近的速度分辨率:目标接近载体的速度是区分目标信号和其他信号的方法之一。告警系统应能以一定的分辨率探测导弹接近的速率,以决定是否采取或采取何种对抗措施。战术情况下的红外告警器的速度分辨率为±10m/s。

2. 导弹的特征辐射和传播

在告警系统信号处理部分,速度分辨率是一个重要鉴别方法。还有一些其他方法,如导弹尾焰特征等。导弹尾焰具有什么辐射特征,导弹本身又含有哪些辐射特征,这些辐射特征经过大气传输后有何不同?下面将依次讨论这些问题。

1) 特征辐射

红外告警的一般对象是各种战术导弹,战术导弹在几个光学波段上有很多特征辐射,这些辐射是导弹发动机固有的,是探测和告警的依据。其中最重要的辐射是由发动机加力和巡航阶段燃料的燃烧产生的。由水蒸气、二氧化碳分子的转动和振动能级跃迁引起的不同频率的辐射是主要的尾焰特征。此外,还有在可见光和紫外光谱上的跃迁。表4.3列出导弹尾焰常见谱线辐射。

表4.3 导弹尾焰常见谱线辐射

波长/μm	15	6.3	4.9	4.3	2.7	2.0	1.87	1.38	1.14
起源	CO_2	H_2O	CO_2	CO_2	H_2O	CO_2	H_2O	H_2O	H_2O
备注		强度大，强衰减		强度大，中等传输率	强度大，强衰减				

废气尾焰中还有紫外辐射，它也为导弹告警提供了依据，这可以同其在红外波段的辐射一起构成多波段的复合告警。

尾焰辐射强度随很多因素而改变，如导弹相对接收机的角度、导弹的高度和速度等，图4.14给出了尾焰强度与角度、高度和速度之间的某些定性的变比。导弹的观察角决定着有多少尾焰被导弹弹体所遮挡。导弹告警接收机观察角沿导弹轨迹的变化与该导弹所用的制导类型有关。采用比例制导时，导弹看起来总是处于相对其目标的一个固定视角之上；采用指令视线制导时，如各种驾束制导导弹，相对飞机则有变化的视角，但它总是与地面上的同一点对齐。后者的尾焰相对地面杂波特征保持不变，因此很难探测。由视角变化引起的特征变化有可能使告警接收机的信号处理器受骗，因为这种信号处理器是按强度的变化来推断距离和速度的。

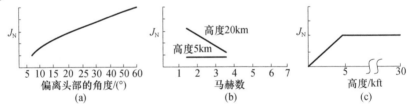

图4.14 尾焰强度与导弹角度、速度和高度的关系(1ft=0.305m)

(a)近似的观察角的影响；(b)近似的速度影响(偏离头部10°；高度20km)；
(c)近似的高度影响(偏离头部10°)。

除了尾焰辐射外，导弹的蒙皮也能提供可探测的辐射。导弹的蒙皮和其相邻的背景区域间具有微小的温度差或发射率差以及蒙皮的反射都可以提供一定的信息。大多数导弹高速飞行时因气动加热作用而引起温差，这种加热作用难以抵消或避免。

导弹的特征辐射强度与发动机的类型和大小密切相关。典型的经验公式为

$$I = kN^a \tag{4.7}$$

式中：I 为导弹辐射强度；N 为发动机推力(N)；k、a 为与波段有关的参数。

实际的导弹发动机的推力不是固定的,而是除了与它所处的推力阶段有关,并且在每个推动阶段也有变化,这种变化又与导弹的具体情况有关。

告警使用哪些特征辐射,除与导弹本身的辐射特征有关外,还与辐射传播、探测器和光学系统的工艺、背景和杂波电平等有关。

2) 辐射传播

告警时使用的波段与其穿过大气时的传输特性密切相关,有些波段虽然有较明显的辐射,但由于其在大气传输时具有较大的衰减,也不宜使用。图 4.15 表示的是大气衰减对尾焰辐射光谱分布的影响。很明显,导弹尾焰中 $4.3\mu m$ 的 CO_2 分子跃迁带,随着传输路径增加,衰减变得很大,因而不适用于中等距离以上的告警。

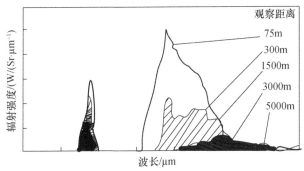

图 4.15 大气衰减对尾焰辐射光谱分布的影响

在一般的战术告警中,可以认为大气是均匀的,用朗伯定律可以估计大气的衰减。影响传输的主要是消光系数,不同的大气条件对消光系数的影响很大,表 4.4 是部分气象条件下 $8\sim 12\mu m$ 的消光系数。另外,纯散射造成的大气衰减也可由经验表达式算出,它是波长和可见光能见度的一个函数:

$$\tau_A = \exp\left(\frac{-3.91}{V}\left(\frac{\lambda}{0.55}\right)^{-q} r\right) \quad (4.8)$$

式中: V 为能见度(km); r 为距离(km); λ 为波长(μm); q 为幂指数,与散射粒子的尺寸分布有关,其数值在高能见度($V>80km$)时为 1.6,中等条件时为 1.3,低能见度($V<6km$)为 0.585。

在选择告警的光谱带时,除了大气的传输率,还应考虑其他因素,如目标的尺寸和相对背景的对比度等。通常更关心的是大气对目标与背景对比度的影响。当距离为零时,绝对对比度定义为目标辐射和背景在目标处的辐射之差,即

$$C_A = L_o - L_b \quad (4.9)$$

式中:下标 o 和 b 分别指目标和背景的辐射。

表 4.4 8~12μm 波段上的消光系数

气候条件	消光系数/km^{-1}
薄雾	0.105
轻雾	1.9
中雾	3.5
浓雾	9.2
小雨	0.36
中雨	0.69
大雨	1.39
小雪	0.51
中雪	2.8
大雪	9.2
非常晴朗干燥	0.05
晴朗	0.08

3. 背景和杂波

在相当多的情况下,告警系统的性能主要是受杂波而不是受噪声限制。影响探测概率和虚警率的关键是信杂比。红外告警系统中的信号一般定义为来自含有目标分辨元与来自相邻分辨元的辐照之差。因而,信杂比涉及局部背景的平均值以及背景与目标之间的强度变化。

在小于 4μm 的光谱区,散射和反射的太阳光辐射是背景辐射的主要来源之一。不同的背景具有不同的反射率,表 4.5 列出大俯仰角情况下地面背景的反射率,在角度小于 30°的情况下,大部分背景的作用更接近于镜面。

在大多数情况下,当波长超过 4μm 时,发射的辐射要超过反射的辐射。背景和杂波的辐射强度由地表的实际温度以及材料发射率决定。环境作用使物质材料的温度随昼夜交替和四季循环而改变。日夜的变换使背景材料的温度变换,季节的循环在使温度改变的同时也使其物理性质发生变化。这些因素决定了背景的辐射强度。观察角与背景材料发射率的关系,在一般情况下可以认为是朗伯型关系。特殊情况下,如以水和雪为背景,则其光学特性与观察角的关系很大。

背景杂波通常可采用一维功率谱密度(PSD)来描述。自然背景的 PSD 常常具有很好的频率关系特性,即 $PSD(f) = Cf^{-n}$(其中:f 为空间频率;n 为 1 或 2;常数 C 与光谱频带和杂波强度有关,其约为 $10^{-1} \sim 10^{3}$)。

背景成分的不连续性是杂波的一个突出特点,在陆地和水面之间,在有植物的土壤与没有植物的土壤之间的界面上,都呈现出辐射的不连续性,这种不连续性可以用空间滤波法来鉴别。

表 4.5 短波长红外背景的反射率

材料或背景	半球反射率/%
草	24
麦子	26
玉米	22
菠萝	15
松树林	16
落叶森林	18
水面	5
旱地	32

4.2.5 红外告警的关键技术

红外侦察告警的关键技术涉及的技术领域较宽,包括目标及背景红外辐射特征的研究及系统仿真技术、红外探测技术、光学系统、光机扫描技术、信号与信息处理技术、图像处理技术、低温致冷技术、模式识别技术和数据融合技术等。

1. 目标及背景红外辐射特征研究

该项技术是红外侦察告警的基础,包括各种飞机、导弹等目标在各种工作状态下的红外辐射波段和辐射强度,还有大气对这些辐射的影响,这些数据有助于设备工作波段的选取和战术技术指标的确定,如探测喷气式飞机和发动机工作状态的导弹一般选取 $3 \sim 5 \mu m$ 波段,而探测直升机和发动机已停止工作的导弹及炮弹和炸弹等,则选取 $8 \sim 14 \mu m$ 波段。

2. 系统仿真技术

系统仿真技术是当今进行高科技武器装备研制开发必不可少的手段,先进国家都建立完善的红外侦察告警技术仿真实验室,利用自动控制理论和计算机技术在设备没有研制出来以前就知道它们的性能,也可以利用仿真技术来进行战场环境模拟,预测出真实战场环境下该设备的性能。

3. 红外探测器技术

红外侦察告警在 $3 \sim 5 \mu m$ 波段一般选用锑化铟器件,在 $8 \sim 14 \mu m$ 选用碲镉汞器件。早期一般都使用线列器件,后来的设备大多采用焦平面阵列探测器。另一种发展迅速的焦平面红外探测器是硅化铂,虽然它的灵敏度不如锑化铟和碲镉汞,而且只能覆盖 $3 \sim 5 \mu m$ 红外窗口,但其集成度高、成本低,近年内已研制出具有 100 万以上像素单元的面阵器件。

4. 光学系统及光机扫描技术

红外侦察告警系统一般要求有大的搜索视场,对于扫描型系统,主要解决大口径、高透过率、高像质的光学系统,减轻机械振动以及多路高抗干扰能力的集流环等。对于凝视型系统,主要解决大口径、高透过率、低像差和广角问题。

5. 信号与信息处理

红外信号是随机单脉冲信号,探测器件输出的信号只有微伏级,而噪声也往往达到微伏级,要想将信号提取出来,并放大到几十毫伏至上百毫伏,就要求前放有较高的放大倍数和良好噪声抑制性能。同时信号与信息处理技术也是红外侦察告警系统提高探测概率、降低虚警率的主要手段,包括高增益低噪声放大技术、自适应门限检测技术、扩展源阻塞技术、时空二维滤波技术、目标跟踪技术、目标识别与分选技术、模式识别技术和数据融合技术等。

6. 图像处理技术

红外侦察告警一般是热点探测方式,这种方式下目标只能占据一个或很少几个像素。从一帧数据来看,可以认为是一幅图像,尤其是对较大的背景来说是有可能成像的,而且随着红外侦察告警技术的发展,空间分辨率越来越高,目标成像已成为现实,因此该技术包括对实际战场环境下各种军事目标实时可靠的识别、跟踪处理,重点解决算法的适应性和抗干扰的能力,通过图像识别技术可以更细致地描述目标和滤除背景,降低虚警。

4.2.6 红外告警的发展史及趋势

红外侦察告警系统大致在20世纪60年代初装备部队,主要经历了四个技术发展阶段。

(1) 20世纪60年代初以前的发展可归纳为第一阶段。这一阶段的红外警戒系统主要是由美国等一些西方发达国家研制。系统的信号处理基本上都采用模拟电压信号的相关检测及幅度比较技术。一方面用光盘调制技术来提高信噪比,用加滤光片等方法来减少阳光、月光、闪电及弹药爆炸产生的辐射和云、大气及地物等背景的红外辐射;另一方面通过在电路中设置一定的背景门限、噪声门限等来控制选取目标信号。由于受当时技术条件的限制,系统的背景噪声一般都比较大,虚警率也比较高,而截获概率却较低,因此很快便被新一代的红外警戒系统所取代。

(2) 第二阶段起于20世纪60年代中期止于70年代中期。这一阶段的红外警戒系统主要是由美国、瑞典、加拿大及以色列等国研制。信号处理上多是将目标作为点源处理,信号检测多采用最小均方根移动窗、拉普拉斯移动窗等空间点源提取方法,信号分析多采用时间相关、扫描相关及波段相关等技术。典型的工作方式:目标的红外辐射被两个或多个光学聚焦系统分别聚焦在接收面阵列相应的方位和俯仰位置,接收面阵列将目标的红外辐射转换为电信号,经放大及计算机处理后,使模拟电压信号转换成数字编码信号,通过音响告警、灯显示告警及图形显示告警三种综合告警方式给操作员提供直观、形象的威胁源状态,在自动对抗控制的方式下及时地采取相应的对抗措施。

与第一阶段相比,第二阶段的红外警戒系统具有如下特点:

① 新器件的采用和制冷技术的发展,使系统对目标的截获概率大大提高,工作波段可覆盖 $1\sim3\mu m$、$3\sim5\mu m$ 及 $8\sim14\mu m$,探测距离可达几千米以上。

② 由于器件集成技术的采用,红外探测器由单个探测单元变为线阵或面阵,因而对红外目标的分辨率大大提高。

③ 系统具有多目标搜索、跟踪和记忆能力,且能够从复杂的背景和噪声信号中准确提取出目标信号。美国研制的供 B-52 轰炸机、F-15"鹰"式战斗机及直升机等使用的 AN/ALR-21、AN/ALR-23、AN/AAR-34 及 AN/AAR-38 等红外系统是这一阶段的典型产品。

(3) 20 世纪 70 年代后期至 90 年代初为第三阶段。在这一阶段,由于长波红外技术、双色红外技术、宽波段($1\sim25\mu m$)接收技术的飞速发展及雷达与红外复合的双模告警系统的介入,红外警戒系统具有全方位、全俯仰的警戒能力,可完成对大批目标的搜索、跟踪和定位。由于采用了大规模集成电路,系统能用先进的成像显示提供清晰的战场情况,同时还能自主启动干扰系统工作,警戒距离可达 $10\sim20km$。

与前两阶段相比,这一阶段的红外警戒系统所具有如下特点:

① 系统采用了高分辨率、大规模的面阵接收元件,使得区域凝视成为可能,由于系统角分辨率和灵敏度的提高,大大提高了目标的截获速度和截获概率,同时也大大降低了虚警率。

② 系统采用了大量专用软件、硬件及逻辑电路,其信号处理速度大大加快,缩短了整机的反应时间。

③ 由于多处理器的联网及系统和外部计算机的交联,信号处理的效率大大提高,同时使其他电子系统能够有效地针对警戒目标做出反应。法国研制的 VAMPIR MB 红外全景监视系统,美国研制的凝视型 AN/AAR-43、扫描型 AN/AAR-44 红外警戒接收机及 AN/ALQ-153、AN/ALQ-154、AN/ALQ-156 等多普勒雷达导弹探测器,美国和加拿大联合研制的 AN/SAR-8 红外系统及荷兰研制的单、双波段 IRSCAN 等系统该阶段的典型产品。

(4) 从 20 世纪 90 年代末至今为第四阶段,主要发展分布式孔径红外告警系统。近年来美国和欧洲多国正在研究的分布孔径红外系统(DAIRS)是军用被动电光系统研究领域的新概念[26],代表着 21 世纪初军用被动电光系统发展的新方向。

DAIRS 利用一组精心布置在飞机或其他军用平台上的传感器阵列实现全方位、全空间敏感,并采用各种信号处理算法实现空中目标远距离搜索跟踪、导弹威胁逼近告警、态势告警、地面海面目标探测、跟踪、瞄准、战场杀伤效果评定、武器投放支持及夜间与恶劣气候条件下的辅助导航、着陆等多种功能,从而能够用一个单一的系统完成以前要用多个单独的专用红外传感器系统如红外搜索跟踪系统、导弹逼近告警系统、前视红外成像跟踪系统、前视红外夜间导航系统完成的功能。DAIRS 所采用的红外传感器使用了二维大面阵红外焦平面阵列,这些传感器固定在飞机上,消除了红外搜索跟踪系统、前视红外成像跟踪系统等所采用的高成本的瞄准与稳定机构。因此 DAIRS 不仅是一个高性能的多功能一体化综合传感器系统,而且是一个高性价比、高可靠性的系统,其质量、体积、功耗也比现有的机载红外传感器系统低得多。

多功能红外分布孔径系统(MIDAS)是 DAIRS 的发展型。原理型 DAIRS 与 MIDAS 装置计划使用 6 个共形传感器,每个传感器覆盖 90°×90°视场,与一个或多个头盔显示器配合。至少为 1000×1000 元的阵列可提供高的分辨率,同时装置质量轻且紧凑。DAIRS 与 MIDAS 的下一步发展目标,是使用可为多个功能采集所有数据的共用单套传感器,这将大大降低成本。DAIRS 的技术基础是大面阵红外焦平面阵列技术与高速大容量信息处理技术。由于 DAIRS 同时集成了多种功能,不仅要求其红外传感器能实现全方位、全空间覆盖,同时要求其红外传感器有足够高的空间分辨率以实现对各种目标的准确跟踪和定位,而且要有足够高的数据采样率以保证跟踪高速飞行的飞机、弹道导弹和巡航导弹以及必需的目标航迹测量、估计精度,因此,必须采用大面阵的红外焦平面阵列。另外,DAIRS 采用 1 个中央处理机对 6 个以上的红外传感器所获取的大量数据进行处理,从中抽取有用的信息并实现各种功能,其信息处理与存储要求很高,必须采用高速大容量的信息处理机。

荷兰、意大利、法国近年来提出了一项搜索、跟踪与威胁识别(START)计划,旨在研究新一代红外搜索与跟踪系统的系统概念与新颖技术。START 提出了三种系统概念,其中一个概念称为"MOSAIC",是一个分布式凝视传感器系统,这种系统包括 6 个搜索头(SH)与一个威胁识别头(TRH)。对每个传感器头,通过移动一个或两个平面镜(而不是通过扫描系统光机扫描)采用步进凝视的工作方式实现 360°全空间覆盖。每个 SH 均为双波段($3\sim5\mu m, 8\sim14\mu m$)。采用两个凝视红外焦平面阵列($3\sim5\mu m, 1024\times1024; 8\sim14\mu m, 512\times512$),视场 20°×20°。THR 工作于 $3\sim5\mu m$ 波段,采用一个 1024×1024 元凝视红外焦平面阵列。从所提出的系统概念来看,MOSAIC 与 DAIRS 类似,但 MOSAIC 采用步进凝视而不是微扫描技术途径来解决大视场与高分辨率的矛盾。

DAIRS概念的提出无疑将有力地促进军用被动电光系统的多功能一体化,并由探测器驱动转向信息处理驱动。军用被动电光系统的发展由探测器驱动转向信息处理驱动是一个重大的突破,因为同基于HgCdTe材料的大面阵红外焦平面阵列的发展相比,基于硅材料的信息处理机的发展速度要快得多,后者基本上遵循摩尔定律,每隔3年集成度增加4倍,特征尺寸缩小到1/2。

当前红外告警的主要发展趋势如下:

(1) 提高系统灵敏度与响应速度。

一是提高探测器的灵敏度,即选择在工作波段中探测率高的器件。由于现有半导体探测器的探测率已接近极限值,所以出现了研制新型光电探测器的趋势,如开发超导红外探测器。另外,研制能在高温下工作的焦平面器件,从而提高器件的信噪比,提高系统的灵敏度。比如,美国和加拿大联合研制的AN/SAR-8系统采用了多元阵列探测器,使系统具有较高的灵敏度。带隙探测器是目前构成热像仪所普遍使用的探测器,有碲镉汞(HgCdTe)、铂化硅(PtSi)、锑化铟(InSb)三种材料。碲镉汞对$8\sim14\mu m$波段有极高的灵敏度,但将它制成阵列非常困难。截至目前,采用碲镉汞的焦平面阵列最高的是640×512像素。锑化铟主要用于$5.5\mu m$中波波段,这种材料比碲镉汞容易制成阵列,且具有较好的阵列均匀性,目前普遍使用的是640×512像素,正在销售分辨率为2048×2048像素的器件。铂化硅主要用于$2.5\sim4\mu m$波段,其灵敏度只有碲镉汞的1/10,但其阵列均匀性极好,易于生产、结构简单、成本较低。

二是发展高帧频技术。灵敏度受探测器物理效应及物理规模的限制。光伏探测器的动态范围受电荷存储容量的限制,红外景物对动态范围的要求由景物等效温度幅度与传感器的噪声等效温差(NETD)决定。环境温度通常有高达$80\sim100K$的景物内动态范围,这会导致非攻击条件下的短暂饱和,而且战场条件下会经常饱和。现有的传感器已经实现了近$0.01K$的NETD,并且正向实现$0.001K$的NETD的方向努力。所要求的动态范围为10^4(14bit/温和环境)$\sim 10^6$(20bit/战场环境)范围内,现有的阵列多个探测器可存储10^7个电子,少于12bit动态范围(对高背景IR传感器,动态范围受电子存储容量的平方根的限制),现在已经制成了每个探测器存储2.5×10^7个电子的实验阵列,实现20bit的动态范围要求将电子存储能力提高10^5倍,这是很困难的。而提高帧频并采用后读出积累则是可行的选择,其结果是对有百万个探测器的阵列以每秒几百帧的帧频进行采样。增加帧频是令人感兴趣的,因为它允许对平台与景物运动有更加动态的环境、更大的带宽,而在像素级对景物特征提供自适应响应,传感器灵敏度的响应速度变成了一个软件功能,这就拓宽了设计空间。现在已经制出了工作于480Hz的512×512阵列,根据目前的发展,可望得到每秒10^9采样数据率、动态范围16bit的多通道阵列。

(2) 发展多波段、多光谱技术,提高截获概率,降低虚警率。多光谱传感器是杂波抑制的一个活跃的研究方向,采用光谱传感器可以提供多于一个波段的目标及环境数据,可以依靠威胁目标特性比与杂波光谱特性比的差别进行分辨,当前的设计涉及双色传感器以及多光谱传感器(提供大量波长的数据)。采用现有的凝视探测器阵列再加上一个空间、时间与光谱折中(在波长数目、阵列空间覆盖与时间(帧数)之间的折中),就可以同时满足所需的空间覆盖与任务目标。但有两个难点:当对同样的空间位置不能同时获得所有光谱的数据时,要进行时间偏置光谱观测的配准以及存在读出误差时探测器光谱数据的辐射度量转换。

研制双色红外器件,使系统可在复杂的干扰背景中鉴别出真目标,使截获概率提高,虚警率降低。热力学分析表明,接近环境温度的物体在长波段的红外辐射较强,而温度较高的物体,例如目标的发动机或羽烟,在中波段的红外辐射较强。长波段红外辐射的主要问题是在大湿度地区衰减较大,致使探测困难。与之相比,中波段红外辐射不存在这个问题,而且热对比度较高。它的主要问题是光谱辐射度较低。因此,采用中波段和长波段组合的双波段探测系统不仅可互相弥补不足,而且还有助于提取更多的目标信息。从实现角度,当前双波段量子阱探测器备受瞩目。量子阱红外光电探测器(QWIP)代表着热成像阵列的前沿技术,随着其制造技术逐渐成熟,它将比碲镉汞和锑化铟器件具有更高的分辨率、更低的成本和更好的图像质量。最新报道已有分辨率高达 2048×2048 像素的演示样机出现[27]。

(3) 提高信号处理能力。利用计算机技术,提高边搜索边跟踪的处理速度,能进行快速自动化报警和在复杂环境下处理信号的能力。例如,美国和法国联合研制的 ITT-SAT 红外告警系统,采用多判别处理的信号处理软件,能非常灵敏的测量目标的空间、光谱和时间特性,并判别出是背景干扰还是真目标。再如,AN/SAR-8 舰载告警系统,由计算机控制的系统软件,能从云雾和其他背景干扰中鉴别出来袭导弹。整个系统能转入全自动化的边扫描边跟踪模式,捕获空中目标,识别和跟踪导弹的状态。

(4) 提高多目标识别能力。要求不仅能识别出多目标,还能判别各目标的威胁大小及按威胁大小给出告警信息。

(5) 发展超分辨率技术,解决大视场与高分辨率的矛盾。针对 DAIRS 发展的超分辨率技术(微扫描技术),将允许采用简化的单一大视场光学设计实现以往必须采用复杂的多视场光学系统才能实现的最佳的搜索、探测、识别与武器引导、投放功能,某些功能所需要的高分辨率可以通过微扫描技术实现。采用大视场 DAIRS 设计可以消除复杂、笨重的陀螺稳定、瞄准机构,这对机载平台将会带来很大的益处。

4.3 紫外告警

4.3.1 紫外告警的定义、特点和用途

导弹固体火箭发动机的羽烟由于热辐射和化学荧光辐射可产生一定的紫外辐射,且由于后向散射效应及导弹运动特性,其辐射可被探测系统从各个方向探测到。紫外告警就是通过探测导弹羽烟的紫外辐射,确定导弹来袭方向并实时发出警报,使被保护平台及时采取对抗措施,如规避、施放红外干扰弹或通知交联武器(如红外定向干扰机)实施干扰。

紫外告警要求实时性高,并能有效探测低空、超低空高速来袭目标。紫外告警采用中紫外波段工作,由于这一波段的太阳紫外辐射受大气层阻挡到达不了低空,因而形成了光谱上的"黑洞",系统可避开最强大自然光源(太阳)造成的复杂背景,大大降低了信号处理的难度,减少了设备的虚警。它采用光子检测手段,信噪比高,具有极微弱信号检测能力。概括地说,紫外告警作为导弹逼近告警(包含紫外告警、红外告警和脉冲多普勒雷达等)的一种重要形式,相对于其他两种告警,具有如下特点:

(1) 能进行导弹发射和逼近探测;
(2) 可覆盖所有可能的攻击角;
(3) 极低的虚警率;
(4) 被动探测,不发射任何电磁波;
(5) 与其他告警具有很好的兼容性;
(6) 不需要致冷,不需要扫描。

在低空突防、空中格斗、近距支援、对地攻击、起飞着陆等状态,作战飞机易受到短程红外制导的空空导弹和便携式地空导弹的攻击。从越南战争到海湾战争的历次局部战争的统计数字表明,75%的战损飞机都是在飞行员尚不知觉处于导弹威胁中而被击落的。可见,导弹逼近告警的作用十分重要。紫外告警作为平台防卫导弹的近程告警手段,主要用途如下:

(1) 威胁告警。紫外告警设备被动接收来袭导弹羽烟的紫外辐射,对导弹的发射或逼近进行告警及精确定向,并提供粗略的距离估计,同雷达告警信息相关可正确判定来袭导弹的制导方式,供飞行员机动规避或采取对抗措施,也可通过显示装置指出当前威胁源方位。

(2) 红外干扰弹投放控制。紫外告警设备判断导弹来袭后,通过控制单元启

动红外干扰弹投放器,释放红外干扰弹。

(3) 引导定向红外干扰机。精确测定来袭导弹方位后,控制红外定向干扰机的干扰光束指向导弹的导引头,使导弹进攻失效。

(4) 目标识别、威胁等级排序。紫外告警可有效排除各类人工及自然干扰,低虚警探测来袭导弹,并能在多威胁状态下,快速建立多个威胁的优先级,提出最佳对抗决策建议。

4.3.2 紫外告警的分类

紫外告警可按工作原理分为概略型、成像型两种。

概略型紫外告警以单阳极光电倍增管为探测器件,接收导弹羽烟的紫外辐射。其具有体积小、重量轻、低虚警、低功耗的优点;缺点是角分辨率差、灵敏度较低。尽管存在这样两个缺点,但它作为光电对抗领域的一项新型技术,在引导红外干扰弹投放等许多应用领域仍表现出较强的优势。

成像型紫外告警以面阵器件为探测器,接收导弹羽烟紫外辐射,对所警戒的空域进行探测,并分选识别威胁源。优点是角分辨率高、探测能力强、识别能力强,具有引导红外弹投放器和红外定向干扰机的双重能力和良好的态势估计能力。

4.3.3 紫外告警的系统组成和基本原理

紫外告警设备通常由探测单元、信号处理分机两部分组成。显控单元可与其他电子设备共用。探测单元由4只探测头组成(根据需要还可加选2只),每个视场为92°×92°,每两个探测头之间有2°的重叠,四个探测头共同形成360°×92°的全方位、大空域监视(图4.16)。

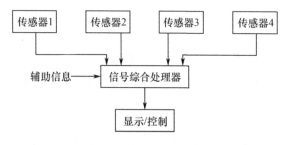

图4.16 紫外告警系统组成框图

紫外告警设备在飞机上的安装分为内装和吊舱安装两种形式。内装时4个光学探测头嵌入飞机蒙皮适当位置,由法兰盘交连;吊舱安装时,探测头分别安装于吊舱前端、后端的两个侧向位置。处理器安装于机舱内。各探测头与处理器均通过一条轻质电缆连接。紫外告警在光电对抗系统中与其他设备的接口关系如图4.17所示。

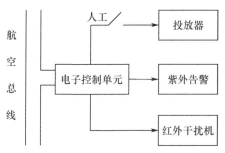

图4.17 紫外告警设备与其他设备接口关系

4个探测头输出的信号经合成和数据处理判断有真实威胁后,信号经控制单元送至总线,与其他探测头和对抗设备进行信息交换,确定出导弹的类型(红外、射频)。如果飞机处于多威胁状态,紫外告警将按威胁程度快速建立多个威胁的优先级,经相关处理,给出最佳对抗方案,并将威胁信息送到显示器上,供综合态势估计。

1. 概略型告警

概略型告警的紫外探测头主要由光学整流罩、滤光片、光电倍增管及其高压电源和辅助电路组成。设备为凝视探测、多路传输、多路信号综合处理的体制,以被动方式工作。工作原理:紫外探测头的光学系统把各自视场内空间特定波长的紫外辐射光子(包括目标和背景)收集起来,通过窄带滤波后到达光电倍增管阴极接收面,经光电转换后形成光电子脉冲,由屏蔽电缆传输到信号处理分机。信号处理系统对信号预处理后送入计算机系统,中央处理器依据目标特征及预定算法对输入信号做出有无导弹威胁的统计判决。系统采用光子检测手段,信噪比高且便于数据处理,同时在充分利用目标光谱辐射特性、运动特性、时间特性等基础上,采用数字滤波、模式识别、自适应阈值处理等算法,降低虚警,提高系统灵敏度。

概略型紫外告警的典型设备是美国洛勒尔公司的AN/AAR-47。AN/AAR-47利用4个探测头提供360°×60°的覆盖范围,角分辨率90°。每个探测头直径12cm、质量1.6kg,系统总质量14.35kg、功耗70W。探测器是非致冷的光电倍增管,在导弹到达前2~4s发出导弹攻击的告警信号。这种系统还能自动地释放假目标,探测红外干扰弹,并在1s内重新施放干扰,全部对抗过程的工作时间小于1s。

2. 成像型告警

成像型告警采用类似紫外摄像机的原理。光学系统以大视场、大孔径对空间紫外信息进行接收,探测器采用256×256像素或512×512像素的阵列器件,实现光电图像的增强、耦合、转换。紫外探测头把各自视场内空间特定波长紫外辐射光子(包括目标、背景)图像经光电转换后形成光电图像,由同步接口传输到信号处理分机,经预处理后送入计算机,计算机依据目标特征及预定算法对输入信号做出有无导弹威胁的统计判决。若导弹出现在视场内,则以一点源形式表征于图像上,通过解算图像位置,得出空间相应的位置并进行距离的粗略估算。成像型告警系统组成框图如图4.18所示。

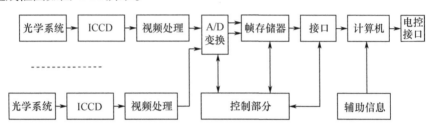

图 4.18　成像型紫外告警系统组成框图

典型的成像型告警设备有美国 AN/AAR-54(V)、美国和德国联合研制的 AN/AAR-60 及法国的 MILDS-2。AN/AAR-54(V)包括凝视型、大视场、高分辨率紫外探测头和先进的综合航空电子组件电路,它可提供 1s 截获时间精度和 1°角精度,提高了从假目标中识别逼近导弹的能力,因此成为定向红外对抗系统的候选系统。

AN/AAR-60 仅由 4~6 个探测头组成(根据需要可选择安装),无独立的电子处理单元,是目前世界上体积最小、性能最佳的设备之一。AAR-60 的每个探测头都有一个处理器,可控制全部系统,其中一个是主处理器。系统对单元的失效可自动检测,即使剩一个单元也可单独进行工作。AAR-60 的探测器是阵列器件,较 AAR-47 紫外告警设备的灵敏度明显提高,这是因为每一像素的视场比单元光电倍增管视场小得多,使信噪比得到大幅度改善。

法国马特拉和德国戴姆勒-奔驰公司联合研制的 MILDS-2 紫外告警系统,关键技术与 AAR-60 相同,也是对导弹羽烟中不受太阳影响的那段紫外光谱进行探测、成像。MILDS-2 设计为 4 个相连的主从结构的紫外探测头。3 个"从"单元包含了预处理、信号处理和通信处理等电路。阵列中单个主单元不仅包含了同样的告警能力和硬件,还有附加的电路为联合阵列提供数据融合功能。MILDS-2 导弹告警的响应时间约 0.5s,能在 1°范围内定位威胁导弹,探测距离为 5km 左右。

4.3.4　紫外告警的关键技术

1. 工作波段的选取

工作波段的选取直接影响系统的探测距离和虚警率。工作波段的选取应体现如下原则:该波段内,导弹有足够可探测的紫外辐射、大气有较好的透过率、背景有最低的辐射、探测器有较高的响应率、滤光片有较大的透射带宽和透过率,这几方面因素需要反复折中和优化。通过对目标及背景的紫外辐射特性、大气传输特性等分析研究,在太阳紫外光谱盲区合理地选择紫外告警的工作波段,以使系统获得的信号辐射最大,背景辐射最小,从而使探测距离最大,虚警率最低。

2. 紫外光子图像接收与检测技术

紫外背景虽简单,但导弹羽烟紫外辐射也较弱,因此需要对目标进行极微弱信号(光子)检测。为了确保在日盲区进行光子图像检测,光学接收及光电转换的几个重要环节需仔细设计。第一,大视场紫外光学物镜,它是探测头的前端,由于紫外色散较大,畸变、色差等需要特殊考虑;第二,紫外滤光片,它是实现日盲区光子图像接收检测的门户,需在最大抑制背景和最大透过信号间折中考虑并通过多次制作和反复装机实验来最终确定;第三,探测器,它是完成光/电转换的核心部分,其选择至关重要。良好的紫外探测器应具备日盲特性好、光子检测能力强等特点。

3. 模拟和测试技术

紫外告警是为战术导弹告警,其测试不同于单个部件的测试,具有很大的难度,把告警接收机装到有人飞机上进行导弹点火试验,非常不安全,因此实弹检验的办法在设备的研发阶段是不常用的。常用的方法是通过无人机试验或缆车直升机进行模拟试验,通过对模拟光源进行机械、电子的控制,使其辐射的变化符合与距离平方成反比及大气透过率的规律,更复杂的测试床还可以模拟真实背景杂波和接收机与导弹的运动。

4.3.5 紫外告警的发展史及趋势

导弹逼近紫外告警已成为国外电子对抗技术发展的一个新热点,自20世纪80年代中末期美国洛勒尔公司推出了世界上第一台紫外告警设备AAR-47以来,已先后有以色列、南非、俄罗斯、德国、法国等国家的十几家公司投入到该研究领域,出现了十几个型号的设备,紫外告警技术体制经历了两代革新,获得了迅速发展,展示了良好的发展前景,同时以直升机、运输机为典型的应用平台,进行了大量应用,装备的型号有CH-53、CH-46、AH-1、UH-1、CH-1、SH-2、SH-60、MH-60K、V-22、MH-53E/J等直升机,及C-5、C-17、C-141、C-130等运输机,并在海湾战争及波黑战场上使用。目前,从洛克希德公司出厂的C-130H都安装有AAR-47紫外告警机。

当前紫外告警的主要发展趋势如下:

(1)性能不断提高。与最早的AAR-47相比,新型的成像型紫外告警灵敏度和角分辨率均提高了1~2量级,角分辨率可小于1°,探测距离可达10km。今后在探测距离、角分辨率等方面会继续提高。

(2) 应用领域不断扩大。从起初的低速飞行器扩展到了高速飞行器,从空中的平台扩展到地面的坦克、装甲车及水面舰艇。

(3) 向综合一体化发展。如紫外和激光告警一体化、紫外和多普勒雷达复合告警以及侦察干扰综合一体化系统。

4.4 光电综合告警

4.4.1 光电综合告警的定义、特点和用途

光电综合告警可对红外、紫外和激光不同波段的光电威胁信息进行综合探测处理,在探测头结构形式上有机结合,在数据处理上有效融合并充分利用信息资源,实现优化配置、功能相互支援及任务综合分配。近十几年来,国外出现了激光、红外、紫外、雷达等多种告警器综合应用的装备。美国 F-22 战斗机装备的告警设备,可对毫米波红外、可见光,直到紫外波段内的威胁进行告警。英国普莱西雷达公司研制的光电复合告警设备能探测两种波长的激光和红外探照灯光。光电综合告警优点如下:

(1) 提高系统决策的准确度。多种光电传感器的信息进行数据融合,提高了决策的准确性,有利于选择最佳对抗方案,提高作战效能。

(2) 增强快速反应能力。多探测头信息融合可采用并行处理方式,相对于独立工作的系统,可节约时间。

(3) 结构精小。减小机动平台安装的占空比及设备的体积、重量,降低设备造价。

光电综合告警对于目标、背景和假目标的辐射特征可进行多维探测,获得丰富的信息资源,主要用于各类大型、高价值平台(如预警机、大型舰艇等)的自卫系统。另一个重要用途是利用不同波段光辐射具有不同大气衰减系数的特点进行粗略的被动测距,它弥补了光电告警因被动方式工作,无距离信息的缺点。

4.4.2 光电综合告警分类

光电综合告警主要包括激光、红外、紫外等各种形式的综合,下面主要介绍紫外激光综合告警、激光红外综合告警和红外紫外综合告警。

(1) 紫外激光综合告警。紫外激光综合告警通常以成像型紫外告警和激光告警构成综合一体化系统,以结构紧凑、安装灵活的阵列探测头,实现紫外、激光威胁

源的定向探测，满足机动平台定向干扰的需求。

（2）激光红外综合告警。通常以共孔径对空间大视场凝视接收，可体现出高度的集成化优势，缩小体积、减轻重量，增加可靠性，便于实现探测头空间视场配准和时间的最佳同步。红外告警对导弹发射进行探测，激光告警对激光驾束制导导弹的激光辐射探测，它既可完成对激光威胁源信息和红外导弹威胁信息的告警，又可对激光驾束制导导弹复合探测。

（3）红外紫外综合告警。采用单独的光学系统和分立的探测器件，对现有紫外、红外探测头进行综合，通过数据相关处理，提高战场态势估计水平。紫外告警完成对导弹的发射探测，红外告警对导弹进行跟踪，以控制定向红外干扰机等干扰设备。同时，二者信号相关，可大大降低虚警率、完成对导弹的可靠探测，由于红外告警的角分辨率可达1mrad，因而对导弹的定向精度可小于1mrad。

4.4.3 光电综合告警的系统组成和基本原理

1. 紫外激光综合告警

紫外激光综合告警设备由探测头、信号处理器、显控盒等组成。每个探测头的紫外、激光光学视场完全重叠且均为90°，4个探测头视场形成360°×90°的监视范围。紫外探测器对空间进行准成像探测。4个不同波长的激光探测器均布在紫外探测通道周围，对激光波长进行识别。当激光威胁源或红外制导导弹出现在视场内时，产生告警信号并在显示器上显示出相应的位置。

紫外激光综合告警不仅在探测头结构形式上有机结合、在数据处理上有效融合，而且由于探测头输出信号均为纳秒级脉冲信号，因而接口、预处理电路及电源等方面可资源共享。另外，它可对激光驾束制导进行复合探测，这是因为二者视场完全重叠，当驾束制导导弹来袭后，紫外告警通过探测羽烟获得数据，激光告警通过探测激光指示信号获得数据，两者数据相关，能获得导弹来袭角信息和激光特征波长。

紫外激光告警探测头是一种光机电一体化形式。一方面，单独的紫外告警不能区分来袭的光电制导导弹是红外制导还是激光制导，只有同激光告警的数据相关后，才能做出二选一判决；另一方面，紫外激光告警可对激光驾束制导导弹进行复合告警，通过数据相关降低激光告警的虚警率。紫外激光告警具有广泛应用价值，它可与红外弹投放器、烟幕弹发射器构成光电对抗系统，装备在飞机、直升机、装甲车、坦克等机动平台。由于效费比高，美国、俄罗斯、德国、以色列等国家近年来纷纷推出了这种紫外激光综合告警设备。

20世纪80年代末期，美国LORAL公司研制带有激光告警的AAR-47紫外告警机改进型，将探测头更新换代，采用4个激光探测器，装在现有紫外光学设备周围,同时使用了 1 个小型化实时处理设备。激光探测器上做波长 $0.4\sim1.1\mu m$,可对类似于瑞典博福斯公司生产的 RBS70 激光驾束制导导弹告警。同时,该公司研制了一种印制电路板,加装到 AAR-47 紫外告警系统上后,不用改动原布线就能提供激光告警能力。

2. 红外激光综合告警

采用共孔径、探测器分立设置的方式,接收的辐射经过同一光学系统会聚和分束器分光后,分别送到不同滤光片上,经滤光片选择滤波后,送至相应的探测器上。探测器视场内的光学信号随后转换成电信号。设备一般采用凝视型,以多元探测器件实现对光电威胁的精确探测,同时可抑制假目标(尤其对激光等短持续特征的信号)。

红外激光信息量较大,通常采用分布式计算机系统进行数据综合处理。从机以并行方式对告警头红外、激光威胁信息处理后,通过数据链送到信息集成及融合处理器进行处理,信息相关把原来数据库中的一部分数据与新来的信息相关,利用各种算法使结论达到所要求的目的。信息融合通过闭环控制,对红外、激光各信道输入的信息融合的最终结果和中间结果施予反馈控制,实时进行特征提取并对威胁进行综合处理判断,如威胁源分类、多目标处理、目标等级识别及自动排序等,对激光、红外等威胁源的方向种类自动进行战场威胁态势图显示,实施优先告警并提出对抗决策和建议。

德国的埃尔特罗公司的 LAWA 激光告警器能探测红宝石激光、Nd:YAG 激光、CO_2 激光和红外辐射。

3. 红外紫外综合告警

一般情况下,红外紫外综合告警是大视场紫外告警和小视场红外告警的综合。紫外告警由多个成像型探测头构成,对空域进行全方位监视;红外告警则是一个小视场的跟踪系统。紫外告警探测、截获威胁目标后,把威胁方位信息传给中央控制器,中央控制器通过控制多轴向转动装置完成对红外告警的引导。由于导弹发动机燃烧完毕后,继续有较低的红外辐射能量,红外告警可对目标继续跟踪,它具有极高的灵敏度和分辨率,能在任何方式下跟踪导弹。前者对威胁目标进行探测、截获,后者对目标进行跟踪,二者工作以"接力"方式进行。同时,数据相关还可降低虚警。

红外紫外综合告警效能互补,为先进红外对抗提供了一种新的行之有效的告警形式,它通过探测、截获、跟踪威胁目标,可使干扰装置更加有效地对抗红外导弹。美国诺斯罗普·格鲁曼公司 1997 年推出的 AN/AAQ-24 红外定向对抗系统采用的即是这种告警系统。

4.4.4 光电综合告警的关键技术

(1) 紫外、激光、红外威胁源及环境特性研究：主要威胁激光源波长、码型、重频、强度的特征分析及激光经自然界物体反射、散射特性的分析；各种人造光源（如战场燃烧建筑物、汽车、闪光灯等）及自然光源在光学通带内的背景辐射特性分析；紫外、红外辐射及激光经大气传输时，散射、吸收、折射率起伏等大气效应对光束影响的研究。

(2) 探测头光机电一体化设计技术：共孔径分光束探测头阵列设计技术；探测头视场空间配准技术与时间同步最佳化技术；探测头光学接收通道小型化技术。

(3) 红外紫外激光图像处理技术：红外信号的电子读出及预处理技术；红外图像的特征提取及相关处理算法；红外图像空间时间光谱滤波技术。

(4) 多探测头信号处理方法：威胁源识别、分类、排序算法；多信道数据融合技术；威胁态势分析及决策建议。

(5) 抗光电干扰及电磁兼容技术：对指定机动平台,研究本机及周围环境电磁辐射特性间的相互作用及影响,增强光学处理手段,减少电子处理环节,抑制电路噪声。采取有效算法抗自然光源和人造光源干扰以及抗空间电磁辐射。

4.4.5 光电综合告警的发展史及趋势

不同类型告警器的综合一体化是机动平台电子战装备发展的一大主流,针对日趋复杂的光电威胁环境,研究更加小型化、模块化和具有通用功能的综合光电告警系统,代替分立的单功能告警系统,可提高系统能力,缩小体积、减轻重量,降低成本,改善后勤支援,使各类告警优势互补、资源共享,更好地发挥综合效能。

美国非常重视战场信息采集及综合处理技术研究,已连续几年把它列为国防关键技术和重点研究内容,并且已经在大的军事项目中应用。美国海军的综合电子战工作主要包括两个阶段：第一阶段是研制和演示"最佳对抗响应"软件；第二阶段是将导弹逼近告警、激光告警和"最佳对抗响应"软件综合在单一处理器模块上,形成综合告警,并通过综合控制,提高干扰效果。此外,美国的伯金－埃尔默公司的激光、毫米波警戒装置与 AN/ALR-46A 雷达警戒接收机相结合的 DOLRAM 计划也在进行之中。

当前光电综合告警的主要发展趋势如下：

(1) 宽波段低虚警光电综合告警技术体制,是实现宽波段、低虚警、远距离探测与告警的关键,今后发展的重点将是机载和星载光电综合侦察告警系统。工作波段不断拓宽之前,能够响应从中紫外、可见光到中、远红外辐射的探测器分属于电真空、半导体等几个不同型谱,难以集成和组合。将来,随着探测器技术的发展和光机结构的巧妙设计,宽光谱共孔径集成探测体制有望实现,从而对目标、背景、假目标的辐射特征进行多维探测,获得更丰富的信息资源。

(2) 主动与被动的综合。目前,光电告警基本为被动方式,难以对目标的距离信息及细微特征进行侦察。随着激光器技术的不断发展,将激光主动侦察与光电被动告警进行有效综合,可为对抗提供更加可靠的光电威胁特征信息。

4.5 光电被动定位

光电被动定位是指在光电告警高角度分辨能力基础上,实现单站或双站光电被动测距与定位。其作用是扩展光电探测系统的使用范围,实现复杂电磁环境下与雷达探测系统的复合,以及独立完成中近程目标探测与捕获任务。光电被动侦察具有隐蔽性好的突出优点,但和雷达侦察相比,只有角度信息,缺乏距离信息。为了有效地发挥光电对抗装备的效能,必须对来袭目标进行准确定位,包括角度和距离的测定。当前的解决方法是利用激光测距机或雷达来测距,但这破坏了系统的隐蔽性能。因此,光电被动侦察系统如何实现被动定位,是现代军事高科技中一个十分重要而又急需解决的技术难题。光电被动测距方法主要有基于角度测量的几何测距法、基于图像处理的测距法、基于目标物体辐射和大气传输特征衰减的测距方法等。本节将讨论上述光电被动测距方法的原理、特点及应用领域[28]。

4.5.1 基于角度测量的几何测距法

几何法有静态三角测量和动态三角测量两大类。静态三角测量需要多个站点同时对目标进行几何定位,通过解算位置、角度的关系来求解目标距离。其原理较简单,但是对各平台之间的数据通信以及各平台之间的位置有较高的要求。

1. 连续测角实现目标测距

红外搜索和跟踪系统可以连续获得目标的角度数据。如何有效地通过角度值计算出目标距离一直是该方法的焦点,相关研究主要集中在滤波算法上,其中卡尔曼滤波算法应用最为广泛。

图 4.19 是目标与观测站三维运动,目标匀速运动时,描述目标运动状态的状态参量满足以下方程:

$$\begin{cases} \dfrac{\mathrm{d}\dot\theta}{\mathrm{d}t} = -2\left(\dfrac{\dot R}{R}\right)\theta - \omega^2\tan\theta + \dfrac{a_{mz}}{R} \\ \dfrac{\mathrm{d}\psi}{\mathrm{d}t} = \dfrac{\omega}{\cos\theta} \\ \dfrac{\mathrm{d}\omega}{\mathrm{d}t} = \left(-2\dfrac{\dot R}{R} + \dot\theta\tan\theta\right) - \dfrac{a_{my}}{R} \\ \dfrac{\mathrm{d}}{\mathrm{d}t}\dfrac{\dot R}{R} = \theta^2 + \omega^2 - \left(\dfrac{\dot R}{R}\right)^2 - \dfrac{a_{mx}}{R} \end{cases} \quad (4.10)$$

式中：θ、ψ 为目标角坐标；$\dot\theta$ 为角坐标的时间导数；R 和 $\dot R$ 分别是距离及距离的时间导数。测量平台加速度 a_m 可认为已知，若 a_m 为零，$1/R$ 不出现在方程中，即无法求出距离信息。

2. 计时法目标被动测距

计时法工作原理如图 4.20 所示[29]。两个红外探测器对称地安装在转台上，并随臂一起旋转。对于二维情况，两个探测器视线交于 B 点，构成三角形 $\triangle ABC$，O 为转轴，$\triangle ABC$ 绕 O 以恒定角速度 X 旋转。若有目标经过 $\triangle ABC$，并交于 L 和 F 点，目标扫过 L 和 F 两点的时间差为 S。根据几何关系，可得距离（$R = OL = OF$）为

$$R = \dfrac{m}{\sin\varphi}\sqrt{(\sin^2\theta_1 + \sin^2\theta_2) - 2\sin\theta_1\sin\theta_2\cos\varphi} \quad (4.11)$$

式中：$\varphi = \theta_1 + \theta_2 - \omega\tau$，通过测量 τ 可算出距离信息。该方法的精度受计时精度和目标切向速度的影响。

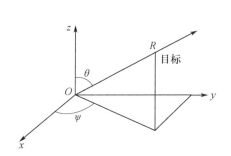

图 4.19 目标与观测站三维运动

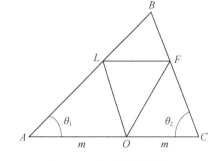

图 4.20 计时法测距原理

4.5.2 图像分析法

1. 立体视觉测距方法

双目立体视觉[30]通过双目立体图像的处理获取场景的三维信息，其结果表现

为深度图,经过进一步处理就可得到三维空间中的景物。其关键是保证匹配的准确性,需要选择合理的匹配特征和匹配准则。

如图 4.21 所示,测距系统用两台摄像机从不同角度对同一物体进行成像。设空间一点 $Q(X,Y,Z)$ 在左、右两个像面上的投影分别是 X_1 和 X_2,基线 b 和焦距 f 已知,则目标距离为

$$Z = f \times b / (X_1 - X_2)$$

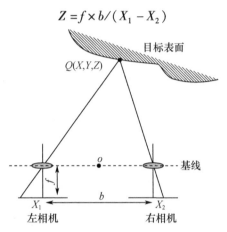

图 4.21 双目立体视觉测距

图像匹配是双目测距中的关键,当空间三维场景经投影变为二维图像时,成像会发生不同程度的扭曲和变形,从而导致测距错误;另外,对应点搜索范围大,计算复杂并耗时。

2. 基于双焦成像的单目测距方法

在物距相同的条件下,镜头焦距不同所形成的像的高度和相应焦距值之间存在定量的关系。通过两个焦距对物点成像,并利用图像匹配找到对应匹配点对即可计算出物点的距离[31]。如图 4.22 所示,对于空间某物点 Q,当物镜的焦距由 f_1 变为 f_2 时,可以在像平面上形成两个像点 Q_1 和 Q_2。由成像原理图和相似三角形

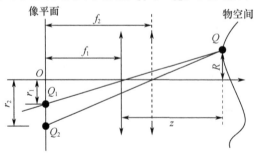

图 4.22 单目双焦成像测距

性质可得

$$z = [r_2 f_1 f_2 (\sqrt{s_1/s_2} - 1)] / ((\sqrt{s_1/s_2} - f_1) - f_1)$$

式中：s_1 和 s_2 分别为在小焦距和大焦距处获得的目标区域面积。

在焦距 f_1 和 f_2 确定的条件下，距离 z 由 r_1/r_2 唯一地确定。该方法不需要在频繁改变相机焦距的同时反复地定标摄像机主点坐标。

4.5.3 基于目标光谱辐射和大气光谱传输特性的测距法

1. 单站双波段红外被动测距

该方法由 W. Jeffrey 等[32]提出，其原理是利用目标的红外辐射在大气窗口所产生的衰减不一致这一规律，实现对目标的被动测距。图 4.23 为机载红外被动测距。

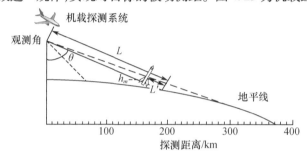

图 4.23 机载红外被动测距

系统采用双波段探测方式，目标距离通过比较两个波段的能量来估算。目标距离为

$$L = L_0 - L'$$

式中

$$L' = -H \ln\left(\frac{\cos\varphi}{(\alpha_1 - \alpha_2)H} \ln \frac{C}{B}\right)$$

其中：C 为目标在两个波段的能量比；B 为探测器获得的两个波段能量比；α_1、α_2 分别为两个波段的大气平均衰减系数；H 为常数，与大气模型相关的。

目标辐射特征、能量探测精度以及大气传输特性对测量精度的影响较大。实验测试表明：该方法的相对误差在 5%～15% 之间。

2. 基于目标辐射强度测量的被动测距

该方法由华中光电技术研究所提出[33]，将目标假设为一个辐射强度恒定的点源，并做匀速直线运动。如图 4.24 所示，假定目标与探测器的距离为 R，则其与红外探测器探测到的光谱辐射照度为 E，它们之间

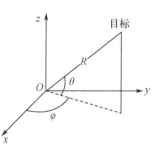

图 4.24 目标几何坐标图

满足距离平方反比关系,连续 3 次测量目标的角度和辐照度 E,最后可推导出距离公式为

$$R_{i+2} = \frac{\ln(E_{i+2}\sin^2\alpha\cos^2\theta_i) - \ln[E_i\sin^2(\varphi_1+\varphi_2+\alpha)\cos^2\theta_{i+2}]}{[1-\cos\theta_{i+2}\sin(\varphi_1+\varphi_2+\alpha)\sec\theta_i\cos\alpha]\ln\tau} \quad (4.12)$$

式中

$$\alpha = \frac{\pi}{2} - (\varphi_1+\varphi_2) + \arctan\left[\frac{4\pi-(\varphi_1+\varphi_2)}{2\pi-\varphi_1}\frac{\sin\varphi_1}{\sin(\varphi_1+\varphi_2)\sin\varphi_2} - \frac{1}{\tan\varphi_2}\right]$$

$$\varphi_1 = \theta_{i+1} - \theta_i, \varphi_2 = \varphi_{i+2} - \varphi_{i+1}$$

总的来说,基于三角测量的几何测距法要么采用多个工作站点,且需要相互配合及数据通信;要么对被测物和观测站之间的相对运动关系有特定要求,计算模型复杂,且模型不能完全涵盖实际情况。基于图像处理的测距法一般需要被测目标到达可识别的距离内,其测距范围不会太大,在军事上的应用价值不大。随着目前光电技术的发展以及红外大气传输特性研究的深入,基于目标物体辐射和大气传输特性的测距方法在测量精度和测量距离上都有着较大的提升空间,将最终满足军事领域的应用需求。

第 5 章

光电有源干扰

光电有源干扰是采用发射或转发光电干扰信号的方法对敌方光电设备实施压制或欺骗的一种干扰方式,又称为光电主动干扰。主要包括红外有源干扰和激光有源干扰两大类。

红外有源干扰主要包括红外干扰弹和红外干扰机。激光定向红外干扰机的主要特色还是干扰机,只是采用了激光光源,因此,激光定向红外干扰机归类为红外干扰机的最新发展。

激光有源干扰主要包括激光欺骗干扰、激光抑制干扰和强激光干扰。

激光欺骗干扰包括角度欺骗干扰和距离欺骗干扰两种。其中,角度欺骗干扰应用较多,用于干扰激光制导武器;距离欺骗干扰用于干扰激光测距机。

激光抑制干扰是用激光干扰信号掩盖或淹没有用的信号,阻止敌方光电制导系统获取目标信息,从而使敌方光电制导系统失效[34]。激光抑制干扰又称噪声干扰,它通过发射强功率的激光噪声信号来掩盖或淹没敌方激光雷达的目标回波信号,使激光雷达无法正常工作。此种干扰方式已广为采用,实属一种颇为有效的抑制式干扰方法。激光抑制干扰与欺骗干扰的根本区别是:抑制干扰的预期效果是掩盖或淹没有用的信号,增大探测目标的难度,使敌方激光制导系统无法获得目标准确的位置,从而使敌方激光制导武器变成盲弹。较之欺骗干扰,除激光制导武器的方位信息外,激光抑制式干扰无需更多、更翔实的激光信息。

激光抑制干扰可分为固定脉冲式干扰和随机脉冲式干扰两种。固定脉冲式干扰是由脉冲参数恒定的干扰脉冲所产生。假若脉冲重频是制导信号重频的整数倍,则称此种干扰为同步脉冲干扰;假若不成整数倍关系,则称其为异步脉冲干扰。固定脉冲式干扰虽给敌方制导系统探测目标带来麻烦,但在干扰脉冲频率不太高时,干扰对回波信号并无影响,同时这种干扰可用简单的抗干扰电路来抑制。此种固定脉冲式干扰的抑制效果甚差,实际上大多采用随机脉冲式干扰。随机脉冲式干扰的脉冲时间间隔甚至脉冲幅度都是随机变化的,当脉冲的时间间隔短于激光接收机的接收时间时,将导致接收机混乱。随机脉冲式干扰对编码脉冲调制的制导系统的干扰效果颇佳,它不仅能破坏原有的编码信号,而且能产生假码,故激光抑制干扰以随机脉冲式为主。

由于激光目标指示器的重频为 10~20Hz,因此为满足系统的高抑制系数的需求,便要求干扰激光器不仅输出能量大,而且重复频率要高,至少要达到 100Hz 以上。未来的激光有源干扰机将采用脉冲重复频率高达兆赫以上的激光脉冲,它对激光导引头实施压制性干扰。目前激光有源干扰机的脉冲重复频率尚较低,而高重复频率脉冲的压制性激光干扰机则代表着该类激光干扰机未来的发展方向。

强激光干扰又可分为致盲低能激光武器和高能激光武器。致盲低能激光武器作为有源光电对抗器材的作用可归结为破坏光学系统、光电传感器和伤害人眼三方面,统称为"致盲"。美国对激光致盲武器极为重视,已将激光传感器技术列为 21 世纪战略性技术之一。美国激光致盲武器已达到相当成熟的程度,从便携式到车载、机载、舰载,种类繁多,功能齐全。有的型号已形成样机产品,开始批量生产,进入装备阶段。高能激光武器是利用高能量激光束进行攻击的新概念武器,其主要作用是破坏目标的本体或战斗部,与"直接命中"的弹丸武器类似,是破坏性(摧毁式)的硬杀伤武器。这种武器一旦投入使用,将会使光电对抗进一步升级并使光电对抗与反对抗变得更加复杂。

强激光干扰和激光欺骗干扰这两种有源干扰方式的区别:致盲式干扰强调使敌方的光电探测系统或人眼永久或暂时地失去光电探测能力,而欺骗式干扰则强调使敌方将干扰激光当成信号进行处理,从而失去正确地信号处理和判断能力;强激光干扰知道方位信息即可,无需更多信息,因此,在宽波段实施,使用范围大、适应性好、装备生命力强,而激光欺骗干扰还要求发射信号相同或相关,对激光的干扰波长、干扰体制要求十分苛刻,使用受限。应该说,这两种方式构成了目前激光有源干扰的主要内容。

激光欺骗干扰、激光抑制干扰、激光定向红外干扰机、低能激光武器和高能激光武器五种采用激光器的光电对抗器材。它们的特点是所发射的激光平均功率依次增加,从瓦级发展兆瓦级,由此造成干扰对象范围、干扰方式、干扰效果的很大区别。从这三项指标看,其干扰能力依次增加。最理想的是高能激光武器,其次是低能激光武器,但从技术复杂程度和造价看,也是依次增加,甚至在海上部署高能激光武器从造价上被认为等同于部署核武器,因此,从普及角度看,当前干扰器材仍以激光欺骗干扰、激光抑制干扰和激光定向红外干扰机为主。激光有源干扰的作战使命可以概括为:偏离真实目标;操作人员致眩致盲;光敏传感器器件损坏;武器系统失效;直接摧毁。

鉴于上述分析,本章介绍目前比较典型的几种光电有源干扰技术,包括红外干扰弹、红外干扰机、强激光干扰和激光欺骗干扰四个技术领域。

5.1 红外干扰弹

5.1.1 红外干扰弹的定义、特点和用途

红外干扰弹是一种具有一定辐射能量和红外频谱特征的干扰器材,用以欺骗或诱惑敌方红外侦测系统或红外制导系统。投放后的红外干扰弹可诱骗红外制导武器锁定红外诱饵,致使其制导系统降低跟踪精度或被引离攻击目标。红外干扰弹又称红外诱饵弹或红外曳光弹,它是应用最广泛的一种红外干扰器材。

红外诱饵定义为具有与被保护目标相似红外光谱特性,并能产生高于被保护目标的红外辐射能量,用以欺骗或诱惑敌方红外制导系统的假目标。从中可以看出,红外干扰弹发射后才形成了红外诱饵,两者有本质的区别。

红外干扰弹具有如下特点:

(1) 具有与真目标相似的光谱特性。在规定波段,红外干扰弹具有与被保护目标相似的光谱分布特征,这是实现有效干扰的必要条件。通常情况下,干扰弹的辐射强度应大于被保护目标辐射强度的 2 倍。

(2) 能快速形成高强度红外辐射源。为实现有效的干扰作用,红外干扰弹投放后,必须在离开导弹寻的器视场前点燃,并达到超过目标辐射强度的程度。大多数机载红外干扰弹在 0.25~0.5s 内可达到有效辐射强度,并可持续 5s 以上。

(3) 具有很高的效费比。红外干扰弹属于一次性干扰器材,一旦干扰成功,便可使红外制导系统不能重新截获、跟踪所要攻击的目标。可保护高价值的军事平台,而干扰弹本身结构简单、成本低廉,因此,具有很高的效费比。

通常红外干扰弹与箔条弹同时装备,以对付不同种类的来袭导弹。

5.1.2 红外干扰弹的分类

红外干扰弹按其装备的作战平台可分为机载红外干扰弹和舰载红外干扰弹。

按功能来分,除通常使用的红外干扰弹外,近年来随着各种先进的制导导弹的出现,各国又相继研制了气动红外干扰弹、微波和红外复合干扰弹、可燃箔条弹、面源红外弹、红外和紫外双色干扰弹、快速充气的红外干扰气囊等具有特定干扰功能的红外干扰弹。

5.1.3 红外干扰弹的系统组成和干扰原理

红外干扰弹由弹壳、抛射管、活塞、药柱、安全点火装置和端盖等零部件组成。弹壳起到发射管的作用并在发射前对干扰弹提供环境保护。抛射管内装有火药,由电底火起爆,产生燃气压力以抛射红外诱饵。活塞用来密封火药气体,防止药柱被过早点燃。安全点火装置用于适时点燃药柱,并保证药柱在膛内不被点燃。

红外干扰弹被抛射后,点燃红外药柱,燃烧后产生高温火焰,并在规定的光谱范围内产生强红外辐射,形成红外诱饵。普通红外干扰弹的药柱由镁粉、聚四氟乙烯树脂和黏合剂等组成,通过化学反应使化学能转变为辐射能,反应生成物主要有氟化镁、碳和氧化镁等,其燃烧反应温度高达 2000~2200K。典型红外干扰弹配方的辐射波段为 $1~3\mu m$、$3~5\mu m$,在真空中燃烧时产生的热量约为 7500J/g。

红外诱饵对红外制导导弹的干扰机理可分为质心干扰、冲淡干扰、迷惑干扰和致盲干扰,以下分别叙述这四个干扰机理。

1. 质心干扰

质心干扰也称甩脱跟踪,当红外点源制导导弹跟踪上目标后,目标为了摆脱其跟踪,在自身附近施放红外诱饵,该诱饵所辐射的有效红外能量比目标本身的大,经过合成之后二者的能量中心介于目标和诱饵之间并偏向于诱饵一方,由于红外点源制导导弹跟踪的是视场的能量中心,因而导弹最终偏离目标。这一干扰方法要求红外诱饵能快速形成,并且能持续一定的时间,这样才能保证在起始时刻目标和诱饵同时处于导引头视场内,将导弹引离目标。

红外干扰弹干扰成功的判断准则是使红外制导导弹脱靶,而且脱靶量应大于导弹的杀伤半径,还应加上一定的安全系数。

红外干扰弹实现质心干扰必须满足以下四个条件:

(1) 红外干扰弹形成红外诱饵的红外光谱必须与被保护目标的红外光谱相同或相近;

(2) 红外干扰弹形成红外诱饵后有足够的有效干扰时间;

(3) 在来袭导弹的工作波段内,红外诱饵的辐射功率至少应比被保护目标大 2 倍;

(4) 红外诱饵必须与被保护目标同时出现在来袭导弹寻的器视场内。

2. 冲淡干扰

在目标还未被导弹寻的器跟踪上时,就已经布设了诱饵,使来袭导弹寻的器在搜索时首先捕获诱饵。冲淡干扰不仅能干扰红外制导导弹本身,还可以干扰发射平台的制导系统。

3. 迷惑干扰

当敌方还处于一定距离(如数千米)之外时,就发射一定数量的诱饵形成诱饵群,以迷惑敌导弹发射平台的火控和警戒系统,降低敌识别和捕获真目标的概率。

4. 致盲干扰

主要用于干扰三点式制导的红外测角仪系统。当预警系统告知敌方向我发射出"米兰""霍特"和"陶"一类的反坦克导弹时,立即向导弹来袭方向发射红外诱饵。诱饵的辐射光谱与导弹光源的相匹配并且辐射强度高于导弹光源,当诱饵进入制导系统的测角仪视场中并持续 0.2s 以上,使其信噪比小于或等于 2 时,测角仪即发生错乱,不能引导导弹正确飞向目标。

5.1.4 红外干扰弹的设计和使用考虑

1. 设计考虑

红外干扰弹的主要技术指标有干扰光谱范围、燃烧持续时间、辐射强度、上升时间等。根据被保护目标及战术使用方式的不同,其性能参数也有较大差别。为了使红外诱饵能有效地干扰红外制导导引头,达到保护目标的目的,必须使红外诱饵满足以下技术要求。

1) 光谱特性与目标的相近

目标的红外光谱分布因目标及其不同部位而异,如坦克和装甲车辆排气管部位的温度最高,其 3~5μm 波段辐射较强,玻璃和蒙皮的温度较低,因而在 8~14μm 波段辐射较强,而在 3μm 以下的辐射则很弱。舰船温度最高的是烟囱等部位,其他部分的温度相对较低,整体的辐射能量也集中在 3~5μm 和 8~14μm 两个波段。飞机的红外辐射主要来自发动机喷口和喷管的外露部分、尾流以及因与空气摩擦而升温的蒙皮,另外它还散射太阳光的能量。就尾流而言,喷气式战斗机在 1.8~2.5μm 和 3~5μm 波段辐射较强,而波音 707、伊尔 62 以及三叉戟民航机在 4.4μm 附近辐射最强。飞机的尾喷口是从后方探测时,飞机辐射的一个重要来源。三点式导引的反坦克导弹自身的红外辐射并不显著,但在弹尾上有一个红外曳光管跟踪源,它在 0.94~1.35μm、1.8~2.7μm 和 3~5μm 波段辐射较强。红外制导导弹的导引头工作在一个或几个特定的波段内,为了对付工作在不同波段的导引头,应该使诱饵与目标的辐射光谱在一个尽可能宽的范围内相接近。概括地说,机载红外干扰弹的红外辐射光谱范围通常为 1~5μm,舰载红外干扰弹光谱范围一般为 3~5μm 和 8~14μm。

2) 红外辐射强度应远高于目标的辐射强度

对于红外导引头来说,如果视场内同时存在目标和诱饵,且两者光谱特征一致,则导引头将跟踪二者的能量中心。显然,诱饵的辐射越强,能量中心就越偏向

于诱饵,导弹就会偏离目标越远。通常红外诱饵在某一波段的辐射强度应满足

$$I_d \geq k I_t \tag{5.1}$$

式中:I_d、I_t 分别为诱饵和目标的红外辐射强度;k 为压制系数,通常大于或等于 2。

辐射强度是表征红外干扰弹干扰能力的一个参数,例如,一般喷气式飞机发动机尾喷口的温度约 900K,尾喷口面积是数千平方厘米,如果是两台发动机,则飞机尾喷口处等效的辐射强度为 500～3000W/sr,因此机载红外干扰弹的辐射强度至少应为 1000～6000W/sr。

3) 形成时间短、持续时间足够长

为了做到快速反应,红外诱饵从点燃到达到规定辐射量值所需的时间应足够短,一般称从点燃到达到额定辐射强度 90% 所需的时间为上升时间,一般情况下,要求上升时间要小于红外干扰弹与目标同时存在于红外导引头视场内的时间,它通常应在 0.5～1s。

为了使目标能安全摆脱导引头的视场,并使导弹命中诱饵时距离目标有一定的安全距离,红外诱饵的持续作用时间应足够长。如果诱饵与目标同时在导引头的视场内时,诱饵已经熄灭或发射的能量大大减少,则导引头还会重新跟踪目标。一般要求,持续时间应大于目标摆脱红外制导导弹跟踪所需时间。机载红外干扰弹的燃烧持续时间一般大于 4.5s。舰载红外干扰弹燃烧持续时间一般为 40～60s。

2. 使用考虑

红外干扰弹的战术使用参数主要包括弹间隔、弹数和单双发等。红外弹间隔 T_{fb} 是每发红外诱饵之间的间隔时间,一般为毫秒级。红外弹数 N_{fb} 是指一次红外干扰所投放红外诱饵的数量。红外单/双发 N_{fsd} 是指在同一时刻内投放的是单发诱饵还是双发诱饵。这些参数不仅与导弹攻击方位、载机的飞行速度、飞行高度和导引头红外视场角等威胁特征因素有关,还与飞机自身的红外辐射强度有关。例如,飞机在加力飞行状态比正常巡航时的红外辐射强度要大得多,所以红外干扰弹的战术使用要根据战场实际情况而定。如果飞机上装备导弹告警设备,则可以按照预定程序投放红外干扰弹;如果没有装备告警设备,飞机一旦进入攻击状态或进入敌防御区域,则以近似等于红外干扰弹燃烧持续时间的时间间隔连续投放红外干扰弹[35]。

1) 红外弹间隔

红外诱饵弹间隔是指飞机飞出导弹红外视场角的时间。红外诱饵投弹间隔时间和红外导弹攻击方位、飞机的飞行速度和威胁特征等有关。在威胁特征中主要涉及的是制导类型和红外寻的导弹的导引头视场角。导弹攻击方位主要影响飞机飞出红外视场角的时间及在该方位上飞机红外辐射特性,飞机的速度决定飞机飞

出红外视场角的时间,导引头红外视场角主要决定角度分辨单元的宽度,决定飞机飞出该分辨单元的时间。

红外诱饵间隔的计算公式为

$$T_{fb} = \frac{d \cdot \tan\frac{\theta_p}{2}}{v_p \sin\theta} \tag{5.2}$$

式中:θ 为导弹攻击方位;θ_p 为导弹视场角;d 为导弹攻击距离,v_p 为飞机速度。它们的具体含义如图 5.1 所示。T_{fb} 一般以 0.1s 为单位的倍数取值。

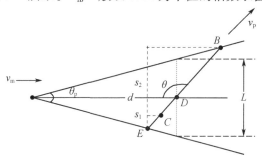

图 5.1 红外诱饵干扰导弹示意图

2) 红外弹数

理论上,投放 1 发红外诱饵加上飞机的机动,已经可以使飞机成功摆脱导弹的跟踪,但由于战场环境复杂以及导弹的红外抗干扰技术的发展,一般要在一次攻击时间内投放多发红外诱饵来迷惑跟踪源。红外弹数是红外寻的导弹一次攻击的时间即目标一次可逃脱的时间内可投放的红外诱饵数量。红外诱饵弹数主要取决于对一次导弹攻击进行干扰时间或者逃避一次攻击所需的时间,可由下式表示:

$$N_{fb} = F(K, V_f, V_p) \tag{5.3}$$

式中:K 为压制系数;V_f 为红外诱饵运动特性;V_p 为飞机本身的运动特性。

导弹一次攻击的最短时间为

$$T_b = \frac{(1+K_f)d \cdot \tan\frac{\theta_p}{2}}{K_f(v_p - v_f)\sin\theta} \tag{5.4}$$

式中:v_f 为红外诱饵速度;K_f 为红外诱饵的压制系数。其中,K_f 的取值由式(5.5)和式(5.7)确定,v_f 的取值参见式(5.8)和式(5.9)。

$$K_f = \frac{\delta_f}{\delta_p} \tag{5.5}$$

$$\delta_f = \beta \cdot e^{-kv_p} \tag{5.6}$$

$$\delta_p = k_1 k_2 k_3 \tag{5.7}$$

式中：δ_f 为红外诱饵辐射强度（kW/sr）；δ_p 为飞机红外辐射强度；k、β 为系数，k_1 为发动机尾喷口特性系数；k_2 为飞机蒙皮特性（与飞机高度、速度等有关）系数；k_3 为环境系数。

红外诱饵点燃到红外辐射功率达到额定功率90%的速度方程为

$$v_f = \frac{v_{fb}}{1 - v_{fb} \cdot e_{f1} \cdot t}(0 \leqslant t \leqslant T_{f0}) \tag{5.8}$$

红外诱饵由红外辐射功率90%降到额定功率10%的速度方程为

$$v_f = \frac{v_{fc}}{1 - v_{fc} \cdot e_{f2} \cdot (t - T_{f0})}(T_{f0} \leqslant t \leqslant T_f) \tag{5.9}$$

式(5.8)和式(5.9)中：v_{fb} 为诱饵发射的初速度；e_{f1}、e_{f2} 为经验常数，与红外诱饵的质量、几何形状及空气密度有关；v_{fc} 为红外诱饵形成有效辐射功率90%的初速度，且有

$$v_{fc} = \frac{v_{fb}}{1 - v_{fb} \cdot e_{f1} \cdot T_{f0}}$$

其中：T_{f0} 为红外诱饵有点燃到红外辐射功率达到额定功率90%的时间。

在 T_b 时间内可投放的红外诱饵弹数为

$$N_{fb} = \frac{T_b}{T_{fb}} \tag{5.10}$$

将式(5.2)和式(5.4)代入后，可得

$$N_{fb} = \frac{(1 + K_f)v_p}{K_f(v_p - v_f)} \tag{5.11}$$

弹数 N_{fb} 通常四舍五入取自然数。

3）单/双发红外弹

以下情况下由于影响红外诱饵的燃烧效率等，根据试验情况及经验，干扰时通常进行双发投放以增加压制系数：

（1）当威胁源距离非常近时（<2~3km）；

（2）当飞机高度很高时（>10km）；

（3）当飞机高速飞行时（超声速）；

（4）当飞机加力时。

红外诱饵单/双发可用下述函数表示：

$$N_{fsd} = F(H, D, V_p, E) \tag{5.12}$$

式中：H 为飞机的高度特性；D 为飞机距威胁源的距离特性；V_p 为飞机的速度特性；E 为飞机的发动机特性。

假设"响尾蛇"AIM-9 导弹威胁时，$\theta_p = 1.5°$，威胁方位 $\theta = 135°$，飞机不加力、不机动，飞机速度 $v_p = 200$ m/s，高度 $H = 4000$ m，导弹威胁距离 $d = 5$ km，此方位压制系数 $K_f = 3$，红外诱饵平均速度 $v_f = 30$ m/s，则投放红外诱饵参数的计算如下：

由式(5.2)得弹间隔为

$$T_{fb} = \frac{5000 \times \tan 0.013}{200 \times \sin 2.356} \approx 0.5(s)$$

由式(5.11)得弹数为

$$N_{fb} = \frac{(1+3) \times 200}{3 \times (200-30)} \approx 2$$

由式(5.12)得单/双发为

$$N_{fsd} = F(H, D, V_p, E) = 1(单发)$$

5.1.5 红外干扰弹的关键技术

1. 红外弹药剂制备技术

红外弹药剂是由可燃剂、氧化剂、黏合剂、增塑剂等多种成分，经一定工艺方法混合制成。目前，国外常用的烟火剂一般采用湿混工艺。湿混工艺方法主要有三种：第一种方法是将除黏合剂外的其他组分干混，然后加入经溶解的黏合剂，混合均匀后，造粒并干燥；第二种方法是将可燃剂、氧化剂以及黏合剂等所有组分加入混药容器中，加入一定量溶剂，混合均匀后造粒并干燥；第三种方法是将可燃剂、氧化剂在溶解有黏合剂、增塑剂的第一溶剂体系中混合均匀，然后加入第二溶剂，使可燃剂、氧化剂、黏合剂和增塑剂等组分从第一溶剂中沉降出来，从而形成一定大小颗粒的药剂，然后干燥，在这样一粒直径非常小的可燃剂外表面，均匀地包覆上一层氧化剂。包覆层的厚度一定要严格控制，包覆层厚影响感度，燃烧慢，辐射强度降低；包覆层薄，燃烧太快，有效持续时间缩短。

2. 红外弹药柱成型技术

红外弹药柱成形的关键是配置相应的模具，确定合适的挤出力、挤出速度以及药剂的加热温度等参数，但是这些参数具有较强的相关性，需要选择合适的参数，并且安装一定的安全监控装置，才能保证生产出合格的红外弹药柱。

3. 红外弹性能指标的分配设计技术

红外弹性能指标一般包括燃烧上升时间、红外辐射强度以及有效持续时间。这些指标的关系非常密切，如果在一定的环境条件下使用红外弹，那么可以选择的红外弹药柱材料种类是有限的。在红外弹药柱体积确定的前提下,采用合理的配方设计,减少燃烧上升时间,增加有效持续时间,提高红外辐射强度,保证红外弹的最佳干扰效果。

5.1.6 红外干扰弹的发展史及趋势

红外干扰弹是20世纪50年代随着红外制导导弹的出现而发展起来的,现已大量装备军队。最早应用的是空军和海军,陆军使用干扰弹始于20世纪80年代初。它目前是世界上研究较多、装备较为广泛的一类干扰装备,已成为干扰红外制导导弹的最有效手段之一。

20世纪70年代,美国装备在各种型号飞机上的红外诱饵弹有10余种。80年代中期,美国研制成功了双波段型红外诱饵弹,辐射波段为3~5μm和8~14μm,有效燃烧持续时间约为45s。现在已拥有AN/ALA-34、AN/ALA-40、AN/ALA-44、AN/ALA-49等系列的标准红外诱饵弹投放系统。

1983年后,苏联在阿富汗的作战飞机和直升机普遍开始配备红外诱饵弹,安置投放系统和预警系统,在执行任务中投放红外诱饵弹作掩护,使没有抗干扰能力的苏制SA-7和美制"尾刺"导弹因受干扰而攻击失败。

英国Pains-wess公司生产了一种口径为130mm的红外诱饵弹,是子母弹结构,以磷化物(或亚磷化物)为基本组分。北约部分国家的海军和日本海上自卫队也装备了这种红外诱饵弹的改进型。

法国Buck公司制造的DM19"巨人"红外诱饵弹代表了当今红外干扰措施的一种发展方向。该弹口径为130mm,是子母弹结构。一枚"巨人"红外诱饵弹将5枚药包推进的子弹按设定的间距布放到预定位置的空中爆炸燃烧。子弹装有由3种成分组成的烟火药剂,在空中爆炸燃烧时,可产生热烟(8~14μm)、放热微粒(3~5μm)和气体(4.1~4.5μm)的混合物,能逼真地模拟舰船的红外特征。"巨人"红外诱饵弹已成功地通过了干扰各种红外成像导引头的试验,它能可靠有效地诱骗红外成像导弹。

随着红外复合制导、红外成像制导等新型制导方式的出现,红外诱饵弹的研制也朝着多波段、智能化的方向发展。澳大利亚海军与美国共同研制了Nulka诱饵弹,工作时按编制的程序模拟舰船航道飞行,并通过发射红外、射频等特征信号,使反舰导弹偏离目标。法国研制了舰船用装填150枚诱饵弹头的火箭,火箭在飞行过程中按编制的程序抛射出红外诱饵弹,形成一片模拟舰船的诱饵烟云,以干扰红外反舰导弹;法国研制的以液体四氯化钛和烟火剂为热源的红外诱饵弹,其辐射波长为8~14μm。英国研制的爆燃式"盾牌"红外诱饵弹,可产生8~14μm波段的红外辐射烟云。德国的GLANT红外诱饵弹,带有5个药包,爆炸后形成一定形状的多光谱红外辐射烟云,为来袭导弹的导引头提供一个逼真的假目标。英国与法国共同研制的"女巫"诱饵弹系统配有反辐射导弹的诱饵火箭、电磁诱饵火箭、离舰干扰机火箭、箔条和红外曳光联合诱饵火箭、热气球诱饵火箭和吸收诱饵火箭等。

随着电子技术的不断发展,导弹寻的系统已具备了识别真假目标的能力。为此,世界各国又在开展对新一代红外干扰弹的研究。当前红外干扰弹的主要发展趋势如下:

(1) 新型气动红外干扰弹:针对先进的红外制导导弹能区分诱饵和目标的特点,可研究气动红外干扰弹,它可模拟飞机的飞行和光谱特征,本身带有推进系统,投放后可在一段时间内与飞机并行飞行,使红外制导导弹的反诱饵措施失败。

(2) 微波和红外复合干扰弹:目前发展中的精确制导导弹往往同时具备红外和微波两种探测器,新型的干扰弹也同时兼有两种干扰功能,因此,开发微波和红外复合干扰弹是势在必行的。

(3) 自燃红外干扰弹:与常规干扰弹的主要区别是采用自燃液体,通过燃烧产生高温热源。其具有的优点:①产生的红外辐射与燃烧航空汽油排出的主要成分(二氧化碳和水)产生的红外辐射光谱相似;②紫外辐射强度与喷气式飞机排出的羽烟相近;③自燃火焰可长达几米,更接近喷气式飞机羽烟的实际尺寸;④自燃液体与氧化剂(氧气)分别储藏,作战时,自燃液体自发点火,不需要点火装置。

(4) 面源红外干扰弹:面源红外干扰弹能够形成具有强烈辐射的大面积红外干扰云,覆盖目标及其背景,在红外成像制导显示器中出现一片模糊的烟雾成像,使其无法识别目标。另外,红外干扰云也可模拟目标轮廓而形成假目标,干扰成像制导导弹的工作。法国研制的舰载能装填 150 枚红外干扰弹的火箭,火箭在飞行过程中顺序抛射出红外干扰弹形成一片模拟舰艇的诱饵烟云,以对抗红外制导反舰导弹。英国研制的"女巫"系统据称是一套全自动综合性的诱饵发射系统,它可根据来袭导弹的类型自行选择发射反辐射导弹诱饵弹、舷外主动干扰机、电磁诱饵弹、热气球诱饵弹、吸收剂诱饵弹和雷达 - 红外复合诱饵弹中的一种或几种,其中的吸收剂诱饵弹是一种包含 8 枚装有定时引信子弹头的子母弹,通过适当配置可形成一片保护舰船的诱饵云,使其免受红外、激光等光电制导导弹的攻击。Sippicaan 公司在 130mm 口径红外诱饵弹的基础上开发的新一代高级红外诱饵火箭弹是为美国海军而研制的。它发射后可产生一系列具有红外辐射特性的火焰,第一发诱饵弹朝着舰首方向发射,在发射瞬间立刻产生一团火焰,并在其飞行过程中逐步形成 6 团火焰,紧接着形成第 7 团火焰,最终形成红外"滞留云"。

(5) 拖曳式红外干扰弹:由控制器、发射器和诱饵三部分组成,飞行员通过控制器控制诱饵发射。诱饵发射后,拖曳电缆一头连着控制器,另一头拖曳着红外诱饵载荷。诱饵由许多厚1.5mm的环状筒组成,筒中装有由燃烧材料做成的薄片。当薄片与空气中的氧气相遇时就发生自燃。薄片分层叠放于装有螺旋释放器和步进电机的燃烧室内。诱饵工作时,圆筒顶端的盖帽被弹出,步进电机启动,活塞控制螺杆推动薄片陆续进入气流之中。诱饵产生的红外辐射强度由电机转速来调节,转速越高,则单位时间内暴露在气流中的自燃材料就越多,红外辐射就越强,反之亦然。由于飞机发动机的红外特征是已知的($3 \sim 5\mu m$ 波段的辐射强度约为1500W/sr),故不难通过电机转速的控制产生与之相近的辐射。在面对两个目标时,有的导引头跟踪其中较"亮"者,而有的则借助于门限作用跟踪其中较"暗"者。针对这点,诱饵被设计成以"亮—暗—亮—暗"的调制方式工作,以确保其功效。薄片的释放快慢还与载机飞行高度、速度等有关,其响应数据已被存储在计算机内,供作战时调用。

5.2 红外干扰机

5.2.1 红外干扰机的定义、特点和用途

红外干扰机是一种能够发射红外干扰信号,破坏或扰乱敌方红外探测系统或红外制导系统正常工作的光电干扰设备,主要干扰对象是红外制导导弹。

红外干扰机的主要特点如下:

(1) 可连续工作。在载体能够提供足够能源的情况下,红外干扰机可较长时间连续工作,从而弥补了红外诱饵弹有效干扰时间短、弹药有限等不足。

(2) 针对性强,主要干扰红外点源制导导弹。

(3) 可同时干扰多个目标。

(4) 作用距离与导弹的有效攻击距离匹配。

(5) 抗干扰能力强。红外干扰机与被保护目标在一体上,使来袭的红外制导导弹无法从速度上把目标与干扰信号分开。

红外干扰机安装在被保护平台上,保护平台免受红外制导导弹的攻击,既可单独使用,又可与告警设备和其他设备一起构成光电自卫系统。

5.2.2 红外干扰机的分类

按干扰对象,可分为干扰红外侦察设备的干扰机和干扰红外制导导弹的干扰机。目前各国装备的大都是干扰红外制导导弹的干扰机。

按采用的红外光源,可分为燃油加热陶瓷、电加热陶瓷、金属蒸气放电光源、燃

油型和激光器等。燃油加热陶瓷和电加热陶瓷光源干扰机一般都有很好的光谱特性，适合于干扰工作在 $1\sim 3\mu m$ 和 $3\sim 5\mu m$ 的红外制导导弹。干扰过程为通过机械调制盘的调制，将红外辐射光源产生的红外能量辐射到红外点源制导导引头，进行干扰。因此，这两类也称为机械调制型。金属蒸气放电光源主要有氙灯、铯灯、燃料喷灯和蓝宝石灯等，这种光源可以工作在脉冲方式，在重新装定控制程序后能适应干扰更多或新型的红外制导导弹。干扰过程为通过对气体放电灯进行电调制实现的。燃油型是指当探测到目标受威胁时，突然从发动机处喷出一团燃油，延时一段时间后再辐射出与发动机相类似的红外能量，以诱骗红外制导武器。激光器光源的红外干扰机也称相干光源干扰机或定向干扰机，这种干扰机干扰功率较大，干扰区域(或称束散角)在 $10°$ 之内，因而必须在引导系统作用下对目标进行定向辐射，实现致盲和压制干扰。

按干扰机光源的调制方式可分为热光源机械调制和电调制放电光源干扰机。前者采用电热光源或燃油加热陶瓷光源，红外辐射是连续的，而后者光源通过高压脉冲来驱动。表 5.1 概括给出了不同红外干扰机类型的特点。

表 5.1 不同红外干扰机类型的特点

红外干扰机类型	光源种类	可干扰红外导弹类型	可装配平台	工作条件
机械调制型	石英、陶瓷	调幅、调相红外点源导弹	直升机、飞机	不需告警设备，可全向工作
电调制型	氙灯、铯灯、燃料喷灯和蓝宝石灯	调幅、调频红外点源导弹	直升机、飞机、坦克	不需告警设备，可全向工作
燃油型	燃油	红外点源导弹	飞机	需要告警设备配合
红外定向型	气体放电灯、激光	红外导弹	直升机、飞机、舰艇、坦克、陆基	需要告警设备配合和转台伺服

5.2.3 红外干扰机的系统组成和干扰原理

1. 红外干扰机的组成

1) 热光源机械调制红外干扰机

热光源机械调制红外干扰机的电源是电热光源或燃油加热陶瓷光源，其红外辐射是连续的。由干扰机理得知，要想起到干扰作用，必须将这些连续的红外辐射变成闪烁、调制的红外辐射，起到这种断续透光作用的装置称为调制器。这种干扰机一般由控制机构、斩波控制、旋转机构、红外光源和斩波圆筒构成(图 5.2)。控制机构控制干扰机的工作状态和干扰辐射频率等，操作员可在其上进行调制频率的修改,修改信息送给斩波控制部分,然后通过旋转机构控制斩波圆筒完成对红外光源辐射的调制。

机械调制辐射源有燃烧辐射源和电热辐射源。燃烧辐射源中辐射器是燃料燃烧发热的陶瓷腔体,电热辐射源是气密封的碳棒和钨丝,它们的特性都可以按高发射率的灰体来处理,一般情况下温度为 1700~3000K。在实用场合下,这些源只发出与其温度有关的恒定辐射。这些源的调制组件是一块滤光片或机械斩波器,它们放在光源/反射镜和导弹之间的光路中。通过它们实现对辐射源的调制。

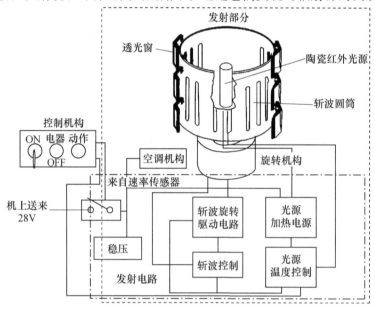

图 5.2 热光源机械调制红外干扰机示意图

2) 电调制放电光源红外干扰机

干扰机的光源是通过高压脉冲来驱动的,它本身就能辐射脉冲式的红外能量,因此不必像热光源机械调制干扰机那样加调制器,只需通过显示控制器控制光源驱动电源改变脉冲的频率和脉宽便可达到理想的调制目的。这种干扰机编码和频率调制灵活,如用微处理器在编码数据库中进行编码选择,可更有效地对多种导弹起到理想的干扰作用。这种干扰机的缺点是大功率光源驱动电源体积、重量较大,而且与辐射部分的结构相关性较小。通常整个设备由显示控制器、光源驱动电源和辐射器三部分构成。

电调制的源主要是弧光灯,它由阳极、阴极、蒸汽及周围的外壳组成。由阴极和阳极之间的电位差形成电弧,使蒸汽电离。由此形成的自由电子与蒸汽分子相互碰撞,从而引起电子跃迁,产生发射。目前用于红外干扰机的主要有碱金属灯和氙灯,碱金属灯是有强发射率的灰体,其有效温度为 2000～4000K,氙灯的有效温度可达 5000～6000K。较低温度的辐射源发射效率较高,较高温度的辐射源发射强度较大。

2. 红外干扰机的干扰原理

红外干扰机是针对导弹寻的器工作原理而采取针对性措施的有源干扰设备,其干扰机理与红外制导导弹的导引机理密切相关。

1) 角度欺骗干扰

对于带有调制盘的红外寻的器,目标通过光学系统在焦平面上形成一个"热点",调制盘和"热点"做相对运动,使热点在调制盘上扫描而被调制,目标视线与光轴的偏角信息就含在通过调制盘后的红外辐射能量中。经过调制盘调制的目标红外能量被导弹的探测器接收,形成电信号,再经过信号处理后得出目标与寻的器光轴线的夹角偏差或该偏差的角速度变化量,作为制导修正的依据。

当红外干扰机装备在被保护的目标上并开机工作时,干扰机的红外辐射同目标的红外辐射一起出现在敌方导弹的红外导引头的视场中,当干扰机的调制频率同导引头的调制频率相同或接近时,干扰信号能有效地进入导引头的信号处理回路,从而使导引头的输出信号多出一个干扰分量,这个干扰分量使导引头产生错觉,无法提取正确的误差信号,即使目标处在调制盘的中心,导引头输出的误差控制信号仍然不为零,从而使导弹离开瞄准线,目标会逐渐从导弹的导引头视场中消失,从而达到了保护目标的目的。这是红外干扰机实现角度欺骗干扰的定性分析。下面以旋转调幅导引头为干扰对象进行定量分析,得出角度欺骗干扰要干扰成功需要满足的条件。

红外干扰机的干扰对象是红外导引头,它发出的红外辐射与被保护目标本身的红外辐射一起出现在红外导弹的导引头视场中,无论对于哪一种类型的调制盘,导引头探测器接收到的辐射通量为

$$P_{\mathrm{d}}(t) = \lfloor A + P_{\mathrm{j}}(t) \rfloor m_{\mathrm{r}}(t) \tag{5.13}$$

式中:A 为调制盘接收到的目标辐射通量;P_{j} 为调制盘接收到的随时间调制的干扰机的辐射通量;$m_{\mathrm{r}}(t)$ 为调制盘调制函数。

旋转扫描导引头的调制盘是一种典型的调幅式调制盘,它通常由一个带有望远光学系统的陀螺扫描系统、置于焦平面的调制盘和工作于 1～5μm 波段的点源探测器组成。调制盘随着陀螺旋转扫描并对目标信号进行调制,典型旋转扫描调制盘(旭日式调制盘)如图 5.3 所示。目标通过光学系统在调制盘上呈一弥散圆像点,这样便产生一个接近正弦的载频信号。随着像点向中心的移动,调制效率减弱,在中心处变为零。调制盘的另外一半为灰体区,其透过率约为 50%,以提供指

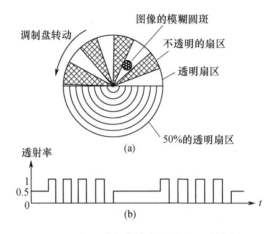

图 5.3 旭日式调制盘的图案及调制特性

示目标方位的相位。探测器把接收到的调制光信号转换为电信号进行放大,带通放大器的中心频率为载频,这个频率等于辐条数与调制盘旋转角速率乘积的 2 倍。放大器的增益水平由自动增益控制(AGC)电路控制。调制信号通过包络检波器解调以后,产生一个驱动制导信号,驱动导引头旋转陀螺进动,从而完成跟踪和制导。

图 5.4 是目标辐射强度不变时的典型调制波形。调制盘对目标红外辐射的调制是周期性的,设其角频率为 Ω_m,则调制函数可以用傅里叶级数表达为

$$m_r(t) = \sum_{n=-\infty}^{\infty} c_n \exp(jn\Omega_m t) \tag{5.14}$$

式中

$$c_n = \frac{1}{T_m} \int_0^{T_m} m_r(t) \exp(-jn\Omega_m t) dt, \quad T_m = \frac{2\pi}{\Omega_m}$$

若干扰发射机的波形也是周期性的,角频率为 Ω_j,则 $P_j(t)$ 可以表示为

$$P_j(t) = \sum_{n=-\infty}^{\infty} d_n \exp(jn\Omega_j t) \tag{5.15}$$

式中

$$d_n = \frac{1}{T_j} \int_0^{T_j} P_j(t) \exp(-jk\Omega_j t), \quad T_j = \frac{2\pi}{\Omega_j}$$

将式(5.14)和式(5.15)代入式(5.13)中,可得

$$P_d(t) = \left[A + \sum_{n=-\infty}^{\infty} d_n \exp(jn\Omega_j t) \right] \sum_{n=-\infty}^{\infty} c_n \exp(jn\Omega_m t) \tag{5.16}$$

在探测器上,$P_d(t)$ 转变为电压或电流,经过载波放大器、包络检波器和进动放

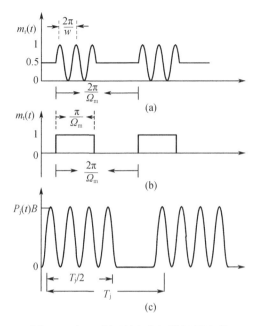

图 5.4 旭日式调制盘的扫描调制波形

大器电路处理,再用此信号去驱动跟踪系统。下面讨论干扰发射机与导引头的互相作用。调制盘的调制函数(图 5.4(a))为

$$m_r(t) = \frac{1}{2}[1 + \alpha m_t(t)\sin\omega t] \tag{5.17}$$

式中:α 为像点位置的半径与调制盘半径之比,是调制效率的一种简单度量;$m_t(t)$ 为载波的选通函数(方波),如图 5.4(b)所示;ω 为载波频率。

$m_t(t)$ 的傅里叶级数表达式为

$$m_t(t) = \frac{1}{2} + \frac{2}{\pi}\sum_{n=0}^{\infty}\frac{(-1)^n}{2n+1}\sin[(2n+1)\Omega_m t] \tag{5.18}$$

设干扰发射机的调制功率 $P_j(t)$ 也具有频率为 ω 的载波形式,并在频率 Ω_j 处选通(图 5.4(c)),则

$$P_j(t) = \frac{B}{2}m_j(t)(1+\sin\omega t) \tag{5.19}$$

式中:$m_j(t)$ 具有与 $m_t(t)$ 类似的表达式;B 为干扰发射机的峰值功率。

$m_j(t)$ 的傅里叶级数表达式为

$$m_j(t) = \frac{1}{2} + \frac{2}{\pi}\sum_{k=0}^{\infty}\frac{(-1)^k}{2k+1}\sin\{(2k+1)[\Omega_j t + \varphi_j(t)]\} \tag{5.20}$$

式中：$\varphi_j(t)$ 为相对 $m_t(t)$ 的任意相位角。

考虑式(5.17)和式(5.19)，式(5.13)变为

$$P_d(t) = \frac{1}{2}\left[A + \frac{1}{2}Bm_j(t)(1+\sin\omega t)\right][1+\alpha m_t(t)\sin\omega t] \quad (5.21)$$

设载波放大器只让具有载波频率或接近载波频率的信号通过，则其输出可用下式近似表达：

$$S_c(t) \approx \frac{1}{2}\alpha\left[A + \frac{1}{2}Bm_j(t)\right]m_t(t)\sin\omega t + \frac{1}{4}Bm_j(t)\sin\omega t \quad (5.22)$$

式(5.22)载波调制的包络为

$$S_c(t) \approx \frac{1}{2}\alpha A m_t(t) + \frac{B}{4}m_j(t)[1+\alpha m_t(t)] \quad (5.23)$$

将包络信号 $S_c(t)$ 用进动放大器做进一步处理，此放大器是被调谐在旋转角频率 Ω_m 附近工作的。设 Ω_j 与 Ω_m 接近，干扰机的干扰信号可有效地通过进动放大器，滤除高频以后，则可得到导引头的驱动信号：

$$P(t) \approx \frac{\alpha}{\pi}\left(A + \frac{B}{4}\right)\sin\Omega_m t + \frac{B}{2\pi}\left(1 + \frac{\alpha}{2}\right)\sin[\Omega_j t + \varphi_j(t)] \quad (5.24)$$

此驱动信号使旋转陀螺进动，而旋转磁铁与导引头力矩信号的相互作用又使导引头进动，此进动速率与 $P(t)$ 和 $\exp(j\Omega_m t)$ 的乘积成正比。由于陀螺只对该乘积中的直流分量或慢变分量有响应，故跟踪误差速率的相位矢量（模及相位角）正比于：

$$\boldsymbol{\varphi}(t) \approx \alpha\left(A + \frac{B}{4}\right) + \frac{B}{2}\left(1 + \frac{\alpha}{2}\right)\exp[j\beta(t)] \quad (5.25)$$

式中

$$\beta(t) = (\Omega_m - \Omega_j)t - \varphi_j(t)$$

此相位矢量如图5.5所示。当没有干扰发射时（$B=0$），像点便沿同相的方向和以正比于 αA 的速率被拉向中心。有干扰发射调制波时，除了有恒定的同相分量外，还引入正弦扰动。这样，平衡点就不再位于中心处。当相位矢量 $\boldsymbol{\varphi}$ 做部分转动时，图像被拉向中心，当 $\boldsymbol{\varphi}$ 处于图5.5中有交叉阴影线的区域时，图像又从中心处被推出。若 $B>2\alpha A$，便是这种情况。若角度 $\beta(t)$ 的变化速率足够缓慢，则图像有可能被推出调制盘之外。

通过上述分析可知，红外干扰机的角度欺骗干扰是产生一种可以被红外导引头探测到的，有一定信号形式和有一定能量的干扰信号，它可以与被保护平台在导引头中形成的信号叠加，产生一个虚假的不定的目标信号，导致导引头向这个不定

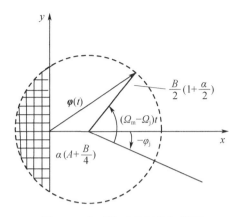

图 5.5 有干扰时的相位矢量图

的假目标进动,最终使导弹丢失目标。为了成功干扰红外制导武器,红外干扰机必须满足以下五点要求:

(1) 干扰机的辐射必须在红外导引头的光谱区域内,以保证能通过导引头的光学系统;

(2) 干扰脉冲必须能进入导弹的调制盘,以保证干扰信号被调制盘调制;

(3) 干扰机必须进行频率调制,且调制频率与调制盘的调制频率接近,以保证干扰信号通过载波放大器;

(4) 干扰脉冲调制的角频率必须与调制盘转动的角频率接近,以保证干扰信号可以通过进动放大器,成为导引头的驱动信号;

(5) 干扰机必须辐射出足够的能量,以保证干扰有效。

2) 对自动增益控制的干扰

导引头信号处理电路中的自动增益控制的功能是使信号电平保持某个恒定值,以保证能稳定的跟踪。接收信号的动态范围与特定目标、信号随目标姿态角的变化以及作用距离有关。一般情况下,当目标距离导引头较远,信号较弱时,信号处理电路对信号的增益较大,随着导引头接近目标,信号较强,增益变小。为应付突然的强干扰,AGC 具有一定的时间常数,对突发的强信号有一定的抑制功能。干扰自动控制增益的一种普通方法是将干扰发射机的辐射完全打开和关闭,并通过某种方式使其打开与关闭时间与 AGC 的响应时间相对应。这类干扰发射的目的是在尽可能大的工作周期内使导引头不能接收正确的目标跟踪信号,当干扰发射机辐射突然关闭时,导引头必须增加其增益电平,使目标信号提高到工作范围内,当干扰发射机再打开时,导引头信号就被迫处于饱和状态。若干扰发射机的辐射电平相对目标很大,对 AGC 的干扰就可能破坏导引头的跟踪及导弹的制导功能。这类干扰发射的效果与干扰发射机的干扰信号强度、用于提高和降低信号的

AGC 的时间常数以及信号处理的类型等因素有关。

3) 饱和/致盲干扰

这种干扰的目的是将大的干扰信号射入导引头中,使其信号处理电路的前置放大器电路饱和。这种信号的饱和现象对处理与幅值有关信号的导引头,如旋转扫描式导引头会更有害,但如果导引头具有相对较大的 AGC 动态范围,要使信号达到饱和状态是比较困难的。饱和干扰发射对采用调频的导引头,如圆锥扫描导引头的影响比较小。

5.2.4 红外干扰机的设计和使用考虑

1. 红外辐射源的选择与使用

1) 红外辐射源

为了使红外制导导弹失效,红外干扰机必须产生有效的定向红外辐射脉冲。它使用的辐射源可以是相干的也可以是非相干的,目前红外干扰机所采用的红外辐射源基本上都是非相干源,可分为机械调制光源和电调制光源两类。

干扰机发射的最佳波形和辐射源有关,当干扰机采用大周期时一般使用机械调制光源。它的优点是实现简单,缺点是效率太低,即当利用斩波方式对辐射源进行调制时,阻挡时辐射源的辐射被浪费掉,另一个缺点是干扰发射码难以实时改变。电调制则具有较高的效率,灵活的编码控制,是未来干扰辐射源发展的方向。

2) 干扰辐射源的调制深度及有效干信比

红外干扰机的作用是将欺骗性的红外辐射脉冲加到目标红外辐射特征之中,以达到对导弹的欺骗。在干扰时,红外干扰机的辐射的能量是叠加在目标辐射特征上的,理想的调制应是在干扰发射的脉冲中间,红外干扰机的辐射强度为零。实际上,干扰发射机的辐射脉冲之间的强度不可能完全为零,在无脉冲时仍会有某些辐射存在,对于机械调制系统尤为如此,这对有效干扰显然是不利的。干扰源的辐射效果,可用调制深度(DOM)来做定量处理:

$$\text{DOM} = \left(1 - \frac{I_\text{I}}{I_\text{P}}\right) \times 100\% \tag{5.26}$$

式中:I_I 为脉冲间的波段内辐射强度;I_P 为波段内辐射强度的峰值。

对弧光灯源而言,脉冲间辐射的大小与干扰发射机脉冲的峰值成线性正比,如图 5.6 所示,式(5.26)可写成

$$\text{DOM} = \left(\frac{I_\text{P} - \alpha_\text{m} I_\text{P}}{I_\text{P}}\right) \times 100\% = (1 - \alpha_\text{m}) \times 100\% \tag{5.27}$$

式中:$\alpha_\text{m} = I_\text{I}/I_\text{P} (0 \leqslant \alpha \leqslant 1)$。

干扰发射机的有效干信比定义为

$$\frac{J}{S} = \frac{I_P}{I_{ac} + I_I} \tag{5.28}$$

式中：I_{ac} 为平台的辐射强度。

用 $\alpha_m I_P$ 代替 I_I，式(5.28)可写为

$$\frac{J}{S} = \frac{I_P}{I_{ac} + \alpha_m I_P} \tag{5.29}$$

若 $I_P \gg I_{ac}$，则(5.29)变为

$$\frac{J}{S} = \frac{I_P}{\alpha_m I_P} = \frac{1}{\alpha_m} \tag{5.30}$$

可见，当 I_P 很大时，干扰发射机的效率受其脉冲间的辐射限制。常数 α_m 可小至 0.005，或大至 0.15。由图 5.6(b) 可以看出，当飞机特征强度不变时，对不同的 α_m 值，J/S 是 I_P/I_{ac} 的函数，因此，干扰辐射源可能产生的峰值辐射强度并不是决定 J/S 的唯一参数。

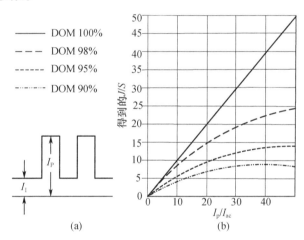

图 5.6 调制深度
(a)调制深度定义；(b)有效干信比 J/S 与 I_P/I_{ac} 的关系。

到达导弹处理电路的有效 J/S 是干扰发射波工作周期的函数。导弹红外探测器探测到的辐射是飞机辐射和干扰发射机辐射叠加后经调制盘调制的辐射。干扰发射机的调制和导引头调制盘的调制共同作用产生新的频率分量，即各种调制的频率分量的和频与差频，处于导弹信号处理电路通频带内的频率分量可以干扰制导导弹的工作。这时，导弹电路通频带中的有效干信比定义为

$$\left(\frac{J}{S}\right)_{\text{elec}} = \frac{I_P}{I_{ac} + I_I + I_{dc}} \quad (5.31)$$

式中：I_{dc}为脉冲以外波形的平均值。

2. 调制频率的选择

为有效干扰目标，来自红外干扰机的干扰信号应能通过导弹的跟踪回路，作用于陀螺转子产生附加进动，使导弹的导引头向虚假的目标运动。只要该干扰调制信号频率始终在跟踪回路带宽范围内，则在干扰信号持续不断的作用下，导弹的跟踪控制信号将偏离"真值"，致使目标脱离导弹跟踪视场，使导弹产生迷盲，从而达到干扰红外导弹的目的。

对于调频干扰信号，干扰机的载频ω_j应接近导弹载频ω，处于导引头第一选放带宽内。Ω_j则要落在其第二选放带宽内，又不能等于第二选放中心频率Ω_0，否则有可能造成在有干扰调制辐射时，起到增强目标红外辐射的作用。因此应使Ω_j的频率变化范围控制在

$$\Omega_0 - 2\pi \cdot \Delta F < \Omega_j < \Omega_0 + 2\pi \cdot \Delta F \quad (5.32)$$

式中：ΔF为导引头跟踪回路的带宽。

3. 红外辐射的定向发射

红外干扰机的作用是把红外辐射叠加到平台上，使进攻中的导弹的光学锁定中断，保护平台免受热寻的导弹的攻击，这就需要把调制的辐射有效地加到来袭导弹上。早期的红外制导导弹主要工作在近红外波段（1.9～2.9μm），平台在这个波段的辐射图案主要是由热的零部件，如尾喷管等产生，导弹的攻击基本上局限于尾部。为对抗这些导弹，早期红外干扰机产生的辐射都与平台的辐射图案相匹配，用一个反射器将具有宽视场图案的干扰发射机的辐射图案投向尾部，叠加在飞机的特征上。

随着工作在中、远红外的导弹的出现，红外干扰机常用的辐射源（弧光灯和碳棒）的辐射效率降低，平台的特征变得突出。同时，制导系统往往具有改进的扫描系统，如圆锥扫描和玫瑰扫描系统，一些导弹具有先进的抗干扰回路，这使得干扰的难度加大。为了对抗新的威胁，未来的干扰机需要定向发射。定向红外对抗系统并不将红外辐射能量辐射到空间的各个方位，而是集中投射到有效部位即导弹上，其最有希望的方法是用一个透射器把能量对准导弹。与宽束系统相比，定向系统要复杂得多，定向系统必须被提示有威胁物，才能把反射器转向导弹，同时使干扰发射不受平台移动的影响。

与宽束系统相比，由于其功率集中在一个较小的立体角内，因而定向系统所需的功率要大大减少，这是它的优点。定向系统的辐射功率为

$$P_j = LA_{ref}\Omega \tag{5.33}$$

式中：L 为干扰机辐射亮度；A_{ref} 为投射系统的孔径；Ω 为投射辐射的立体角。

可以看出，定向红外辐射系统所需的输入功率及辐射功率主要与投射系统的孔径和辐射的立体角有关，对于给定的辐射源和孔径，减小立体角可以直接减少所需的辐射功率，系统所需的输入功率随之减少，在同样的输入功率下，定向红外辐射系统可以达到更强的辐射功率来保证干扰效果。定向系统的主要缺点是需要一个复杂笨重的瞄准系统。

4. 导引头驻留时间对干扰发射的影响

当对红外导引头进行干扰发射时，一个重要的特征值是导引头在目标上的驻留时间。旋转扫描的导引头，除了处于调制盘的不透明调制扇面上之外，它对目标做连续观察，这意味着机载干扰发射的窗口在所有时间都是打开的，原因是干扰发射机的扰动会使章动圆环在部分扫描周期内离开调制盘。

对于玫瑰扫描式导引头，由于这种导引头在目标上的驻留时间很短，占扫描时间的百分之几，因此，干扰的机会就会大大降低。另外，如果扫描式导引头采用脉冲处理技术，会进一步限制干扰发射机的作用。干扰发射机可能会在脉冲之中引入一种偶然的扰动，这种扰动很难起较大的干扰作用。这种脉冲也许能干扰导引头自动增益控制的工作，以及有可能降低导引头及导弹的性能，但产生这种作用的概率非常小。

5.2.5 红外干扰机的关键技术

1. 干扰机理研究

由于干扰原理本身的限制使得干扰机的针对性极强，现有的干扰机对新型的导弹将难于有较好的干扰效果，因此必须不断对世界各国的各种红外制导导弹进行深入研究，及时提供最佳干扰模式，改进和重新装定干扰模式等数据库。

2. 高效、宽光谱的放电光源技术

光源是干扰机的核心部件，其性能和水平在一定程度上标志着干扰机的技术水平。高效是指利用一定的输入电功率最终输出最大的有效干扰功率。这里有两个方面的含义、一是输出的功率本身就大；二是调制深度要足够深，即在不要求光源发光的时刻应尽量减少红外辐射，克服光源的余辉效应。宽光谱是为适应当今红外制导导弹的发展而对放电光源提出的要求。目前的放电光源大都在 $1\sim3\mu m$ 波段效率较高，但在 $3\sim5\mu m$ 波段性能就变得很差，难于满足未来战场的实际需要。

3. 宽光谱高透过率的窗口材料研究

窗口材料也是影响干扰机性能的一个重要因素，其透过率越高，整个系统的能量利用率就越高。世界各国都在力图研制性能更好的窗口材料,以满足更先进的干扰机的需要。

5.2.6 红外干扰机的发展史及趋势

红外干扰机按红外辐射形式分为燃油型、电热型和电光源型三种。燃油型以美国桑德斯联合公司研制的 AN/ALQ-132 为代表,用燃油加热陶瓷棒产生红外辐射并经光机扫描调制后发射实施干扰;电热型以美国桑德斯联合公司研制的 AN/ALQ144、AN/ALQ144A、AN/ALQ144(V)I、AN/ALQ144(V)3 及 AN/ALQ140 为代表,用电能加热陶瓷棒或石墨棒产生红外辐射并经光机扫描调制后发射实施干扰;电光源型以美国诺斯罗普公司研制的 AN/AAQ-8、AN/AAQ-4、AN/AAQ-4(V)及法国汤姆逊公司和 CSF 公司研制的 Remora、Reram 和 Caiman 为代表,用铯蒸气灯、氙弧灯或燃料喷灯作红外源并经电调制后发射实施干扰。但上述干扰机多数只能干扰简单的非成像红外制导导弹,不能干扰成像制导的导弹。此外,多数设备只有一个干扰源,视场和覆盖方位等均难以满足要求。针对上述问题,采取的措施主要有以下两种:

(1) 采用"热砖"干扰技术,即利用燃烧发动机的燃料作红外辐射源,当目标受到攻击时,突然从干扰器喷出一团燃油,延迟一段时间(或距离)后立即燃烧,迅速形成一个模拟目标的巨大辐射源来诱骗来袭导弹。

(2) 采用多个干扰源提供全方位干扰覆盖。

目前美国新型红外干扰机还有:AN/ALQ-147"热砖"红外干扰吊舱,装在固定翼和旋转翼飞机油箱后面,用于对抗 SA-7 和 SA-9 等红外制导导弹;"斗牛士"(Matador)机载红外干扰系统,采用脉冲调制复合码,有 4 个红外辐射源,干扰功率为 6kW;MIRTS 机载红外干扰系统采用 1 个多头蓝宝石灯,模块化结构,工作波长为 $3\sim5\mu m$ 和 $8\sim14\mu m$,全方位干扰;"挑战者"轻型红外干扰系统,是在 ALQ-157 和"斗牛士"基础上研制的紧凑型组件式红外干扰装置;AN/ALQ157 V1、AIV/ALQ157V2 等采用 2 台红外干扰设备,分别装于直升机两侧。

随着红外制导技术的发展,开发多用途红外干扰机,以适应未来作战的需要。当前红外干扰机的主要发展趋势如下:

(1) 不断改进辐射源。开发全红外光谱、高输出功率、高转换效率的红外辐射源。

(2) 采用先进的调制技术以产生更加有效的调制干扰模式。未来的干扰机将具有一个适应性极强的干扰模式数据库,通过干扰编码指令来控制红外干扰辐射,能实现频率上的快速扫描和编码上的快速切换,能对付单个和多个威胁。

(3) 大力发展红外定向干扰机。定向红外干扰是在普通红外有源干扰机的基础上发展起来的,它是将干扰机的红外(或激光)光束指向探测到的红外制导导弹,以干扰导弹的导引头,使其偏离目标方向的一种新型的红外对抗技术。定向干扰机干扰信号方向性较好,能够到达导弹寻的器上的能量较大,即使模式并不匹配,也能起到很好的干扰效果。如果定向干扰进一步缩小束散角,加大能量,提高跟踪精度,将能够对来袭导弹实施致眩或致盲干扰,对空间扫描型、双色及成像制导导弹都有一定的干扰效果,该技术是各国军方极为重视的热点。

与普通的红外干扰机不同,定向红外干扰机将红外干扰光源的能量集中在导弹到达角的小立体角内,瞄准导弹的红外导引头定向发射,使干扰能量聚焦在红外导引头上,从而干扰红外导引头上的探测器和电路,使导弹丢失目标。普通红外对抗技术所用的干扰光源是在大的空间范围内连续发射能量,相比之下,定向红外对抗节省了能量,增加了隐蔽性,不易被敌方探测到,但定向红外对抗是以系统的复杂性为代价的,必须增加导弹报警和跟踪系统。

定向红外对抗(DIRCM)分为相干光定向红外对抗(CDIRCM)和非相干光定向红外对抗(IDIRCM)。非相干光定向红外对抗技术由于不能提供更远的作用距离、更大的灵活性和更高的能量密度,不能有效干扰新一代红外制导导弹(如Band-4/5导弹等)。随着激光技术的发展,将激光应用于红外干扰已经成为光电对抗技术研究的热点。激光定向红外对抗(LDIRCM)系统就是利用激光的定向性、高亮度、快速性、体积小、重量轻等特点而实现对红外探测器的红外干扰。其实,当相干光源是激光时,相干光定向红外对抗就是激光定向红外对抗。

激光定向红外对抗就是利用激光束的相干性,将能量集中到很小的空间立体角内,并采用各种干扰程序或调制手段使敌方的红外探测器,如红外导引头工作紊乱而无法识别目标或锁定目标,从而造成导弹的脱靶。显然,激光定向红外对抗技术有更远的作用距离,在某些特定环境下能够对百千米外的目标实施干扰、致盲甚至于硬破坏,而且所需的激光能量只需要几十毫焦至几百毫焦量级。目前,美国、英国等西方发达国家正大力发展 LDIRCM。实战表明,红外干扰机发射的光辐射越强,导弹偏离飞机的距离就越大。

美国洛拉尔公司的红外定向干扰机采用铯灯作光源,发射非相干红光,光束宽度为15°,在 AAR-44 导弹逼近告警系统引导下,可在360°方位、-70°~+60°俯仰范围内扫描,测量精度优于1°,并能跟踪导弹的相对弹道轨迹,对红外制导导弹实施定向干扰。诺斯罗普公司的"萤火虫"定向红外干扰机采用双红外波束将非相干的氙灯能量聚集在逼近的导弹上,干扰效果较好。先进的非相干定向红外干扰系统对于采用成像型夜视红外传感器的来袭导弹显得无能为力。赖特实验室将改用闭环激光的定向红外干扰技术,通过激光器首先向寻的器附近发射激光能量,并通过分析回波确定红外制导导弹的类型,然后选择最有效的激光调制方式对抗此类红外制导导弹。此系统称为"灵巧定向红外干扰系统",更适于对付各类新型红外制导导弹。定向红外干扰系统和先进威胁红外对抗(ATIRCM)系统是美军重点开发的新型电子战系统,两者在功能上基本相似。系统的控制部分根据红外告警系统提供的真正威胁导弹信息后迅速回转干扰头(红外发射机)盯住威胁导弹并用红外跟踪传感器锁定目标进行定向跟踪。干扰头随后向逼近导弹发射强红外波束或激光并保持一定的时间,迷惑制导寻的器使其无法找到目标从而保护载机。

5.3 强激光干扰

5.3.1 强激光干扰的定义、特点和用途

强激光干扰是通过发射强激光能量,破坏敌方光电传感器或光学系统,使之饱和、迷盲,以致彻底失效,从而极大地降低敌方武器系统的作战效能。它虽然不像"珊瑚岛上的死光"那样神得令人恐怖,但也确有其"神光"般的威力。强激光能量足够强时,可直接作为武器击毁来袭的飞机和武器系统等,因而,从广义上讲,强激光干扰也包括战术和战略激光武器。

强激光干扰的主要特点如下:

(1) 定向精度高。激光束具有方向性强的特性,实施强激光干扰时,激光束的束散角通常只有几十微弧度,干扰系统的定向跟踪精度只有几角秒,能将强激光束精确地对准某一方向,选择杀伤来袭目标群中的某一目标或目标上的某一部位。

(2) 响应速度快。光的传播速度为 3×10^8 m/s,相当于每秒钟绕地球7周半,干扰系统一经瞄准干扰目标,发射即中,几乎不需耗时,因而也不需设置提前量。这对于干扰快速运动的光学制导武器导引头上的光学系统或光电传感器,以及机载光学测距和观瞄系统等,是一种最为有效的干扰手段。

(3) 应用范围广。强激光干扰的激光波长以可见光到红外波段内最为有效,作用距离可达十几千米,根据作战目标不同,可用于机载、车载、舰载及单兵便携等多种形式。

强激光干扰也存在一些弱点,主要如下:

(1) 作用距离有限。随射程增加,光束在目标上的光斑增大,使激光功率密度降低,杀伤力减弱。所以,强激光干扰的有效作用距离较小,通常在十几千米以内。

(2) 全天候作战能力较差。由于激光波长较短,强激光干扰在大气层内使用时,大气会对激光束产生能量衰减、光束抖动或波前畸变,尤其是恶劣天气(雨、雾、雪等)和战场烟尘、人造烟幕等,对其影响更大。

强激光束可直接破坏光电制导武器的导引头、激光测距机或光学瞄瞄设备等，其作战宗旨是，破坏敌方光电传感器或光学系统，干扰敌方激光测距机和来袭的光电制导武器，其最高目标是直接摧毁任何来袭的威胁目标。

5.3.2 强激光干扰的分类

按激光器类型分为 Nd:YAG 激光干扰设备(波长 $1.06\mu m$)、倍频 Nd:YAG 激光干扰设备(波长 $0.53\mu m$)、CO_2 激光干扰设备(波长 $10.6\mu m$)和 DF(氟化氘)化学激光干扰设备(波长 $3.8\mu m$)等。

按装载方式分为机载式、车载式、舰载式、单兵便携式等。

按作战使命分为饱和致眩式、损坏致盲式、直接摧毁式等。

5.3.3 强激光干扰的系统组成和干扰原理

5.3.3.1 强激光干扰的系统组成

强激光干扰系统类型不同，其系统组成也大不相同，但都包括激光器和目标瞄准控制器两个主要部分。单兵便携式激光眩目器一般用来干扰地面静止或慢速目标等，主要由激光器和瞄准器组成。机载强激光干扰系统主要用于干扰地面防空光电跟踪系统，其激光发射器通常与其他传感器，如电视(TV)或前视红外(FLIR)传感器等组合使用。车载强激光干扰系统干扰对象不同，其组成也不尽相同。其中，以干扰光电制导武器为目的的干扰系统最为复杂，通常由侦察设备、精密跟踪瞄准设备、强激光发射天线、高能激光器和指挥控制系统等设备组成。此处以车载强激光干扰系统为例进行介绍。

侦察设备包括被动侦察设备和主动侦察设备。被动侦察设备通常采用激光或红外告警手段，接收目标辐射的激光或红外能量来发现所要干扰的目标，从而实现对目标的捕获与定向；主动侦察设备是通过发射激光束，利用目标反射的激光回波，来实现对目标的精密定向。

精密跟踪瞄准设备通常包括伺服转台、窄视场电视跟踪、窄视场红外成像跟踪、激光角跟踪等精密跟踪设备，综合采用各种手段，实现对干扰目标的精密跟踪与瞄准。

强激光发射天线实际上是对强激光束进行扩束、准直、聚焦的光学系统。为消除大气抖动、湍流等因素对激光传输的影响，激光发射天线通常采用自适应光学技术，通过实时修正可调反射镜，以保持激光束的良好聚焦。

强激光器是强激光干扰系统中最为关键的设备，强激光干扰设备对激光器的要求是：输出功率高，脉宽适当，光束发散小，大气传输损耗低，能量转换效率高，体积小和重量轻。

指挥控制系统是强激光干扰设备的指挥控制中心,它根据被动侦察设备对目标进行粗定向告警的结果,进行坐标变换,引导精密跟踪瞄准设备捕获并锁定跟踪目标,同时控制高能激光器发射强激光束实施干扰。强激光干扰系统组成如图 5.7 所示。

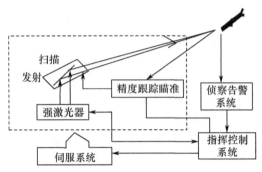

图 5.7 强激光干扰系统组成

5.3.3.2 强激光干扰原理

根据干扰对象和干扰宗旨(致眩、致盲、损坏、摧毁等)的不同,干扰机理和采用的激光器类型也不相同。

1. 强激光破坏光电探测器的原因及破坏程度的影响因素

激光干扰/致盲的主要攻击目标是敌方的光电传感器,包括光学系统、调制器、光电探测器等。有时,强激光也可造成光电探测器后端放大电路的过流饱和或烧断,从而使观测器材致盲、跟踪与制导装置失灵、引信过早引爆或失效等。

光电探测器在设计与制造时,为满足对远距离弱信号的探测,要求尽量提高其灵敏度和信噪比,并选择线性工作范围,线性工作段一般只能提供 3~4 个数量级的动态范围。当它受到强光照射,特别是激光,就会超出光电探测器的线性工作范围,产生记忆、饱和、信号混沌和受激光散射等一系列非线性光学效应。其中,当饱和、混沌效应出现时,光电探测器会暂时失效,这时所需的激光能量低,对于各种探测器均有干扰效应。光电探测器材料的光吸收能力一般较强,其峰值吸收系数一般为 $10^3 \sim 10^5 \text{cm}$,因此入射其上的干扰激光大部分被吸收,引起温度上升,造成不可逆的热破坏[36]。熔化、汽化等永久性破坏需要的能量比较高,将使光电探测器完全失效。

战术应用中,干扰/致盲激光器的发射功率与强激光相比要弱得多,而目标的光学系统、调制器及其他组成材料的损伤阈值很高,抗辐照打击能力很强,战术激光器的发射能量对它们基本没有杀伤能力。相对来说,光电探测器是最薄弱的环节,它的损伤阈值要远远低于光电装备中其他材料的损伤阈值,如 CO_2 连续波激光要使石英玻璃产生炸裂、解理、熔融,辐照强度需要 $1200W/cm^2$,而对于红外探测器,如 PbS、PbSe,它们的抗连续激光打击阈值只有 $0.1\sim1W/cm^2$。因此,战术应用时目标的光电探测器是首选的攻击对象。

1) 强激光破坏光电探测器的原因

当激光辐照探测器时主要会产生光学效应、热学效应与力学效应三种效应[37]。

(1) 激光辐照光电探测器的光学效应,主要包括记忆效应、饱和效应和混沌等。具体如下:

① 光电探测器的记忆效应。以光导型探测器为例,光导型探测器在光照射下电导率上升,上升部分称为光电导。当光停照后,探测器的电导率应恢复原状。实际上,光停照后探测器的电导率与光照前相比下降了,每照一次就下降一次,而且这种下降与光强存在一定关系,称为对光信号的记忆效应。这种记忆效应会影响到由光导材料组成的所有探测器。

② 光电探测器的光学饱和效应。当激光强度超出光电探测器的线性工作范围后,将出现饱和效应。当入射光的功率足够高时,光电探测器的输出信号达到最大值,再增大入射光功率,信号基本上保持常数,称这种现象为光饱和。

③ 光学混沌。激光辐照光电探测器时,光电探测器由于吸收激光辐射能量而升温,从而引起探测器的光伏电压以及内阻有所变化。激光辐射强度超过一定程度以后,造成光生载流子过量,光生电动势平衡了 PN 结扩散电动势,此时光电探测器失去探测作用,相当于一般半导体材料。这种由光伏信号体现的混沌现象可能是光生电动势与 PN 结扩散电动势之间在温升造成的内阻的干扰下所产生的无规律竞争造成的。

(2) 激光辐照光电探测器的热学效应。强激光辐照光电探测器,光电探测器吸收激光能量急剧转换为大量的热能,使探测器表面和体内的温度发生剧烈变化,这将引起光电探测器的温度急速升高,引起光电探测器输出的信号热饱和、探测器内部微结构变化、探测器内部出现热应力和热应变、探测器表面出现熔化和再凝结等问题,这些现象均能使光电探测器遭受不同程度的损伤。激光辐照功率进一步升高,将会使探测器表面发生汽化,溅射材料使探测器表面处形成等离子体云。熔化将造成光电探测器的永久性损伤,饱和将使光电探测器暂时损伤。

① 激光辐照下光电探测器的温升。探测器的温升与激光束的功率、激光重复率、辐照时间、探测器材料的热导率、探测器的厚度、探测器的结构以及探测器材料的热学性能有关,激光束的功率越大,辐照时间越长,温升越大。

② 光电探测器输出信号的热瞬变弛豫。在未达到永久性损伤阈值的强激光

辐照下,光电探测器受到加热而温升,输出的信号达到了热饱和。当激光停止辐照,由于热传导的作用,光电探测器内部的温度没有马上下降,仍处于饱和状态,光电探测器仍不能进行探测。当温度进一步下降到工作温度,探测器才恢复探测。

③ 光电探测器的热损伤和熔凝损伤。光电探测器遭受强度不十分高的激光辐照,温升很高但没达到探测器材料的熔点,探测器表面没发生熔化现象,但是在材料内部晶格某局部或整个晶体内缺陷增多,这种热扩散将使探测器的 PN 结退化,增加了光电探测器的暗电阻,光电探测器对信号光的响应率下降。重要的是,这种热扩散是不可逆的,而且可以积累,使光电探测器受到损伤。激光辐照使光电探测器表面层熔化,原子在熔体中重新分布,激光停照后,探测器表面冷却、固化,当激光重复率较高时,探测器表面出现周期熔凝,使探测器表面出现热应力,出现龟裂和层裂现象,光电探测器受到永久性损伤。

④ 光电探测器的局部损伤。在脉冲强激光辐照光电探测器表面时,半导体中的自由载流子强烈吸收激光能量来不及扩散而使光电探测器局部升温,由此产生的热应变可能引起表面龟裂或击穿产生等离子体等。等离子体在激光束与光电探测器材料相互作用过程中不断将吸收的光能通过与晶格的相互作用转化为晶格的热能,增加了热激发,使自由载流子浓度进一步增加,从而引起电子崩的产生,造成探测器材料的局部损伤。

(3) 激光辐照光电探测器的力学效应。激光辐照光电探测器产生力学效应的第一类机制是光学—热学—力学的非相干耦合。光电探测器内电子和晶格声子等吸收激光能量后首先达到热平和,吸收的激光能量以热统计平均温度表现出来。由于温度分布不均匀和激光持续时间等因素,探测器内产生的热应变和热应力分布也不均匀,导致热应力波在探测器内传播。当某处热应力超过屈服极限时,脆性材料在解理面上将产生裂纹。如果热应力不是很强,随着激光能量增加温度升高,将产生塑性变形,甚至熔化。激光停照后晶体再凝结时可能在解理面方向产生裂纹,也可能在表面出现波纹或褶皱、液滴凝固物等。这些表面形态的形式主要起源于表面受到光的受激散射和激光维持的爆轰波,以及液态表面张力的作用。

基于上述三种效应,可以将强激光对光电探测器的损伤机理概括为热模型损伤机制、缺陷模型损伤机制、电子雪崩模型损伤机制、自聚焦模型损伤机制、多光子电离模型损伤机制和强光饱和模型失效机制等[38]。

热模型损伤机制是指在激光加热下会使半导体材料膨胀或使晶格之间平均距离增大,从而导致电子能带结构以及能带宽带发生变化,半导体材料的带距随着温度升高而减少,与带间跃迁相关的共振项中心波长将向长波方向漂移,也就是说发生红移现象。半导体光电器件的工作波长是在标准温度密度条件下确定的共振项中心波长,如果激光加热发生了红移,则该器件的原工作波长的光谱响应下降,从而影响甚至破坏了其工作性能,这种现象称为半导体器件的热逃逸效应。另外,材料加热使自由电子的热运动加剧、平均动能增加,引起材料的热激活和热激发效应,这也会引起材料的介电常数发生变化,从而改变半导体材料的光学特性。

缺陷模型损伤机制是指在激光加热半导体材料时,使半导体材料急剧升温,当材料中的某个局部区域温度升高到熔化温度时,如果激光能继续以较高的速率沉淀能量,则该局部区域的材料将会熔融而造成局部缺陷损伤。当激光照射半导体材料时将产生空间非均匀的温度场,固体材料各部分产生不同的热膨胀而引起热应力,激光照射后材料迅速冷却和凝固,将使热应力集中的部位形成裂纹,甚至发生局部破裂而造成局部缺陷损伤。当激光照射凝聚态材料时,发生激光吸收和激光能量沉淀,如果不断地吸收激光能量可能使半导体材料熔融并达到汽化温度,使半导体材料表面汽化而造成缺陷损伤。

电子雪崩模型损伤机制是指激光强度达到一定程度时,半导体材料导带中的自由电子通过吸收激光能量发生跃迁,而这种循环往复的倍增过程使导带中的自由电子按指数规律迅速增加,这个过程称为电子雪崩。电子雪崩的结果使自由电子密度很快达到复介电常数实部等于零的临界密度,使该激光透明电介质材料变成了不透明的导电材料。电子雪崩过程也称为雪崩击穿,一旦发生雪崩击穿,将会彻底破坏光学器件。

自聚焦模型损伤机制是指激光在光学材料传播时,有时光束自动变得越来越细,激光束的强度自动变得越来越强,就像通过一个聚焦透镜一样,这种"自聚焦现象"在光束强度达到足够高时,将产生光学器件的破坏效应。

多光子电离模型损伤机制是指激光照射半导体材料时,由于激光电场的作用,处于价带上电子的轨道将要变形。当激光强度很高时,激光的电场也很强,使价带电子的轨道发生非线性变形,使之变成自由电子。这种由于激光电场作用把电子从价带剥离到导带的过程称为场致电离。因为该过程中价带电子同时吸收几个光子并从价带跃迁到导带,因而也称为多光子电离,这种电离将使该材料的介电常数发生变化。

强光饱和模型失效机制是指当照射激光超过器件的最大负载值时,将发生强光饱和现象。对于不同的光电传感器,强光饱和阈值也不同。相对其他几种损伤模型机制来说,强光饱和阈值很小。

2)不同破坏程度的影响因素

激光对CCD的损伤分为软损伤和硬损伤两种。软损伤是指组成CCD的半导体材料中杂质能带的电子吸收激光能量大量向导带跃迁,引起暗电流大量增加从而导致光电器件的功能退化或暂时失效。硬损伤是指对CCD的光电器件的永久性破坏,被破坏器件无信号输出或者出现结构的破坏,如器件中关键部分的热熔融、龟裂、断裂、击穿等。硬破坏的阈值较高,为数千到 1 万以上 J/cm^2,如对于飞机蒙皮和导弹壳体等金属材料的破坏。软破坏所需的激光功率较低,如对光电传感器的破坏就属于软破坏,仅需数十 J/cm^2。

激光对光电探测器的损伤与下列因素有关:激光能量或功率密度、激光波长、重复频率、工作方式、辐照方式、辐照时间、光电探测器类型、辐照面直径、激光在大气中传播距离等。

(1) 不同波长激光对系统破坏部位是不一样的。比如,$10.6\mu m$ 激光照射普通光学仪器、近红外光电仪器时,造成物镜的破坏,而 $1.06\mu m$ 激光则造成目镜系统和探测系统的破坏。

(2) 功率一定的激光武器对不同距离目标会产生不同的杀伤效果。远距离上可致眩人眼,距离近时可以致盲光电设备或烧伤皮肤。

(3) 不同激光能量对光电探测器(如 CCD)的破坏效果是不一样的。国内外给出了一些关于激光辐照 CCD 的软、硬损伤阈值的定义:

① CCD 像元饱和阈值。当入射光的功率或能量足够高时,CCD 探测器的输出信号达到最大值,再增加入射光的功率或能量,CCD 输出信号幅值基本上保持不变。此时对应的入射光功率或能量密度称为 CCD 像元饱和阈值。当 CCD 靶面上的激光功率或能量密度大于其像元饱和阈值,CCD 探测器在该像元处所探测的目标信号无法恢复和提取。

② 局部受光辐照时的 CCD 饱和功率密度阈值。当强光照射 CCD 的光敏面的局部,整个输出达到饱和所需的激光功率密度称为局部受光辐照时的饱和功率密度阈值。

③ 局部热饱和功率密度阈值。当强光辐照 CCD 局部时,使整个 CCD 温度升高到不低于 86℃ 时所需的入射光功率密度。

④ CCD 探测器的局部损伤阈值。当入射的激光功率足够高,以至于 CCD 探测器被辐照区域像元发生不可逆转的损坏,不能再成像。此时的功率密度就是局部损伤阈值。从 CCD 饱和到出现损伤的激光能量范围相差很大,存在 5 个数量级的差别。

⑤ 直接破坏阈值。当入射的激光束使铝栅极膜产生影响铝导体的某些电学性能(如电导率或电阻值等)时,对应的最小功率密度。

⑥ 视见损伤阈值。激光与 CCD 相互作用后能使组成 CCD 的材料表面产生明显可见的被损伤区域的最小激光能量密度。

⑦ 热熔融阈值。激光致使 CCD 器件产生物质蒸汽或溶液喷溅的最小能量密度。

⑧ 光学击穿阈值。引起 CCD 探测器物质中原子或分子的激发和离化,形成

高温高密度的等离子体的最小功率密度。

2. 对红外成像和电视导引头的干扰机理

1) 采用的激光器类型

对于红外成像制导导引头,采用激光波长与其工作波段($3\sim5\mu m$ 或 $8\sim12\mu m$)相近的 DF($3.8\mu m$)激光器和 CO_2($10.6\mu m$)激光器,对其实施干扰最为有效。激光束进入红外成像制导导引头,经过其光学系统聚焦在探测器的一个像元上,能量足够强时,即引起该像元损坏。

电视制导导引头通常采用 CCD 器件为探测器,工作在可见光波段,采用 Nd:YAG 激光器(波长 $1.06\mu m$)或倍频 Nd:YAG 激光器(波长 $0.53\mu m$),对其实施干扰最为有效。

2) 干扰机理

(1) 激光对 CCD 的软损伤效应。当激光对 CCD 进行软损伤时,主要表现在 CCD 的光学性能退化和电学性能退化,其中光学性能主要包括光饱和、光饱和串音、点扩散函数(PSF)和调制传递函数(MTF)等,电学性能主要包括伏安特性曲线变直、电阻率下降、漏电流和基底电流的增长及击穿电压降低等。

① 光饱和是指当达到一定阈值强度的激光辐照 CCD 时,CCD 被光照射的区域出现局部饱和,信号输出为最大值。而光饱和串音是指用激光辐照 CCD 的局部时,不仅被辐照区达到饱和,未被光辐照的区域也有信号输出,而且当辐照的激光足够强时,最终整个 CCD 都将处于饱和状态的现象。在未被辐照区开始只是在电荷传输方向出现亮线,当继续增强光强时,亮线将不断增大,最终达到整个 CCD 的光敏面。出现光饱和串音的现象的原因是由于 CCD 的光敏元是并行的,它的转移传输元却是串行的,各元之间用沟阻隔开,基底却是在一起的。可以认为,CCD 的每个像元等效于一个电容,当其结构确定后,势阱中所能容纳和处理的最大电子电荷数就是一定的,当强激光辐照 CCD 的局部时,CCD 的光积分时间极短,为几微秒到几百微秒,而光生载流子产生时间却只需几皮秒,这就使得光生载流子有足够的时间向邻近势阱发生"溢流"现象。激光对 CCD 的软损伤另一个主要表现是发生点扩散函数(PSF)和调制传递函数(MTF)的退化。当用 Nd:YAG 脉冲激光辐照面阵 CCD 时,增大激光能量密度到一定程度时,在辐照区和非辐照区均出现了 PSF 和 MTF 从破坏中心向阵列边缘软化的现象。导致这种现象的原因是由于激光辐照造成沿多晶硅时钟线的势阱降低,当一个满的电荷包传输通过这些破坏了的时钟线时,被传输的电荷包被分成许多小电荷包,从而使得沿电荷运动方向的 PSF 扩大,而破坏区的 MTF 将明显降低。简单地说,光学性能退化主要是源于光电效应的作用机理,即强光照射时,产生了过多的电荷,势阱放不下,多余电荷向邻近势阱扩散,造成邻近像素被干扰。

② 热作用。CCD 探测器被激光在瞬间加热,获得的巨大能量在短时间内无法传递出去,导致 CCD 探测器局部迅速升温,直至 CCD 探测器失效。

(2) 激光对光学系统的损伤。激光除了可以损伤光电传感器外,还可以损伤整个光学系统。目前,大多数的光学系统都有透镜聚集入射光线,投射到光电传感器上。这说明,传感器容易遭到激光损伤,这不是因为传感器材料本身的损伤阈值低,而是光学系统的高光学增益所致。在光学系统中,光电传感器可能并不是入射激光唯一会聚的地方,在整个光路上还会在其他位置有高光学增益。当强激光入射时,不仅可以造成光电传感器损伤,而且可以使其他光学元件损伤。例如,在红外点源制导导引头的光学系统中,调制盘非常接近焦平面,而探测器并不处于焦平面上,这时调制盘处就具有最大的光学增益,也最容易受到激光的损伤破坏。光学玻璃是光学元件的基本材料,当强激光瞬间照射到光学玻璃表面时,光学玻璃温度迅速升高,出现热损伤,在玻璃表面形成裂纹或者发生破裂现象。温度达到熔点时,光学玻璃开始熔化,这样,整个光学系统就会立即失效。

在实际强激光干扰中,并不需要把所有元件都破坏。比如,干扰红外点源制导导弹时,薄弱元件是调制盘、滤光片和探测器。温度升高,会导致滤光片透过率下降,探测器灵敏度下降,那么可能只需要较低的干扰能量就可以实现有效干扰。

(3) 干扰自动增益控制。实际上,强激光对导弹的干扰对象有信号处理器和目标的光学传感器。前面论述了如何用一定的激光功率直接使红外探测器饱和或致盲,现在将讨论如何通过破坏信号处理电路中的自动增益控制时间常数,使信号处理器无法正常工作。

由于导引头信号处理中的 AGC 的作用是保持信号电平在某一常值,接收到的信号的动态范围取决于目标的特征,其信号随方位角和作用距离而变化,当目标临近信号增强时进行增益调节,输出幅值近似恒定,以降低导引头对云雾、地物及太阳等干扰的噪声灵敏度。根据 AGC 响应时间,调节干扰激光的脉冲频率,在一个工作期内,尽可能地压制导引头正确的目标跟踪信号,然后突然撤去定向干扰激光,此时,AGC 将增加增益电平把目标信号增至其工作范围,当下一个脉冲激光辐射出现时,导引头信号就会出现饱和现象,如果激光脉冲辐射信号电平大于目标信号电平,则对 AGC 的干扰将会导致导引性能的下降甚至丢失。

自动增益控制回路有时间常数和动态范围两个重要指标。时间常数的选取与红外辐射的调制方式有关,一般在点跟踪体制的红外制导导弹中,对目标红外辐射的调制频率较低,AGC 时间常数较大;而对于红外热成像装备或成像制导导弹来说,数据率较高,AGC 时间常数小。动态范围的选取与目标特性、信号随目标姿态角的变化和与目标间距离有关。由于红外激光源的功率密度远大于红外目标的辐射功率密度,因此由激光照射产生的信号幅度将大大超出 AGC 的动态范围。对自动增益控制的干扰方法:按照与 AGC 的时间常数相对应的周期打开和关闭干扰激光源,在无激光信号时,导引头或成像设备的主放大器增益在 AGC 作用下将处于高增益状态,把目标信号提高到工作范围内,这时如突然加入强功率干扰激光信号,AGC 时间常数则因来不及反应,使其输出信号被迫处于饱和状态,从而使信号处理通道处于错误的工作状态,达到干扰的目的[39]。

(4) 对波门跟踪的干扰。波门跟踪在跟踪视场内都将设置一个波门,波门的尺寸将稍大于目标图像,波门紧紧套住目标图像。波门的作用是只对在波门以内的信号当作感兴趣的信号予以检出,而摒除波门以外的其他信号,这样可减小计算量及排除干扰,波门实际上起到了空间滤波的作用。对波门跟踪而言,干扰光电成像制导武器的跟踪波门会是一种相当有效的干扰方式。跟踪波门在工作时始终套住跟踪目标,此时,如果使激光干扰亮带掠过跟踪波门或直接打在跟踪波门里,当干扰激光的成像亮度大于目标成像亮度时,则波门就会套住干扰激光的成像从而失去目标。对波门跟踪的干扰其实也是干扰信号处理器,使其得到错误的跟踪位置。

波门跟踪方法主要包括质心跟踪和相关跟踪。干扰质心跟踪时,激光干扰会破坏跟踪系统对质心的计算,从而破坏跟踪精度。对于一个跟踪系统来说,每一个跟踪系统都有一定的跟踪精度要求,如果跟踪精度达不到所要求的精度时,干扰成功,跟踪失败。当激光辐照时,激光的成像将和波门内的目标像一起参与质心运算,从而使质心偏离原来的跟踪点。在末制导阶段,当偏离的距离超过允许的跟踪距离时,跟踪将无法进行,制导功能失效,实现成功干扰。

干扰相关跟踪时,激光的干扰使相关值的极值点偏离正确瞄准点。相关跟踪的匹配定位误差和匹配概率是两项比较重要的指标。由于各种因素影响,给图像引进了噪声,同时由于两幅图像是不同时间的前后两帧图像,这样都会使实时图与模板图之间存在差异,特别是有干扰存在时,这两幅图像差异相对就会更大,经过相关运算后,实际瞄准点与正确匹配点之间可能会产生偏差,这就是匹配误差。同时,对相关曲面值而言,由于存在噪声,极值点位置的确定是有一定的概率的;当确定一定的匹配精度时,匹配概率才能确定。匹配精度指的是相关值的极值以一定概率(匹配概率)发生在准确点附近的可能范围。相应地,匹配概率则为相关值的极值出现在定位精度范围内的概率。由此可见,匹配概率和定位精度有着非常密切的关系。激光干扰将影响跟踪系统的匹配定位误差和匹配概率。对于定位误差的影响主要是激光干扰的存在将使相关值的极值点偏离正确瞄准点的程度增大;对匹配概率的影响主要是激光干扰的存在对相关曲面的影响,相关曲面的尖锐程度影响着匹配概率大小。实验显示,当干扰激光的成像位于跟踪器的波门内时,目标丢失,而当激光成像在波门外,只要激光并未对 CCD 造成饱和,则跟踪系统能稳定跟踪目标;或者当增大激光能量,CCD出现饱和甚至饱和串音时,当串音后的干扰图像进入跟踪系统的波门内,目标也会丢失。实验中也发现,如果脉冲激光持续时间过短,波门只是稍有晃动,但还能套住目标,这是由于跟踪系统具有记忆、预测跟踪能力,能够凭借记忆和预测能力重新捕获目标。这就要求脉冲激光的持续干扰时间一定要足够大,如保持干扰数十帧以上的时间,这样才能彻底使导引头失去跟踪制导能力[40]。

概括地说,对波门跟踪干扰成功的条件是:①干扰脉冲进入跟踪波门,或者波门外,只要CCD未饱和,正常跟踪,但出现饱和串音时,串音后的干扰图像进入波门,目标丢失;②亮度大于目标亮度;③保持一段时间。

3. 对激光导引头和测距机的干扰机理

导引头探测器件通常采用四象限PIN硅探测器,其工作波长为$1.06\mu m$,对其实施强激光干扰,采用波长为$1.06\mu m$的Nd:YAG激光器最为有效。强激光束进入激光导引头光学系统,聚焦后照在四象限探测器上,当能量足够强时,引起探测器饱和或损坏。由于PIN硅探测器为半导体结型光电器件,所以,当激光辐照光电探测器时,半导体材料由于吸热而损伤,同时也伴随着应力、熔化和汽化等现象,造成光电探测器光敏面有裂纹、熔化坑和汽化坑,飞溅物附着在坑周围表面,且有响亮的炸裂声。概括地说,光电探测器破坏或性能下降的原因有两个:一是光敏面面积减小,使响应度降低;二是光敏面破坏,造成光电探测器暗电流上升、反向电阻下降以及噪声增大等。

激光测距机通常采用Nd:YAG激光器(波长$1.06\mu m$),其探测器件为硅雪崩光电二极管,对其实施强激光干扰仍然可采用波长为$1.06\mu m$的Nd:YAG激光器。

4. 对侦察卫星的干扰机理

由于在实际应用场合,如侦察卫星中探测器系统通常处于很高的轨道,为保证远距离探测精度,一般要求探测系统具有较小的视场角。例如,美国的MSTI-3卫星的探测器视场角为$1.4°$,俄罗斯的"阿尔康"1卫星的探测器视场角更小,约为$0.5°$。在如此小的视场角条件下,激光即使能始终对准远程目标(如卫星),也很难保证激光能进入到卫星探测器的视场角内。同时,远程激光必然会受到大气效应的作用,发生光束漂移等现象,这也导致激光难以正对CCD入射。当激光束从探测系统的视场外入射时,激光束的几何像点应落在CCD芯片之外,这种情况下的激光束能否顺利实现对探测器的干扰呢?

在视场外激光干扰效应的研究中,主要需考虑两种光学现象:一种是激光束通过光学系统时的衍射效应;另一种是激光的散斑干涉效应。当然光学镜头内壁会对入射激光具有漫反射作用。因此,即使在视场外,由于衍射效应,也总是还会有一部分激光能量落在处于视场内的CCD芯片上,如果入射激光的能量或功率密度足够强,视场外辐照也会对CCD造成饱和。

在视场外激光干扰中还存在第二种光学效应——激光散斑干涉效应。许多光学元件都不可避免地存在许多杂质、缺陷或者微小气泡,光学元件表面相对激光波长而言是相当粗糙的,这些杂质或气泡即为散射中心。如图5.8所示,当激光束入射到这种光学元件如CCD照相机的内壁时,光束会发生散射现象,这种散射光并没有具体的方向。为简化起见,设有A、B两个散射中心,由这两点散射的光束在空间传播会产生干涉现象。当A、B两点散射的光线在CCD的表面上相干叠加时,产生增亮的干涉或者变暗的干涉。由于镜头内散射中心分布不规则,且这种散射中心是大量存在的,它们的散射光在CCD表面形成非常不规则的亮暗相间的斑点,如图5.9所示。这种散斑其密度在空间分布上是随机的,当这些散斑成像在CCD光敏面时,CCD输出的图像会有许多小的白斑,而且随着激光能量或功率的加大,光的散射也会加大,散射光斑干扰CCD也会越厉害。当激光能量继续增大到一定量时,在有激光散斑的CCD光敏面上,CCD光敏元将处于饱和状态,此时CCD将不能正常工作。

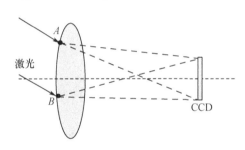

图5.8　CCD芯片上激光散斑效应原理图　　图5.9　CCD芯片上激光散斑图

相对激光视场内辐照会出现"亮带"而言,由于大量的光斑漫射在CCD屏幕上,这种全屏饱和状态将会比"亮带"更容易出现。这是因为不足以导致出现"亮带"的激光能量可以使每个光斑点出现局部饱和,并由此导致CCD整个屏幕变得"漂白"。

5. 对光电系统操作人员眼睛的干扰机理

1) 激光对人眼的损伤[41]

人眼中最易受到激光损伤的组织是视网膜和角膜,图5.10为人眼的基本结构。损伤部位和程度取决于激光器的各项参数。这些参数主要有激光波长、激光输出功率、激光入射角度、激光脉冲宽度和光斑直径等,当然损伤程度也与人眼的瞳孔大小、眼底颜色深浅等有关。

波长在$0.4 \sim 1.4\mu m$范围的激光最容易导致视网膜损伤,其中以波长$0.53\mu m$

的蓝绿激光对人眼的伤害程度最大。这主要有以下三个方面的原因:①人眼是一个光学系统,它的透过率曲线如图 5.11 所示。可以看出,人眼对该波长范围的激光有很好的透过率。例如,波长为 $0.53\mu m$ 的倍频掺钕激光的透射率约为 88%,而对 $10.6(CO_2$ 激光)的透过率极低。②视网膜对该波长范围内的激光有良好的吸收率。激光对视网膜的伤害与吸收率密切相关,吸收率越大,视网膜的损伤越严重。所以,视网膜受损程度是由眼睛光学系统的透射率与视网膜吸收率乘积,即视网膜有效吸收率来决定。例如,视网膜对波长为 $0.53\mu m$ 的倍频掺钕激光、波长为 $0.694\mu m$ 的红宝石激光和波长为 $0.488\mu m$ 的氩离子激光的有效吸收率分别为 65%、54%、56%。所以,这三种激光都会对人眼的视网膜造成严重损伤。由于血红蛋白吸收峰值为 $0.54\sim0.57\mu m$,因此,$0.53\mu m$ 激光对人眼视网膜的损伤最严重。③人眼具有高光学增益,高达 10^5 倍左右,若在角膜入射处的光功率密度为 $0.05mW/mm^2$,则到达视网膜时剧增至 $25W/mm^2$。如果入射光先经过光学系统(望远镜、潜望镜等),再进入人眼,则光学系统的聚焦作用使人眼损失更大。所以,人眼能将入射的激光会聚到视网膜上,引起视网膜烧伤,是视网膜损伤的关键因素。

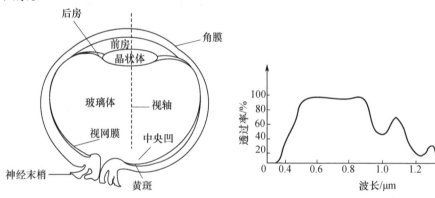

图 5.10 人眼的基本结构　　图 5.11 眼睛光学系统的透过率与波长的关系

使角膜损伤的激光波长主要是 $1.5\mu m$ 以上的红外激光,这是因为人眼对该波长范围内的激光透过率很低,但角膜组织内的水分会强烈地吸收入射激光,造成角膜的热损伤,而对视网膜几乎不会造成损伤。

视网膜上黄斑处最易遭到损害,导致其损伤的激光能量密度阈值为 $0.5\sim5\mu J/cm^2$。因此,人眼的安全限值是很低的,即便是对功率并不太大的激光源,也必须重视对其的防护。

对于特定波长的激光,强度越高,对人眼的损伤就越厉害。不同强度的激光束对人眼损伤的几种不同等级的现象:

(1) 致眩，俗称眼花。很低的激光能量即可导致视觉对比度的敏感性下降，持续数秒至数十秒，称为致眩。致眩是视网膜受激光作用的热化学或光化学反应，使得视觉功能暂时失常，这时人眼没有受到永久性损伤。

(2) 闪光盲。人眼受到明亮的闪光时，会引起短时间的视觉功能障碍，即看不清或看不见东西，称为闪光盲。视网膜组织有一种称为光色素的物质，它吸收可见光并转换为视觉信号。若入射可见光相当强，使光色素受到损害，则产生脱色效应，暂时丧失感受光线的能力，导致闪光盲。一般经过数分至数十分钟，光色素再生后视力即可恢复。人眼瞳孔在白天比较小，发生闪光盲时入射光强度较大，往往同时导致眼睛的损伤。激光辐照已停止，眼睛隐隐约约仍感到有光像活动，称为"视觉后像"，通常伴随很强的闪光盲一起发生。闪光盲所需的激光能量比致盲所需的还要小。

前面论述的光电传感器也有类似的闪光盲效应，当照射激光强度超过某一阈值时，传感器会暂时失效，过一段时间又会恢复到照射前的水平。对于光电制导武器来说，当光电导引头的传感器遭到激光照射而暂时失效几秒时，就已经使精确制导武器失去了制导能力。利用光电传感器的闪光盲效应，可以对光电跟踪、观瞄装备和光电制导武器进行激光"软"杀伤，达到破坏其功能的目的。

(3) 致盲。聚焦激光束作用于视网膜，使之升温发生局部烧伤或光致凝结，即感光细胞发生凝固变性，被烧死而失去感光作用，使视觉受到不可恢复的永久性损伤，甚至不同程度地部分失明。黄斑区的视网膜很薄，最易受到损伤。

(4) 破坏。更高强度的激光辐照可导致视网膜和玻璃体出血，若光斑落入黄斑部位使感光细胞烧伤或出血，可导致永久性失明。在很强激光作用下，视网膜迅速汽化，急剧膨胀，甚至引起眼球爆炸，使整个眼球受到破坏。

需要说明的是，在战场上并不是所需激光的强度越高越好，首先激光强度太高会增加激光武器的功率要求，另外没必要对人眼造成严重的损伤。激光致盲不仅可以造成眼组织损伤，使敌方作战人员视力变差，从而不能瞄准或读出仪表数据，失去分辨能力，同时也会给敌方作战人员造成强大的心理威慑作用，并因此降低或丧失战斗力。总的来说，伤害人眼所需的激光能量和对光电传感器的损伤相比，要低1个到几个数量级。

2) 激光器的选择

根据要作用的部位，选择不同的激光种类。

(1) 以眼底为主要杀伤对象时应选用可见的绿色激光，如波长为 $0.51\mu m$ 的氪激光、铜蒸气激光和波长为 $0.53\mu m$ 的倍频 YAG 激光。假如考虑到可见光易暴露己方位置，则可以选用近红外激光（大部分可到达眼底被吸收），如波长为 $1.06\mu m$ 的钕激光等。由于 YAG 激光既能以 $1.06\mu m$ 的波长输出，倍频后又能输

出 $0.53\mu m$ 的激光,因而成为较佳的选择对象。

(2) 以角膜为主要杀伤对象时,应选用输出波长为 $0.337\mu m$ 的氮分子激光等紫外激光,或者波长为 $10.6\mu m$ 的 CO_2 激光等中、远红外激光。这类装备一般不易造成人眼永久性致盲,照射时敌方人员对其反应较慢,不易马上被发觉。

(3) 以屈光介质晶状体等为主要杀伤对象时,应选用红外激光,敌方人员对其反应比绿色激光要慢,但比紫外激光快。

3) 确定激光辐射方式

(1) 不可见光不易暴露,可以选用连续辐射,因为作用时间越长,杀伤越厉害,但连续辐射功率往往不高。

(2) 可见光若连续辐射易被敌方发觉,尤其夜间,最好采用脉冲激光。脉冲激光虽然作用时间短,但脉冲功率很大,同样可以达到杀伤目的。

(3) 脉宽越窄,脉冲峰值功率越高,瞬时破坏,尤其"机械"破坏作用越强。

6. 高能激光武器

前面所述的强激光干扰都属于致盲低能激光武器,主要是破坏信号处理电路,以及使红外探测器、调制盘或光学系统产生物理损伤。随着激光技术的发展,采用强激光束直接击毁任何来袭威胁目标也必将成为现实。高能激光武器是利用高能量密度的激光束代替常规兵器中的子弹、炮弹的一种新型武器,它是定向能武器之一。自它问世以来,已广泛用于陆、海、空三军。美国、英国、法国等西方发达国家和俄罗斯都有多种型号装备。这种被人们称为"死光武器"的激光武器是电子战中电子进攻的重要手段。

利用激光作武器具有其他武器所无法比拟的优点:①使用成本低。用激光击毁 1 枚正在飞行的几百 km 远的巡航导弹或 1 架飞机,其成本只有 1000 美元左右;损坏 8km 远的光学传感器,如敌人测距机等,其成本只相当于 1 颗步枪子弹价格,因为它们消耗的仅仅是化学能或电能,不消耗昂贵的设备。②隐蔽性好。使用激光武器前,往往通过红外侦察等无源侦察设备实施探测、跟踪、定位。也就是说,在激光武器发射激光之前这种攻击隐蔽,敌方毫无觉察,隐蔽性好,突然性强,一旦发出激光即可置敌方于"死地"。③攻击速度高。由于激光几乎是直线传播,不像枪、炮那样需要弹道修正、风速修正;同时由于光的传播速度为 $3\times10^5 km/s$,即使要击毁一枚 300km 以外以马赫数 1 速度飞行的巡航导弹,光从发射到击毁目标所需时间只需 1ms,而导弹在 1ms 内只向前位移 30cm 距离,因而无需像常规武器那样打提前量。④反应快。从发出命令到发出激光所需时间约几百微秒,此时导弹几乎没有发生位移;当需要击毁多目标时,只需要转动有关反射镜即可实现从一个目标转向另一个目标。反射镜是比较小的部件,转动十分灵活,因而战术反应既灵活又快捷。即使是大型化学激光武器,每次填充更换化学燃料也只有几分钟时间,是发射 1 枚反弹道导弹所需要准备时间的 1/10 或更少。⑤自动化程度高。运用激光武器往往结合其他高科技技术实现侦察、识别、跟踪、定位直到发射激光一体化,全过程自动完成,无需人工参与。除上述几个突出优点之外,它还可避免后坐力、大喷火尾焰、作战人员多和污染等其他常规兵器可能产生的弊端。正因为有如此多优点,才使世界各国不惜高昂代价进行种类繁多的激光武器应用研究。

高能激光武器以摧毁为目的,工作介质可选用氟化氢或氧碘激光器等。随着工作介质不同,发出的激光波长也不同。按工作介质物理状态,可分为固体激光器和气体激光器,如发出波长为 10.6μm 的 CO_2 激光器就是气体激光器,YAG 激光器则是固体激光器;从提供能源方式命名,称氟化氢和氧碘激光器为化学激光器,因为它们是通过化学反应而获得需要的激光能量。高能激光武器又可分为反卫星、反天基激光武器及反战略导弹等战略激光武器和用于毁伤光电传感器(包括人眼)、飞机及战术导弹等战术激光武器。

尽管高能激光武器的优点非常突出,但在实际运用中并不是什么场合都合适的。在 5km 的距离,使 HgCdTe 探测器饱和所需的激光能量较低,只有几十毫瓦,而要使它损伤则需几百千瓦,这么高的能量是战术激光器所无法提供的,只能利用高能化学激光器才能达到。但化学激光器的体积庞大,无法应用于飞机等机动平台。可见,在今后一个时期内,致盲低能激光武器的应用将更加广泛。

5.3.4 强激光干扰的关键技术

强激光干扰以其优异的特性受到人们的关注,是当前军事技术发展的一个热点。主要关键技术有高能量、高光束质量激光器技术、精密跟踪瞄准技术、抗辐射激光束控制发射技术、激光大气传输效应研究及自适应光学技术。

1. 高能量、高光束质量激光器技术

高能量、高光束质量激光器是强激光干扰系统的核心。因为强激光干扰系统是通过激光器发射强激光来实现对目标的干扰和破坏。而激光输出能量和束散角是激光器的两个最重要的指标,激光束远场处的光斑尺寸与激光束的传播距离和束散角成正比,而光斑面积则与距离和束散角乘积的平方成正比,因此,激光远场处的激光能量密度与距离和束散角乘积的平方成反比,与激光器的初始输出能量成正比。在激光技术上,选用非稳定谐振腔设计技术,是提高激光光束质量的有效方法。采用板条 Nd:YAG 激光器、TEA 电激励 CO_2 激光器、气体 CO_2 激光器、DF 化学激光器等是实现高能量激光输出的最有效途径。在选择和研制激光武器时,还应考虑的因素包括激光波长应位于大气窗口、质量轻和体积小等。

2. 精密跟踪瞄准技术

对于任何武器系统来说,目标探测、捕获和跟踪都是首要任务。强激光干扰系统对跟踪瞄准精度的要求则更高。由于激光武器是用激光束直接击中目标造成破坏,所以激光束不仅应直接命中目标,而且在目标上停留一段时间,以便积累足够的能量,使目标破坏。对于空对地等运动较快的光电威胁目标,强激光干扰设备的跟踪瞄准系统还应具有较高的跟踪角速度和跟踪角加速度。通常,强激光干扰系统的跟踪瞄准精度高达微弧度量级,当前微波雷达是无法达到的。因此,需采用红外跟踪、电视跟踪、激光角跟踪等综合措施来实现精密跟踪瞄准。目前,激光雷达是国外重点发展的跟踪系统。

3. 强激光发射天线设计技术

强激光发射天线是干扰设备中的关键部件,它起到将激光束聚焦到目标上的作用,发射天线通常采用折反式结构,反射镜的孔径越大,出射光束的发散角越小。但是,孔径过大,制造工艺困难,也不容易控制。反射镜制作还应考虑重量轻、耐强激光辐射等问题。

4. 激光大气传输效应研究

大气对激光会产生吸收、散射和湍流效应,湍流会使激光束发生扩展、漂移、抖动和闪烁,使激光束能量损耗,偏离目标。研究大气对强激光传输的影响,以便采取相应的技术措施进行补偿,使大气对激光传输的影响减少到最低限度。

5.3.5 强激光干扰的发展史及趋势

便携式激光致盲武器的典型代表是洛克希德公司为美国陆军研制的 AN/PLQ-5,可以配备在 M-16 步枪上,它能致盲人眼、探测和破坏光电传感器。

车载式激光致盲设备主要装备在坦克和装甲战车上。其中典型代表是美军 Stingray "魟鱼"激光武器系统,它安装在装甲战车上,利用低能激光器探测、精确定位并摧毁敌方光学及光电火控系统。采用二极管泵浦的板条形 Nd:YAG 激光器,输出能量达 0.1J 以上,可破坏 8km 远处的光电传感器,并能伤害更远处的人眼。Outride "骑马侍从"车载激光致盲武器系统是在"魟鱼"的基础上发展起来的,其光电系统被集成到一个高机动性多用途式战车内,用于侦察、识别和警戒及支援地面部队。

机载式激光致盲设备主要从空中进行干扰,对地面和水面目标进行致盲干扰,也可与地面和水面系统协同作战,加强防御实力。比较有代表性是由西屋电气公司制造的美军 Coronet Prince "贵冠王子"机载激光系统,该系统装备在飞机上,主要用于破坏地基光电跟踪系统。它采用板条形 Nd:YAG 激光器,输出功率比"魟鱼"系统高,作用距离更远。

当前强激光干扰的主要发展趋势如下:

(1) 高重复频率、高平均功率激光器用于战术激光武器(软破坏),平均功率上万瓦到 20 万瓦级,重频为百赫兹至千赫兹,重点发展 1.06 μm 固体激光器和

10.6μm 的 CO_2 激光器。

(2) 可实时编码的中等功率激光器主要用做欺骗激光干扰机光源,输出峰值功率大于几兆瓦至数十兆瓦,波长大多为 1.06μm 和 10.6μm,实时编码,重复频率为几十至几百赫。

(3) 可调谐激光器可用于激光干扰机或激光致眩武器,波段可调范围为 0.4~0.9μm、3~5μm 和 9~11μm。

(4) 高功率光纤激光器。传统的致盲激光器具有体积较大、转化效率低、稳定性差等不利之处,高功率光纤激光器的发展弥补了上述不足,虽然传统的光纤激光器一直用在通信领域,但高功率光纤激光器的军事应用也不失为一种可能[42]。高功率光纤激光器是国际上新近发展的一种新型固体激光器件,具有散热面积大、光束质量好、体积小巧等优点,同常规的体积庞大的气体激光器和固体激光器相比有显著优势,可考虑将其用于机载,在受到敌方攻击时作为自卫性武器,对敌方飞行员实施激光眩目甚至损伤,取得战斗的主动权。需要克服的技术难点包括:①光纤激光器的作用距离受到输出功率的限制,仅在百米左右,随着输出功率的提高逐渐达到千米量级。因而如何得到较高的发射功率是问题的关键所在,这也使得多芯光纤激光器以及光纤激光器相干组束技术的研究更加迫切。②对致盲距离的改善还可以通过光束发散角的减小来实现,这也是光纤激光器优于其他传统激光器的重要方面。光纤激光器出纤光束发散角约 mrad 量级,可通过大口径的光束变换系统进一步减小输出光束的发散角,从而提高致盲距离。

(5) 近年来,以美国为首的西方国家在强激光武器研制方面取得了飞速发展。广泛研究了强激光武器在天基、陆基、机载、舰载和车载等多种平台搭载的反导弹、反卫星和防空等多种作战领域的应用,各项关键技术取得了重大的进展,完成了多项演示验证试验,部分已经具备实战部署能力。以美国为例[43],其强激光武器发展计划以及相关的基础研究和探索性研究主要包括以下五个方面:

① 弹道导弹防御局和空军的天基激光武器计划。天基激光武器的主要目的是在全球范围内对付由携带化学和生物弹头的弹道导弹袭击所造成的不断增长的威胁,它还可用于防御巡航导弹和远程战略轰炸机。为此,美军构想了天基激光武器(SBL)计划。该计划建立在里根时代的"战略防御倡议"的基础上,其目标是击落助推段的洲际弹道导弹。天基激光武器的关键技术主要是大功率激光器、大型反射镜和光束控制系统。目前,这些关键技术都已得到验证,预计将在 2020 年前后部署作战型 SBL 系统。第一步,在空间部署一个由 30°倾角的 12 个平台所组成的最小星座;第二步,在空间部署一个由 18 个平台构成的星座,可对感兴趣的战区提供全面的覆盖;第三步,在空间部署一个由 24 个平台构成的星座,将能实现连续的全球覆盖。SBL 面临的技术挑战是:它不能像 ABL 那样载很多化学燃料入轨;

精确发射要求更坚固、重量更轻的激光器;为扩大作用距离,需一部面积更大、发射时可折叠的反射镜;除自载的红外搜索和跟踪装置外,SBL 还需从天基红外系统、地基与机载传感器获取信息。

② 空军的机载激光武器计划。机载中程激光(ABL)武器是美国空军正在大力发展的硬杀伤激光武器,在空军优先装备发展清单上仅排在 F-22 空中优势战斗机之后。ABL 的载机(军用 747 运输机)将在接近战区前沿的空域飞行,用红外搜索与跟踪装置监视敌方战区弹道导弹的发射。当导弹处于助推段并上升到云层之上时,ABL 将把激光束聚焦在导弹助推器的蒙皮上,引起导弹爆炸。2007 年,ABL 的主要任务是进行一系列低功率的飞行试验,并开始高功率激光器与飞机的集成工作。ABL 低功率飞行试验是 ABL 发展历程中非常关键的一步,主要使用装备包括一个固体电激光器以及一架"大乌鸦"飞机。其中,低功率固体电激光器用于模拟 COIL 激光器的波长和光束传输特性,而"大乌鸦"飞机的机身前端被涂绘成黑色,用于模拟导弹的尺寸和形状。同时,"大乌鸦"飞机的翼尖安装了多个探测器用于判断拦截是否成功。

机载近程激光武器(ATL),填补了机载中程激光武器 100km 以下射程的空白。先进战术激光器的主要部件是一台千瓦级 COIL 激光器安装在 C-130H 运输机上该系统被设计成多个模块,以方便安装和拆卸能够在多种战术平台上使用。2006 年,ATL 完成了飞机平台的改装工作,并于 9 月利用可再生燃料成功发射了"第一束光"。该项目的预算和规划文件截止到 2010 年,这暗示着在此之前,ATL 将完成全部项目开发与试验工作。

③ 空军和陆军的地基激光器计划。1997 年,美国陆军公开进行了一次反卫星陆基激光武器试验。之后,反卫星陆基激光武器的研究转为秘密进行。美国陆军和空军一直都有各自的陆基反卫星激光武器计划。陆军的方案是以氟化氘"中红外先进化学激光器"和主镜直径为 1.8m 的"海石光束定向器"为基础,对其技术进行改进。空军的计划是建立一套独立于陆军系统的陆基反卫激光武器系统。空军现已有两台具有自适应能力的大口径光学望远镜,分别是"星火"光学靶场的 3.5m 望远镜和毛伊岛空间监视站的 3.67m 望远镜。

④ 海军的舰载激光器计划。美国海军的舰载激光器计划是海军用激光武器拦截反舰导弹计划。1977 年海军开始"海石计划"(Sealite),建造武器级氟化氘激光器,后又与海石光束定位器结合形成了拦截各种亚声速和超声速导弹和飞机的强激光系统。现已经成为陆军白沙导弹靶场强激光试验设施的重要组成部分。最近美国海军也开始着手研讨未来海军舰载自卫激光武器的发展。美国海军利用激光器主要改造舰载自卫武器系统,设想在 20s 内与同时到达的 4 枚超声速巡航导弹交战。

⑤ 陆军的战术激光武器计划。美国陆军和以色列联合研制的战术强激光武器"鹦鹉螺计划"(Nautilus),目的是发展地面机动部队的战术激光防空武器系统。"鹦鹉螺计划"是一项杀伤力试验计划,它采用氟化氘激光器,用于评估高能激光防空性能。1995 年进行了地面试验,1996 年进行了飞行试验。这两次试验获得了巨大的成功,使该计划取得了重大突破。在 1996 年 2 月完成拦截飞行中的短程导弹演示后,1999 年在以色列试验、部署样机,进行了全系统试验。

此外,英国和俄罗斯的强激光武器也发展较快。据报道,俄罗斯已有样机装置,并在舰艇上进行了演示验证。西方国家的巡逻飞机已经多次遭到俄罗斯驱逐舰发射的激光束照射。

5.4 激光欺骗干扰

5.4.1 激光欺骗干扰的定义、特点和用途

激光欺骗干扰是通过发射、转发或反射激光辐射信号,形成具有欺骗功能的激光干扰信号,扰乱或欺骗敌方激光测距、观瞄、跟踪或制导系统,使其得出错误的方位或距离信息,从而降低光电武器系统的作战效能。

激光欺骗干扰的主要特点如下:

(1) 激光干扰信号与被干扰对象的工作信号在特征上应基本一致,这是实现欺骗干扰的最基本条件。也就是说,激光干扰信号要与激光制导信号的激光波长、重频、编码、脉宽基本保持一致。

(2) 激光干扰信号与被干扰对象的工作信号在时间上相关。即二者在时间上同步或包含有与其同步的成分,使激光干扰信号通过激光导引头的抗干扰波门,这是实现欺骗干扰的一个必要条件。

(3) 激光干扰信号与被干扰对象的工作信号在空间上相关。干扰信号必须进入被干扰对象的信号接收视场,才能实现有效干扰,视场相关是实现欺骗干扰的另一个必要条件。

(4) 对激光干扰能量,只要其经过漫反射到达激光导引头的能量密度能激活导引头制导回路,就能达到有效干扰的目的。

(5) 低消耗性。激光欺骗式干扰以激光信号为诱饵,除消耗少量电能外,几乎不消耗任何其他资源,干扰设备可长期重复使用。

激光欺骗干扰主要用于干扰敌方激光制导武器和激光测距系统等光电威胁目标。

5.4.2 激光欺骗干扰的分类

从欺骗参数上,激光欺骗干扰可分为角度欺骗干扰和距离欺骗干扰。其中角度欺骗干扰应用较多,用于干扰激光制导武器;距离欺骗干扰用于干扰激光测距机。

从使用方式上,激光欺骗干扰可以分为应答式干扰和转发式干扰。应答式干扰是指采用激光告警设备探测激光脉冲编码信号,检测出激光脉冲编码信号的波长、脉冲宽度信息,同时将激光告警器检测到的脉冲信号输入信息处理系统,经信息处理系统识别出编码信息,然后采用激光干扰机向激光导引头视场内的假目标发射同步的或略超前同步的激光干扰脉冲信号,从而达到干扰的目的。转发式干扰是指利用激光目标指示器发射的激光脉冲信号来触发激光干扰机,受到触发后的激光干扰机经短暂的时间延迟后,向假目标发射激光干扰脉冲信号,以实现干扰的目的。

5.4.3 激光欺骗干扰的系统组成和干扰原理

对于不同的干扰目标,其干扰系统组成和工作原理也各不相同,分别叙述如下:

1. 干扰激光测距机

激光测距机是当前装备最为广泛的一种军用激光装备,其测距原理是利用发射激光与回波激光的时间差值与光速的乘积来推算目标的距离。对激光测距机实施欺骗干扰,可采用两种方法:

(1) 采用某种措施控制回波产生一定时间延迟,从而产生大于实际距离的测距结果,这要求干扰设备具有激光接收和延迟转发的功能,可采取两种措施来实现:一是在被测距目标附近放置激光干扰机,同时将被测距目标隐身,使到达被测距目标的激光测距信号全部被吸收,而无返回的激光回波信号,同时,激光干扰机沿激光测距信号的辐射方向,发射延迟的激光干扰信号,让测距机接收此信号;二是将敌方的激光测距信号全部接收,延迟一段时间后,再沿原方向反射回去,如采用光纤延迟线等。

(2) 采用高频脉冲激光器作为欺骗干扰机,使高频激光干扰脉冲能够在激光测距的回波信号之前进入激光测距机的激光接收器,从而使测距机的测距结果小于实际的目标距离。激光测距干扰机的组成框图如图 5.12 所示。

2. 干扰激光制导武器

激光有源欺骗干扰的主要对象是激光制导武器,包括激光制导炸弹、导弹和炮弹。制导方式依激光目标指示器在弹上或不在弹上分为主动式或半主动式两种。导引体制也有追踪法和比例导引法两种。目前,装备较多的是半主动式比例导引

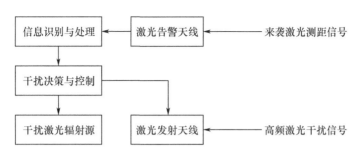

图 5.12　激光测距干扰机组成框图

激光制导武器。

1）干扰原理

半主动激光制导武器本身存在着易于受到激光欺骗干扰的可能性。首先,激光目标指示器向目标发射激光指示信号的同时,也暴露了威胁源自己,这为对激光威胁源进行告警和对威胁信息进行识别提供了可能;另外,导引头与指示器相分离,使得制导信号的发射与接收难于在时统上严格同步,从而使导引头容易受到欺骗干扰。通常对半主动激光制导武器可采用激光假目标有源欺骗干扰方式。具体说来,就是在被保卫目标附近放置激光漫反射假目标,用激光干扰机向假目标发射与制导信号相关的激光干扰信号,该信号经漫反射假目标反射后,形成漫反射干扰信号,进入激光导引头的接收视场,当导引头上的信息识别系统将干扰信号误认为制导信号时,导引头就受到欺骗,并控制弹体向假目标飞去。

干扰系统通常由激光告警、信息识别与控制、激光干扰机和漫反射假目标等设备组成(图 5.13)。其工作原理:激光告警设备对来袭的激光威胁信号进行截获和处理,以电脉冲形式输出来袭激光威胁信号的原码脉冲信号,信息识别与控制设备对该信号进行识别处理,并形成与之相关的电脉冲干扰信号,该信号输出至激光干扰机,干扰机发射受该信号调制的激光干扰信号,干扰信号照射在漫反射假目标上,形成激光欺骗干扰信号。

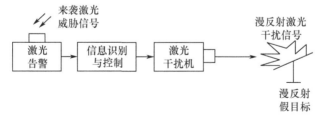

图 5.13　激光欺骗干扰系统组成框图

为了成功实现激光角度欺骗干扰,必须满足以下四个条件:

(1)必须保证激光干扰信号与激光指示信号频谱一致,信号形式相同或相关。

对于应答式干扰来说,激光欺骗干扰信号必须严格超前同步于敌方激光目标指示信号。这是因为激光目标指示编码脉冲的脉宽一般为几毫微秒到几十毫微秒,对于10ns的激光信号,激光欺骗干扰脉冲与敌方目标指示脉冲几乎不可能同时出现。所以,如果激光欺骗干扰信号不同步或滞后于敌方目标指示信号,则激光干扰信号或者一开始就被敌方激光导引头抗干扰波门滤除,或者激光欺骗干扰信号即使能通过抗干扰波门,但因其信号的滞后而不能被敌方激光导引头认同,敌方激光导引头提取的方位信息还是所保卫目标的方位。

(2) 假目标与真目标之间距离大于杀伤半径,但不能太远,否则欺骗不成功。这有两点含义:一是假目标必须处于敌方激光制导武器导引头的视场之内。敌方激光制导武器导引头视场中心是对准所攻击的目标,而要使假目标处于敌方导引头的视场之内,需使假目标与敌方导引头的连线同敌方导引头与目标连线的夹角$\alpha < \theta/2$(其中θ为敌方导引头自身的视场角);二是假目标距离所保护目标必须足够远,使得所保护目标处于敌方激光制导武器的杀伤半径之外。如果激光制导武器的杀伤半径为r_1,则要使所保护目标与假目标的距离$r_2 > r_1$。

(3) 假目标反射能量要大于真目标反射能量。具有措施有两个:一是调整激光干扰机的输出功率和假目标的激光反射率,使到达敌方导引头的激光欺骗干扰信号高于导引头的阈值功率,这样敌方导引头会认同所接收到的激光欺骗干扰信号为激光制导信号,并据此设定波门选通时间和波门宽度,从而只对欺骗干扰信号进行处理,而不会理睬真实目标的反射信号,由此将激光制导武器引向假目标;二是对所保护的目标采用激光隐身技术等来降低目标表面的半球反射率ρ,从而使到达敌方激光导引头的真实信号功率低于导引头的阈值功率。激光隐身技术能使敌方激光导引头所接收到的真实回波信号明显减弱,信噪比减少,从而在一定范围之外失去对隐身目标的探测发现能力。当然,也可采取烟幕遮蔽保护目标的方法来配合激光有源欺骗干扰。

(4) 导引头的信号处理方式密切相关。如果导引头具有可变型实时波门,则干扰信号在激光解码的不同过程(识别过程和锁定过程),产生的干扰效果将会不同。在识别过程,干扰效果主要是干扰激光解码的识别功能,可能造成激光解码器无法解码或错误解码;在锁定过程,干扰效果主要是干扰目标方位的检测功能或干扰激光解码的同步功能。对于采用了可变型实时波门的导引头,干扰效果只有前者。

2) 激光编码识别技术

对应答式干扰需要对激光脉冲编码信息进行识别。目前采用的激光编码识别技术主要包括三种:一是基于脉冲间隔差异识别计时时钟的最小周期;二是基于信号自相关的激光编码识别技术;三是基于差分自相关矩阵的编码识别技术。

第一种激光编码识别技术主要是针对有限位伪随机码的识别技术,其识别原

理:设激光告警装置接收到制导脉冲信号的时间为 t_i,则相邻脉冲之间的时间间隔为

$$\Delta t_i = t_{i+1} - t_i \tag{5.34}$$

当接收到两个制导信号时,假设激光制导脉冲信号的最小周期 T 为 $\Delta t_i (i=1)$,当接收下一个脉冲时,则

$$\frac{\Delta t_i}{T} = \frac{A_i}{B_i} \tag{5.35}$$

式中:A_i 和 B_i 为正整数。

当 A_i 和 B_i 两者之间不存在公约数时,认为制导脉冲信号的最小周期 T 为 $\Delta t_i / B_i$,令

$$C_j = \frac{\Delta t_i}{T} (j = 1, 2, \cdots, i+1) \tag{5.36}$$

当 C_j 中有一个大于或等于寄存器的位数 n,则认定激光制导脉冲信号的最小周期 T 为真。如果条件不符合,则继续接收下一个制导脉冲。通常,假设 $n \leq 16$。这种编码识别技术可识别出有限位伪随机码产生器的移位时钟周期。

第二种激光编码识别技术主要是针对短周期型激光编码的识别技术,其识别原理:设 t_i 为计时器测量得到的脉冲到达时间,i 为到达脉冲的序号,则由脉冲到达时间测得的激光脉冲序列表达式为

$$p(n) = \sum_{t_n=0}^{N-1} \delta(n - t_n) \tag{5.37}$$

式中

$$\delta(n - t_n) = \begin{cases} 1, & n = t_n \\ 0, & n \neq t_n \end{cases}$$

将激光制导脉冲信号离散化,设所有脉冲到达时间 t_i 都满足 $t_i \in [t_{\min}, t_{\max}]$,将此时域范围分割成 K 个时间间隔相等的小单元,则小单元的时间长度为

$$b = (t_{\max} - t_{\min})/K \tag{5.38}$$

其中心为 $t_k = t_{\min} + (k - 1/2)b(k = 1, 2, \cdots, K)$。

在进行时间分割时,保证每个小单元只包含一个激光脉冲,采用小单元中心代表该单元,并将第一个在时间轴上对应的小单元对应的时刻值取为 0,且当小单元包含激光脉冲时取值为 1,不包含激光脉冲时取值为 0。

将离散化的信号进行自相关处理,当相关值大于设定阈值时,认为解码成功,即认为相关值大于阈值时的序列为激光脉冲序列。然后根据这个序列特征,进行周期和序列编码识别。这种编码识别技术可有效识别短周期编码。

第三种激光编码识别技术主要是针对有规律的激光编码的识别技术,其识别原理:首先根据激光制导脉冲到达时间,将脉冲到达时间进行离散化。假设接收到的脉冲序列长度为 l,则可得到离散化后的脉冲到达时间序列 $T_1, T_2, \cdots, T_l$,令

$$X_{ij} = T_{ij} - T_i \tag{5.39}$$

可得到一阶差分矩阵

$$\boldsymbol{X} = \begin{bmatrix} X_{11} & X_{21} & X_{31} & \cdots & X_{(l-1)1} \\ 0 & X_{22} & X_{32} & \cdots & X_{(l-1)2} \\ 0 & 0 & X_{33} & \cdots & X_{(l-1)3} \\ \vdots & \vdots & \vdots & & \vdots \\ 0 & 0 & 0 & \cdots & X_{(l-1)(l-1)} \end{bmatrix} \tag{5.40}$$

再令 $Z_{ij} = X_{(i+1)(j+1)} - X_{ij}$,可得到二阶差分矩阵

$$\boldsymbol{Z} = \begin{bmatrix} Z_{11} & Z_{21} & Z_{31} & \cdots & Z_{(l-2)1} \\ 0 & Z_{22} & Z_{32} & \cdots & Z_{(l-2)2} \\ 0 & 0 & Z_{33} & \cdots & Z_{(l-2)3} \\ \vdots & \vdots & \vdots & & \vdots \\ 0 & 0 & 0 & \cdots & Z_{(l-2)(l-2)} \end{bmatrix} \tag{5.41}$$

分别对一阶差分矩阵和二阶差分矩阵进行直方图统计,根据不同类型编码的统计特征,可实现不同编码方式的分类。然后根据不同编码类型,再对离散化脉冲序列进行分析,可得到各种参数。这种编码识别技术可有效识别短周期型编码、等差型编码和有限位伪随机周期码,对于有限位伪随机码的识别同样可识别出最小编码时钟周期。

综合以上分析可知,这三种激光编码识别技术都是基于识别激光脉冲间隔编码:第一种只能识别出脉冲间隔定时器的定时时钟周期,即最小计时单位;第二种只适合识别短周期激光脉冲间隔编码,即激光编码的周期数 $M_{CN} \geqslant 3$;第三种基于不同类型编码的统计特性,可识别激光编码的类型,然后只能识别短周期激光脉冲间隔编码。

5.4.4 激光欺骗干扰的关键技术

激光欺骗干扰是对抗半主动激光制导武器的一种有效措施,但技术难度很大,主要关键技术有激光威胁光谱识别技术、激光威胁信息处理技术、激光欺骗干扰信号模式技术和激光漫反射假目标技术等。

1. 激光威胁光谱识别技术

随着激光制导技术的发展,激光指示信号的频谱将不断拓宽,只具有单一激光波长对抗能力的激光干扰系统,将难以适应现代战争的发展。激光威胁光谱识别技术是实现多频谱对抗的先决条件。采用多传感器综合告警技术可实现对激光威胁进行光谱识别。

2. 激光威胁信息处理技术

为实现有效的激光欺骗干扰,需对来袭激光威胁信号的形式进行识别和处理。激光制导信号频率较低,每秒还不足 20 个,通常还采用编码形式,因而,可用来进行信息识别和处理的信息量十分有限。为实现实时性干扰,要求干扰系统要在很短时间内完成信息识别和处理,采用激光威胁信息时空相关综合处理技术,可有效解决这一问题。

3. 激光欺骗干扰信号模式技术

为实现有效的欺骗干扰,干扰信号的模式是最为关键的,通常,要求干扰信号与指示信号相同或相关。相同是指干扰信号与指示信号波长相同、脉冲宽度相同、能量等级相同,而且在时间上同步;相关是指干扰信号与指示信号虽然不能在时间上完全同步,却包含有与指示信号在时间上同步的成分。

4. 激光漫反射假目标技术

激光漫反射假目标是形成有效干扰信号的关键设备,应具有标准的朗伯漫反射特性,同时,还应当耐风吹、耐雨淋、耐日晒、耐寒冷等,具有全天候工作能力。

5.4.5　激光欺骗干扰的发展史及趋势

随着激光制导技术的出现,欺骗式干扰技术也就相应出现和发展。国外研制欺骗式激光干扰机是从 20 世纪 90 年代初开始的,如美国的 AN/GLQ-13 车载激光诱骗系统即属于该类设备;德国和英国联合研制的 GLDOS 激光对抗系统具有对来袭威胁目标的方位分辨能力和威胁光谱的识别能力,可测定激光威胁信号的重复频率和脉冲编码,并可自动实施干扰;英国研制的 405 型激光诱饵系统,最大作用距离 10km,激光脉冲频率 10~20Hz。

随着双色制导、复合制导等光电制导武器的出现和激光指示信号的频谱拓宽,只具有单一激光波长对抗能力的激光欺骗干扰系统将难以适应战场的需要,多光谱综合干扰技术、探测告警干扰多功能综合一体化将是激光欺骗干扰技术的发展趋势。依靠光学技术、高性能探测器件、数据融合技术等的发展,将来袭激光信息识别处理、激光欺骗干扰光发射、漫反射假目标设置构成有机整体,从设备级对抗发展为系统和体系的对抗,以提高综合干扰效果[44]。

第 6 章

光电无源干扰

光电无源干扰是指通过采用无源干扰材料或器材,改变目标的电磁波反射、辐射特性,降低保护目标和背景的电磁波反射或辐射差异,破坏和削弱敌方对光电侦测和光电制导系统正常工作的一种手段。光电无源干扰技术以遮蔽技术、融合技术和示假技术为核心,以"隐真""示假"为目的。"隐真"即为隐蔽目标或降低目标的显著特征,以减少探测、识别和跟踪系统接收的目标信息;"示假"即为显示假目标,迷惑、欺骗侦察、识别系统,降低其对真目标的探测识别概率,进而攻击假目标。光电无源干扰主要包括烟幕干扰、光电隐身和光电假目标等。

除了这些常规的无源干扰技术,气球干扰、气溶胶干扰等也受到各国的青睐。气球干扰是利用释放气球形成隔离层来阻断敌方激光的干扰方式。在气球表面涂有激光强反射率的材料,通过控制气球内的氢气和烟幕的混合气体的比例,掌握气球上升的时间和高度,气球爆炸后,还可以利用气球内的烟幕形成二次干扰。而气溶胶是一种新型的干扰材料,由悬浮在气体中的小颗粒构成。典型的材料有水雾、尘壤、滑石粉等绝缘材料,或者石墨堆积样品等导电材料,对激光有明显的衰减作用。

本章主要介绍常规的光电无源干扰技术,即烟幕干扰、光电隐身和光电假目标的干扰原理及其发展趋势。

6.1 烟幕干扰

6.1.1 烟幕干扰的定义、特点和用途

烟幕是由在空气中悬浮的大量细小物质微粒组成的,即通常说的烟(固体微粒)和雾(液体微粒)组成,属于气溶胶体系,是光学不均匀介质,其分散介质是空气。而分散相是具有高分散度的固体和液体微粒,如果分散相是液体,这种气溶胶就称为雾;如果分散相是固体,这种气溶胶就称为烟。有时,气溶胶可同时由烟和雾组成。所以,气溶胶微粒有固体、液体和混合体之分。

烟幕干扰技术就是通过在空中施放大量气溶胶微粒来改变电磁波的介质传输特性,以实施对光电探测、观瞄、制导武器系统干扰的一种技术手段,具有"隐真"和"示假"双重功能。

烟幕是人工产生的气溶胶,作为一种激光干扰手段,具有许多突出的优点:①对激光束的衰减能力强,覆盖的波段宽;②既可以对付激光侦测和激光半主动制导,也可以对付激光驾束制导和激光武器;③对其他光电侦察装备也有很好的干扰效果。

6.1.2 烟幕干扰的分类

烟幕从发烟剂的形态上分为固态和液态两种。常见的固态发烟剂主要有六氯乙烷-氧化锌混合物、粗蒽-氯化铵混合物、赤磷及高岭土、滑石粉、碳酸铵等无机盐微粒。液态发烟剂主要有高沸点石油、煤焦油、含金属的高分子聚合物、含金属粉的挥发性雾油以及三氧化硫-氯磺酸混合物等。

烟幕从施放形成方式上分为升华型、蒸发型、爆炸型、喷洒型四种。升华型发烟过程是利用发烟剂中可燃物质的燃烧反应,放出大量的热能,将发烟剂中的成烟物质升华,在大气中冷凝成烟。蒸发型发烟过程是将发烟剂经喷嘴雾化,再送至加热器使其受热、蒸发,形成过饱和蒸气,排至大气冷凝成雾。爆炸型发烟过程是利用炸药爆炸产生的高温、高压气源,将发烟剂分散到大气中,进而燃烧反应成烟或直接形成气溶胶。喷洒型发烟过程是直接加压于发烟剂,使其通过喷嘴雾化,吸收大气中水蒸气成雾或直接形成气溶胶。

烟幕从战术使用上分为遮蔽烟幕、迷盲烟幕、欺骗烟幕和识别烟幕四种。遮蔽烟幕主要施放于我军阵地或我军阵地和敌军阵地之间,降低敌军观察哨所和目标识别系统的作用,便于我军安全地集结、机动和展开,或为支援部队的救助及后勤供给、设施维修等提供掩护。迷盲烟幕直接用于敌军前沿,防止敌军对我军机动的观察,降低敌军武器系统的作战效能,或通过引起混乱和迫使敌军改变原作战计划,干扰敌前进部队的运动。欺骗烟幕用于欺骗和迷惑敌军,常与前两种烟幕综合使用,在一处或多处施放,干扰敌军对我军行动意图的判断。识别烟幕主要用于标识特殊战场位置和支援地域,或用作预定的战场通信联络信号。

烟幕从干扰波段上分为防可见光、近红外常规烟幕、防热红外烟幕,防毫米波和微波烟幕及多频谱、宽频谱和全频谱烟幕。

6.1.3 烟幕干扰的系统组成和干扰原理

6.1.3.1 烟幕干扰的系统组成

烟幕干扰系统主要包括:发烟弹药,包括武装直升机自卫用的抗光电制导榴弹、海上舰船自卫用的发烟弹和发烟罐、陆地上坦克装甲车辆自卫式发烟弹以及各类射程各异的发烟炮弹。发烟器,可以用压力或气流施放,如利用喷雾器或低空慢飞的飞机像喷洒农药那样在威胁源与被保护目标之间形成烟幕,也可以通过加热汽化再冷凝的办法使液体干扰剂形成烟幕雾滴。

俄罗斯的"窗帘"干扰系统是烟幕干扰装备的典型代表。该系统由先进的激光告警器、红外干扰设备、烟幕弹发射器、微处理机和控制面板组成,具有激光来袭告警功能,能自动地发射烟幕弹,并开启红外干扰设备干扰来袭的反坦克导弹。具体地说,"窗帘"系统主要包括四部激光告警接收机、1部以微处理机为基础的控制设备、2部红外干扰发射机和若干烟幕弹发射器。其中,4部激光告警接收机分别安装在炮塔顶部和前部。所形成的有效探测区域方位360°、高低-5°~25°。在主炮两侧各5°范围内,探测入射激光的方位精度达1.7°~1.9°。该系统共配置12具烟幕发射器。在车辆正面90°范围内每隔7.5°配置一具,其仰角均为12°,可在探测到激光照射后3s内,在距离坦克50~80m处形成持续20s的烟幕,烟幕屏障能有效覆盖0.4~14μm波段。系统的两台红外干扰发射机形成的有效干扰区域为主炮两侧各90°、高低4°。在探测到目标2s内,发射波长为0.7~2.5μm的干扰脉冲。"窗帘"系统可干扰敌方半自动瞄准线指令反坦克导弹、激光测距机和目标指示器的光电干扰系统。目前已装备俄罗斯T-80、T-90坦克和乌克兰T-84坦克。该系统在探测入射激光的同时,向激光入射方向发射红外干扰烟幕弹,在3~5s内可形成一道烟幕墙,使"陶"式、"龙"式、"小牛"和"霍特"导弹及"铜斑蛇"制导导弹的命中率降低75%~80%,使采用激光测距机的火炮命中率降低66%。

6.1.3.2 烟幕干扰原理

烟幕干扰技术主要是通过改变电磁波传输介质特性,来干扰光电侦测和光电制导武器。

1. 烟幕对激光的干扰原理

烟幕通过两个方面实现激光干扰:一方面,通过构成烟幕的气溶胶微粒对激光的吸收和散射作用,使得穿过烟幕后激光束的功率(能量)大大衰减,在减小了激光侦测和制导的作用距离的同时,也降低了激光对目标的危害;另一方面,气溶胶微粒的后向散射作用,使得烟幕对于激光侦测装备和激光制导兵器成为一个亮背景,从而降低了目标的信噪比,使其作用距离进一步减小。另外,它还可以作为对敌方实施欺骗干扰时使用的激光假目标。

烟幕对激光的吸收和散射统称为烟幕的消光作用。消光原理解释如下:

激光在均匀分布的烟幕中传播,经过距离L后,其光强变为

$$I(L) = I_0 \exp[-\mu(\lambda)L] \qquad (6.1)$$

这就是布格尔-朗伯特(Bouguer-Lambert)定律。消光系数 $\mu(\lambda)$ 包含气溶胶微粒的吸收和散射贡献,即

$$\mu(\lambda) = \alpha(\lambda) + \beta(\lambda) \tag{6.2}$$

式中:α 为吸收系数;β 为散射衰减系数。

对于工作于红外大气窗口的激光而言,大气分子衰减作用与烟幕相比很小,可不考虑大气分子的作用。倘若气溶胶微粒之间的距离足够大,使每个微粒对入射光的衰减作用不受其他微粒的影响,则可以认为上述各个系数与气溶胶微粒的粒子数密度 N 成正比,即

$$\begin{cases} \mu(\lambda) = N\overline{\sigma}_E(\lambda) \\ \alpha(\lambda) = N\overline{\sigma}_A(\lambda) \\ \beta(\lambda) = N\overline{\sigma}_S(\lambda) \end{cases} \tag{6.3}$$

式中:$\overline{\sigma}_E(\lambda)$、$\overline{\sigma}_A(\lambda)$、$\overline{\sigma}_S(\lambda)$ 为气溶胶体系平均每个微粒的消光截面、吸收截面、散射截面。将上式代入式(6.1),则称式(6.1)为比尔(Beer)定律。

1) 单一粒径微粒的消光

对于每个微粒,定义其吸收截面、散射截面和消光截面分别为

$$\begin{cases} \sigma_A = F_A/I_0 \\ \sigma_S = F_S/I_0 \\ \sigma_E = F_E/I_0 \end{cases} \tag{6.4}$$

式中:F_A、F_S、I_0 分别为总吸收光功率、总散射光功率和入射光强;$F_E = F_A + F_S$ 为总消光功率。显然,$\sigma_E = \sigma_A + \sigma_S$。散射截面 σ_S 与微粒的几何截面 G 之比称为散射效率因子 Q_S,即 $Q_S = \sigma_S/G$。与此类似,还可定义相应的吸收效率因子 Q_A 和消光效率因子 Q_E。

气溶胶微粒的吸收、散射和消光截面(效率因子)不仅与构成微粒的物质的性能(如介电常数、电导率)有关,还与微粒的形状、取向有关,其求解在理论上是极为复杂的。然而,实践表明:对于相同物质构成的形状不同而大小相近的微粒,其吸收、散射和消光截面(效率因子)是比较接近的。因此,可以通过对其中一种形状微粒的研究,来了解气溶胶微粒的吸收、散射和消光截面(效率因子)随各种因素的变化关系,从而为烟幕剂的研制提供指导。由于气溶胶微粒的粒径可以与激光波长相比,对于同样粒径的微粒,球形具有最简单的形状,而均匀介质构成的单个球形粒子吸收、散射和消光截面(效率因子),可以用米(Mie)散射理论进行分析。

对于半径为 r 的球形微粒:

$$\begin{cases} \sigma_S(r,\lambda,n) = \pi r^2 Q_S(r,\lambda,n') \\ \sigma_E(r,\lambda,n') = \pi r^2 Q_E(r,\lambda,n') \end{cases} \quad (6.5)$$

式中：n'为微粒物质的复折射率。

为了求出$Q_S(r,\lambda,n')$、$Q_E(r,\lambda,n')$，需要引入归一化粒径参量$x = 2\pi r/\lambda$，按照米散射理论有

$$\begin{cases} Q_S(r,\lambda,n') = \dfrac{2}{x^2}\sum_{i=1}^{\infty}(2i+1)(|a_i^2|+|b_i^2|) \\ Q_E(r,\lambda,n') = \dfrac{2}{x^2}\sum_{i=1}^{\infty}(2i+1)\mathrm{Re}(a_i+b_i) \end{cases} \quad (6.6)$$

式中

$$a_i = \frac{n'\psi_i(n'x)\psi_i'(x) - \psi_i'(n'x)\psi_i(x)}{n'\psi_i(n'x)\xi_i'(x) - \psi_i'(n'x)\xi_i(x)}, b_i = \frac{n'\psi_i'(n'x)\psi_i(x) - \psi_i(n'x)\psi_i'(x)}{n'\psi_i'(n'x)\xi_i(x) - \psi_i(n'x)\xi_i'(x)}$$

其中：$\psi_i'(n'x)$、$\xi_i'(x)$分别为是$\psi_i(n'x)$和$\xi_i(x)$关于$n'x$、x的导数，即$\psi_i(x) = x\mathrm{j}_i(x)$，$\xi_i(x) = x\mathrm{h}_i^{(1)}(x)$，这里$\mathrm{j}_i(x)$、$\mathrm{h}_i^{(1)}(x)$分别为第一类球贝塞尔函数和第一类球汉克尔函数。据此，可以求得吸收效率因子$Q_A = Q_E - Q_S$。

图6.1给出了几种折射率取值情况下，消光效率因子随粒径归一化参数x变化的计算结果。当折射率为实数时，微粒的散射效率因子等于消光效率因子，吸收效率因子为零。当微粒物质的折射率为复数时，微粒的吸收效率因子不可以忽略。实际上，对于图中的参数取值，微粒的吸收作用与散射作用是相当的。从图中可见，对于介电物质构成的微粒，折射率越大，其消光效率因子出现最大值的粒径参

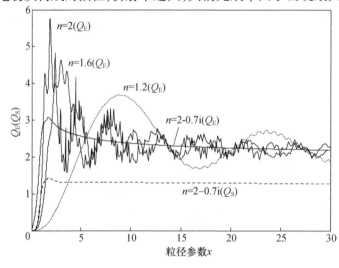

图6.1 不同折射率取值时，球体微粒的消光（散射）效率因子随粒径的变化关系

数 x_{max} 越小(实际上 $x_{max} \approx 2/(n-1)$),这时对应的最大消光效率因子也越大,且效率因子随粒径参数的变化越剧烈。

为了考查烟幕微粒半径对其消光截面的影响,根据式(6.5),按照参数 $n' = 1.1805$ 计算了在几个典型粒径 r 下消光截面随激光波长的变化关系,如图 6.2 所示。图中的数据表明,随着烟幕微粒粒径的增大,消光截面达到最大值 σ_{Emax} 的波长 λ_{max} 也随之变长,同时,消光截面的大小也在增加。

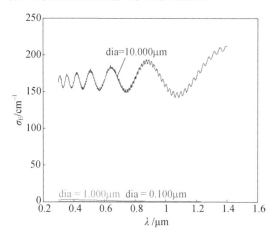

图 6.2 不同粒径参数下每个微粒的消光截面随波长的变化

2) 质量消光截面

增大烟幕微粒的粒径,对于烟幕消光性能的提高是否有利呢?显然不是的。因为随着粒径的增大,单位空间体积所含的烟幕的质量迅速增大,为了达到同样消光指标所需的烟幕材料量就很大。为了说明这一点,引入质量消光截面 σ_M,定义为烟幕微粒消光截面与烟幕微粒质量的比值,即

$$\sigma_M = \frac{\pi r^2 \cdot Q_E}{\frac{4}{3}\pi r^3 \rho} \tag{6.7}$$

式中:ρ 为烟幕粒子质量密度(kg/m^3)。

为了对比消光截面和质量消光截面的不同,和图 6.2 类似,按照参数 $n' = 1.1805$ 计算了在几个典型粒径 r 下质量消光截面随激光波长的变化关系,如图 6.3 所示。可见,并不是烟幕微粒粒径越大,消光截面就越大,还与烟幕微粒的质量有关。

3) 烟幕的消光

假设烟幕为单一均匀分散系,则烟幕的粒子数密度为

$$N = \frac{c}{\frac{4}{3}\pi r^3 \rho} \tag{6.8}$$

式中：c 为烟幕浓度(kg/m^3)。

结合式(6.3)、式(6.5)和式(6.8)，消光系数为

$$\mu(\lambda) = \frac{c}{\frac{4}{3}\pi r^3 \rho} \cdot \pi r^2 \cdot Q_E = \frac{3cQ_E}{4\rho r} \tag{6.9}$$

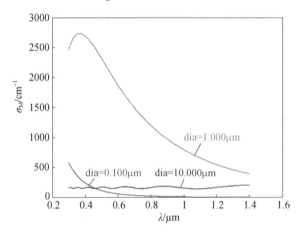

图6.3 不同粒径参数下每个微粒的质量消光截面随波长的变化

2. 烟幕对可见光的干扰原理

烟幕对可见光产生的遮蔽效应，究其根本原因是烟幕对光产生散射和吸收，造成目标射来的光线衰减而使观察者看不清目标；另外，由于烟幕反射太阳及周围物体辐射、反射的可见光，增加了自身的亮度，从而降低了烟幕后面目标与背景的视觉对比度。

烟幕对可见光散射和吸收的原因主要如下：

(1) 烟幕对光的散射作用是由光在烟粒子内部的折射、烟粒子表面的反射、衍射和其他原因造成的。烟的微粒对入射光的散射使光衰减。但同时使烟粒本身亮度增加。照射在烟幕任何微粒上最初光线被其向各个方向散射，该散射光照射到邻近的微粒上又被第二次散射，以至第三次至多次散射。综合结果使烟幕的每个微粒不仅被最初射来的光线照亮，又被其周围各微粒多次散射的光照亮。

(2) 烟幕不仅能散射光，而且能吸收光。当光通过一个物体时，辐射能转化为其他形式的能，如电、热、化学能等，从而使光的强度减弱。烟幕对光的吸收由两部分作用组成：一部分是分散介质(空气)的吸收作用；另一部分是分散相(微粒)的

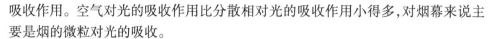

吸收作用。空气对光的吸收作用比分散相对光的吸收作用小得多,对烟幕来说主要是烟的微粒对光的吸收。

总之,烟幕对光的衰减,同样遵从朗伯-比耳定律,其透过率为

$$\tau_s = e^{-a_s R_s} \tag{6.10}$$

式中:a_s 为烟幕的消光指数,与烟幕浓度材料的消光性质有关;R_s 为烟幕厚度。

式(6.10)说明,烟的浓度或厚度越大,烟幕材料对光的消光作用越强,则散射的光越厉害,吸收也越多,光的衰减越厉害。由于光通过烟幕层时的衰减,使定向透射系数变小,透明度降低,从而有效地遮蔽了对目标的发现。

3. 烟幕对红外光的干扰原理

烟幕对红外光的遮蔽主要体现在辐射遮蔽和衰减遮蔽两个方面。辐射遮蔽是指烟幕利用燃烧反应生成的大量高温气溶胶微粒所产生的较强红外辐射来遮蔽目标、背景的红外辐射,从而完全改变所观察目标和背景固有的红外辐射特性、降低目标与周围背景之间的对比度,使目标图像难以辨识,甚至根本看不到。以辐射遮蔽效能为主的烟幕主要用于干扰敌方的热成像探测系统,使热像仪上显示的只是一大片烟幕的热像,而看不清烟幕后面目标的热像。衰减遮蔽型烟幕主要靠散射、反射和吸收作用来衰减电磁波辐射。构成烟幕粒子的原子、分子总是处于不断运动的状态,其微粒所带的正负电荷的"重心"有不重合的特征即产生偶极矩,故微粒本身可视为电偶极子,在电磁辐射场中与周围电磁场发生相互作用,从而改变原电磁场辐射传输特性,使电磁辐射能量在原传输方向上形成衰减,衰减程度取决于气溶胶微粒性质、形状、尺寸、浓度和电磁波的波长。另外,从量子力学的观点来看,烟幕微粒的内部原子中的电子相对原子核的运动以及原子核的振动和原子核的转动能量都是量子化的,即每个原子和分子都存在一定数目的电子能级、振动能级和转动能级,同时每种原子、分子都有各自的振动频率和转动频率,一些极性分子和易极化的分子都具有几种本征振动频率,当这些分子与其谐振频率相同的电磁辐射作用时,产生共振,从而吸收能量,使分子从较低的能级跃迁到较高的能级,即发生了选择性吸收。此外,对于表层含自由电子的良导体材料,由于电磁辐射的激发引起自由电子运动的变化,也表现出对电磁辐射的连续吸收和较强的反射特性,从而在原传输方向上形成衰减。研究表明,通过提高材料导电能力可增强材料的红外消光特性。

普通烟幕对 2~2.6μm 红外干扰效果较好,对 3~5μm 红外有干扰作用,而对 8~14μm 红外则不起作用。在烟幕中加入特殊物质,其微粒的直径与入射波长相当,因此对所有波段的红外都有良好的干扰作用,如德国人在普通的六氯烷烟火剂中加入 10%~25% 聚氯乙烯、煤焦油等化合物,可使发烟剂燃烧后生成大量 1~

10μm 碳粒,从而提高了烟幕对 3.2μm 以上红外辐射的吸收能力。

6.1.4 烟幕干扰的设计和使用考虑

1. 主要性能参数

(1) 透过率 τ:沿观察方向测量,$\tau = E'/E$,其中 E 为进入烟幕前的光能量,E' 为从烟幕射出的光能量,E、E' 均对指定的波长度量。

(2) 烟幕面积:在与观察方向正交的截面内,起有效干扰作用的烟雾分布范围的最大值。

(3) 干扰(持续)时间:以 1s 为计时单位,所有构成大于或等于 1s 有效干扰时段的总和。

(4) 形成时间:从发烟剂起作用时刻至形成规定面积的烟幕所经历的时间。

(5) 后向散射率 S:$S = E''/E$,E 与上同,而 E'' 是沿观察方的逆向度量。

(6) 风移速率:烟幕形心沿顺风向移动的速率。

(7) 沉降速率:烟幕形心沿铅垂方向移动的速率。

2. 烟幕材料的选择

按照重要程度,选择原则依次是:

(1) 对于特定的材料,有没有廉价、简易的方法能产生具有合适粒径参数的气溶胶微粒。对于不同的材料,其生成烟幕的方法不同,气溶胶微粒的粒径参数不同,消光的效果就有很大的差别。

(2) 材料成烟后微粒的密度是否较小。低密度材料所构成的烟幕,具有的质量消光截面较大。因此,与密度较大的材料相比,用同样质量的低密度烟幕材料可以有更好的消光性能。同时,其达到同样干扰时间所需要消耗的烟幕材料也较少,因为低密度材料构成的气溶胶微粒在空气中的悬浮时间较长。根据斯托克斯公式,微粒在空气中运动会受到黏滞阻力 F 的作用,对于半径为 r 的球形微粒,有

$$F = 6\pi\eta r v \tag{6.11}$$

式中:η 为空气的黏滞系数。

于是,微粒在空气中的运动速度为

$$v = \frac{4r^2(\rho - \rho_0)g}{18\eta} \tag{6.12}$$

式中:ρ、ρ_0 分别为微粒材料和空气的密度,g 是重力加速度常数。

(6.12)表明,ρ 越小,则 v 越小,微粒的沉降速度慢。

(3) 该材料是否有快速形成大面积烟幕的办法。

(4) 该材料的物理和化学性能是否稳定、安全、可靠,对人员是否无害。

如果某种材料对于以上四条都能够给予肯定的回答,那么该材料就是合格的烟幕候选材料。在确定烟幕材料的具体配方之前,按照所干扰对象的波段,通过针对各种具体材料的参数进行数值模拟,以寻找合适的材料配比和粒径参数是非常必要的。

3. 使用时机

烟幕是一种辅助的对抗措施,它的使用在干扰敌方光电装备的同时,也会影响己方光电装备的工作。它需要大量的后勤保障,如宽广地域实施持续的烟幕干扰,烟剂量和装备数量难以保障。它受气候条件的影响也较大,同时对作战人员的心理和生理影响较大。因此,烟幕在作战中的运用,应掌握好环境和时机。

6.1.5 烟幕干扰的关键技术

1. 烟幕干扰材料研究

它是改变电磁波介质传输特性的关键和基础。烟幕干扰材料主要分为两种:一是反应型发烟材料,通过发烟剂各组分发生化学反应产生大量液体或固体的气溶胶微粒来形成烟幕;二是撒布型遮蔽材料,主要有绝缘材料和导电材料两种,它利用爆炸或其他方式形成高压气体来抛撒物质微粒以形成烟幕,为当今烟幕干扰材料的研究重点。在实际应用中,上述两种材料可结合使用。

2. 烟幕的撒布、施放和形成技术

烟幕的形成时间、持续时间和有效遮蔽面积是衡量烟幕干扰效果的重要指标,这些固然取决于发烟材料的性能,但是烟幕的施放方式、气象和环境条件等对它们也有很大的影响。根据烟幕材料的物理、化学性质和成烟反应机理,选择最佳的发烟器材和施放方式,有助于烟幕的快速形成,保持长时间有效干扰。根据具体的气象条件(风向、风速、等温大气垂直度等)、地形、地貌条件,合理地施放烟幕,可最大限度地发挥烟幕的遮蔽能力。

6.1.6 烟幕干扰的发展史及趋势

历史上各国军队都广泛地使用过烟幕,如在古代战争中,人们常利用自然雾来隐蔽军队行动,并以烟作为通信联络的手段。以制式发烟器材并较大规模的使用烟幕,则始于第一次世界大战,1914 年 11 月俄军首次用发烟罐施放烟幕,掩护部队行动。第二次世界大战中,发烟器材已趋于完善,伪装烟幕得到了广泛的应用,在第聂泊河战役中,苏军用烟幕遮蔽了 69 个渡口,德军虽出动 2300 架次以上的飞机进行狂轰乱炸,仅有 6 枚命中目标;盟军在诺曼底登陆战役中,更是大量使用了 M1 型和 M2 型发烟机,迷惑德军,掩护部队登陆,对盟军开辟第二战场作战奠定了基础。

第二次世界大战结束后,随着军事科学技术的发展,人们对烟幕的作用在认识上产生较大的分歧,烟幕的研究也受到了影响,发展步伐较为缓慢。特别后来对战略武器优势的争夺,被视为只能对可见光起软防御作用的烟幕技术更加受到冷落。直到 20 世纪 70 年代,现代热红外侦察与末制导武器的崛起和服役,使各种军事目标的生存和安全受到严重威胁。于是烟幕气溶胶具有独特光屏蔽作用而重新受宠,成为电子对抗斗争中重要手段。

目前,各国装备的烟幕干扰器材主要有烟幕罐、发烟机、车辆发动机排气烟幕系统、烟幕手榴弹、烟幕榴弹、烟幕炸弹和炮弹、发烟火箭弹等。在中等气象条件下,美军的 5 个 M5 型发烟罐,3min 内即可形成 1.5km 正面的烟幕,并可持续 15min;苏军的一个 BΠ-15 型发烟罐,30~40s 即可形成 100~150m 正面烟幕,并持续 5~20min。瑞典 FFV 公司生产的 FFV-451 烟幕罐,总质量 1.8kg,烟剂由六氯乙烷和金属组成,烟剂质量 1.6kg,发烟剂燃速为 0.72kg/min,有效燃烧时间为 2min15s,能快速产生持久烟幕屏障。发烟炮弹可在不同高度,不同距离上的任意目标点瞬时成烟使用,主要用来短暂迷盲或遮蔽。瑞典 FFV 公司生产的 FFV-266 型 120mm 烟幕炮弹,烟剂由六氯乙烷和金属组成,266-S 型弹质量为 13.3kg,266-I 型弹质量为 12.6kg,烟剂质量 2.6kg,发烟剂燃速为 0.9kg/min,烟幕持续时间 2.5min。美国 XM825 型 155mm 黄磷发烟炮弹,XM819 型 81mm 黄磷发烟迫击炮弹,采用楔形装药结构,发烟效果比散装的黄磷发烟弹提高几倍。此外,瑞典 FFV 公司还研制了能遮蔽 $2\sim14\mu m$ 红外辐射 105mm、122mm、155mm 发烟炮弹,其中 155mm 发烟炮弹烟幕持续时间可达 150s。美国、南非、法国、德国也研制出了抗红外发烟炮弹。通常主战坦克及装甲车辆都配有榴弹发射器,用于发射烟幕榴弹,如瑞典 FFV 公司研制的 FFV-FEI STEL 76mm 榴弹可在距坦克 50m 远的地方产生瞬时屏蔽烟幕,烟幕持续时间 20~30s,八发弹成组发射后,能形成高 5m、宽 40m 的烟幕,具有遮蔽可见光和红外辐射的能力。德国 76mm 瞬时烟幕榴弹,为配合"豹式"坦克的烟幕发射器而研制,这种烟幕榴弹包括一个瞬时发烟榴弹和一个缓燃发烟罐,瞬时发烟榴弹从发烟器中抛出,空爆 1.5s 内生成烟幕,经短延期后从发射器中射出缓燃发烟罐,能维持烟幕 90s。英国 Pains-Wessex 公司的 76mm 抗红外发烟弹,在发射后 3s 即在距坦克 15~25m 处形成 40m 宽、5m 高的烟障。武装直升机是攻击坦克和地面部队的主力兵器,为加强其自身防护能力,美国陆军为直升机加装了两种烟幕干扰器材:一种是 M259 型的 2.75in(in = 2.54cm)的黄磷发烟火箭弹,可以产生出宽达几千米,持续 5min 的烟墙,遮蔽效率比早先的 81mm 黄磷发烟迫击弹高 11 倍之多;另一种是红磷型烟幕弹,它对 $0.4\sim1.1\mu m$ 波段的可见光和激光消光系统可达 $0.4\sim1.2m^2/g^{[45]}$。

现代烟幕技术的发展以成功研制出了红外遮蔽烟幕剂为标志,未来的研究重点是:一方面提高烟幕的遮蔽能力,扩大有效遮蔽范围(可见光、红外、毫米波及微波),加快有效烟幕的形成速度,延长烟幕持续时间;另一方面加强烟幕器材的研制,拓展烟幕技术的使用范围,并与综合侦察告警装置、计算机自动控制装置组成自适应干扰系统。

当前烟幕干扰的主要发展趋势如下:

(1) 重点发展高效能的烟幕干扰材料,提高材料的遮蔽性能,选择无毒、无刺激性、无腐蚀性,且具有防化学、防生物、防核辐射的发烟材料。主要体现在以下三个方面:①继续改进常规发烟剂。如在传统的六氯乙烷型烟幕剂中加入一些芳香族碳氢化合物及它们的聚合或分解产物,像聚苯乙烯、酚萘沥青及煤沥青等进行改性,或加入铯及铯化物来提高红外波段的遮蔽能力;用赤磷烟幕剂取代 HC 烟幕剂,以消除六氯乙烷及生成的氯化锌烟幕的刺激性和毒性;对常规黄磷烟幕通过黄磷载体技术,克服黄磷发烟弹因在高温条件下熔为液体而引起的弹丸飞行弹道不稳定,出现近弹和产生"蘑菇状"烟云等问题。②大力发展热红外烟幕干扰材料研究。以红外遮蔽材料研制开发为重点,寻求宽频带吸收的绝缘材料,如碳酸盐,含 P-O-C 键的磷酸盐、磷酸酯化合物,含 Si-O-Si 键的硅酸盐、硅氧烷等化合物,以及染色聚甲基丙烯酸甲酯和染色聚甲基丙烯酸等纤维素材料。进一步开发铜粉、黄铜粉、铝粉、石墨粉等导电粉末材料,镀覆铝、铜等良导体的绝缘粉末材料和纤维状材料;对反应型发烟剂重点开展赤磷类发烟剂和可反应生成碳微粒的发烟剂研究,如富碳化合物、六氯代苯之类卤代烃有机卤代物等,通过这些有机物的不完全燃烧反应生成大量碳微粒。③积极开展复合型烟幕材料的研究。随着双模寻的技术的日益成熟,红外和毫米波、红外和激光双模制导武器将大量装备部队,双模复合型、宽波段复合型烟幕材料已成为烟幕材料的主要发展方向。鳞片状金属粉末、镀金属纤维材料和多种红外遮蔽材料的组配是国际上研究最多,也是最有应用前景的复合型烟幕材料。

(2) 加速发展烟幕的成形及施放技术的研究,以使烟幕快速形成,有效地发挥作用。发展重点是:①寻求发烟弹的最佳结构设计和装药结构设计。传统的发烟弹一般装药单一,因而药剂的引燃、弹丸的扩爆系列都比较单纯。为满足未来复合药剂的装药要求,需要针对药剂的不同性质,设计不同的装药结构和点火、传火、燃爆元件,配制相应的扩爆、引燃药,并合理组合,以使发烟剂均匀扩散,在较宽波段各自发挥作用。②发展大面积烟幕施放技术。主要途径是进一步改进现有发烟机,使其发展为车载式,如在现行的履带装甲运兵车上加装机械发烟机,构成发烟战车,使其在保护区域内快速、持续地布设浓烈的大面积烟幕。可对各种重点目标、重点区域及军事行动实施遮蔽,防止军用卫星和空中飞机的侦察和监视。此外,还可采用多管火箭发射系统齐射发烟弹,在预定的空域、区域实施大面积烟幕遮蔽。

(3) 发展多用途烟幕干扰系统,以适应不同情况的需要。发展重点是:①加强坦克等装甲车辆防护用烟幕榴弹系统的研究。20世纪80年代以来,随着红外成像、毫米波寻的、激光测距和激光制导等技术在反坦克武器中的应用,战场上坦克等装甲车辆面临的威胁日趋严峻,特别是武装直升机等空中威胁在近几次局部战争中表现得尤为突出。所以各国都非常重视具有快速反应、宽波段遮蔽和全方位防护的烟幕榴弹系统的研制,特别是与激光探测等告警装置实现一体化,使烟幕这种传统的消极防护手段转化为积极干扰对抗手段。②发展烟幕、假目标的组合施放系统,并与侦察告警设备一体化,以便对各种探测、制导威胁做出快速反应,自动、适时地施放和形成烟幕,并使其与假目标同时或有选择地施放,使二者相互补充和相互加强。

(4) 非焰剂型人造雾无源干扰新技术[46]。烟幕难以实现宽广地域的整体伪装防护,而人造雾是一种很好的方式。目前,一般是通过烟火剂燃烧的方式将吸湿性催化剂分散在空中形成合适粒径大小分布的催化凝结核,吸湿后由于物理化学效应降低了微粒表面的饱和水蒸气压,使空气中的水汽自发凝聚包裹而成小水滴,最终形成具有很好光电遮蔽效果的大面积雾幛。它作为宽广地域的伪装防护具有以下特点:①宽频谱伪装。雾是可见光的天然遮障,对红外激光、热红外同样具有极佳的吸收和散射作用,对毫米波也有一定的衰减。②物质用量少,成本低。造雾剂仅向空中提供凝结核,形成人造雾的主要成分来自大气中的气态水分,不需携带和布撒。正因为如此,人造雾技术才可能实现宽广地域的快速布设。③人造雾完全由小水滴构成,与天然雾的成分结构和形成过程相似,无毒、无害,不会对人员和装备产生伤害和腐蚀危害。④技术伪装与天然伪装的有机结合。性能再高的技术伪装难免不留下人为的痕迹,伪装技术的发展也总是滞后于侦察探测技术和装备器材的发展水平和速度,合理恰当的天然伪装是简便有效的方法。人造雾正是体现了这种思想,以人工方式实现天然伪装,既不易被敌人察觉,也不致影响己方的生活秩序和作战行动。

但由于造雾剂成雾是烟火燃烧的方式,存在火灾隐患。另外,造雾剂中吸湿性催化剂仅占很少部分,使造雾剂的实际效能发挥受到限制,影响成雾的总体效果,也限制了其应用。因此,模拟天然成雾的基本原理和方式,发展非焰剂型成核技术,可以大大提高造雾效能,且不存在火灾隐患,可以达到宽广地域光电防护的目的,以解决要地和城市防空,以及对抗巡航导弹地形匹配和景象匹配的迫切需求,也可用于部队集结、装载航渡、抢滩登陆等运动过程的防护和欺骗。

6.2 光电隐身

6.2.1 光电隐身的定义、特点和用途

光电隐身是减小被保护目标的某些光电特征,使敌方探测设备难以发现目标或使其探测能力降低的一种光电对抗手段。需要指出的是,要想达到好的隐身效果,必须在武器装备系统的结构、动力设计、结构材料的选用以及遮蔽技术、融合技术等伪装技术的使用等方面综合考虑。

隐身技术的出现为目标的隐真伪装提供了新的实现途径。与示假伪装相比,隐身技术能最大限度地保证目标的生存,因为示假虽然能提高战场目标的生存能力,但不能保证真目标不连同假目标一起被摧毁。而对于关键目标(武器装备、工事等),敌不惜武力进行摧毁下,这时,隐身伪装就显得十分必要。

隐身技术是传统伪装技术的延伸,由外装式的"化装"演变为内装式"脱胎换骨和整形",由消极被动变为积极主动。隐身技术可用于反探测,使目标不可探测或低可探测。

6.2.2 光电隐身的分类

光电隐身主要分为可见光隐身、红外隐身和激光隐身。

可见光侦察设备利用目标反射的可见光进行侦察,通过目标与背景间的亮度对比和颜色对比来识别目标。可见光隐身就是要消除或减小目标与背景之间在可见光波段的亮度与颜色差别,降低目标的光学显著性。

红外侦察是通过测量分析目标与背景红外辐射的差别来发现目标的。红外隐身就是利用屏蔽、低发射率涂料及军事平台辐射抑制的内装式设计等措施,改变目标的红外辐射特性,降低目标和背景的辐射对比度,从而降低目标的被探测概率。

激光隐身就是消除或削弱目标表面反射激光的能力,从而降低敌方激光侦测系统的探测、搜索概率,缩短敌方激光测距、指示和导引系统的作用距离。

6.2.3 光电隐身原理

1. 可见光隐身原理

目标表面材料对可见光的反射特性是影响目标与背景之间亮度及颜色对比的主要因素,同时,目标材料的粗糙状态以及表面的受光方向也直接影响目标与背景

之间的亮度及颜色差别。因此，可见光隐身通常采用以下三种技术手段。

1) 涂料迷彩

任何目标都是处在一定背景上，目标与背景又总是存在一定的颜色差别，迷彩的作用就是要消除这种差别，使目标融于背景之中，从而降低目标的显著性。按照迷彩图案的特点，涂料迷彩可分为保护迷彩、仿造迷彩和变形迷彩三种。保护迷彩是近似背景基本颜色的一种单色迷彩，主要用于伪装单色背景上的目标；仿造迷彩是在目标或遮障表面仿制周围背景斑点图案的多色迷彩，主要用于伪装斑点背景上的固定目标，或停留时间较长的可活动目标，使目标的斑点图案与背景的斑点图案相似，从而达到迷彩表面融合到背景的目的；变形迷彩是由与背景颜色相似的不规则斑点组成的多色迷彩，在预定距离上观察能歪曲目标的外形，主要用于伪装多色背景上的活动目标，能使活动目标在活动区域内的各色背景上产生伪装效果。

迷彩伪装并不是使敌方看不到目标，而是在特定的距离上，通过目标的一部分斑点与背景融合，一部分斑点与背景形成明显反差，分割目标原有的形状，破坏了人眼以往储存的某种目标形状的信息，增加人眼视神经对目标判别的疑问。特别是变形迷彩，改变了目标的形状和大小特征，将重要的军事目标改变成不重要的军事目标，或将军事目标改变成民用目标，从而增加敌方探测、识别目标的难度，特别是增加了制导武器操纵人员判别目标的时间和误判率，延误其最佳发射时机。

2) 伪装网

伪装网是一种通用性的伪装器材，一般来说，除飞行中的飞机和炮弹外，所有的目标都可使用伪装网。伪装网主要用来伪装常温状态的目标，使目标表面形成一定的辐射率分布，以模拟背景的光谱特性，使其融于背景，同时在伪装网上采用防可见光的迷彩，来对抗可见光侦察、探测和识别。

伪装网的机理主要是散射、吸收和热衰减。散射型是在基布中编织不锈钢金属片、铁氧体等，或是基布上镀涂金属层，然后用对紫外、可见光、激光具有强烈发射作用的染料进行染色，黏结在基网上，并对基布进行切花、翻花加工成三维立体状，可以强烈地散射入射的电磁波，使入射方向回波很小，达到隐蔽目标的目的。吸收型是在基布夹层中填充或编织一定厚度的能强烈吸收从紫外到热红外的吸收材料，并采用吸收这些电磁波的染料进行染色，将其黏结在基网上，并对基布进行孔、洞处理，以吸收电磁波或抑制热散发，达到防紫外、可见光、热红外及雷达等系统探测、识别目标的目的。热衰减型是由织物及金属箔构成气垫或双层结构，将其与热目标隔开一定距离，能有效地衰减和扩散热辐射，其与紫外、可见光、雷达伪装网配合，构成多层遮障，可达到防全电磁波段侦察和制导的作用。

3) 伪装遮障

遮障可模拟背景的电磁波辐射特性，使目标得以遮蔽并与背景相融合，是固定目标和运动目标停留时最主要的防护手段,特别适用于有源或无源的高温目标。伪装遮障综合使用了伪装网、隔热材料和迷彩涂料等技术手段,是目标可见光隐身、红外隐身的集中体现。

伪装遮障主要由伪装面和支撑骨架组成。支撑骨架具有特定结构外形,通常采用重量轻的金属或塑料杆件做成,起到支撑、固定伪装面的作用。伪装效果取决于伪装面对电磁波的反射和辐射特性与背景的接近程度,这与伪装面的颜色、形状、材料性质、表面状态及空间位置有关。伪装面主要由伪装网、隔热材料和喷涂的迷彩涂料组成。对常温目标的伪装,采用在伪装网上喷涂迷彩涂料所制成的遮障即可;对无源或有源高温目标伪装,还需在目标和伪装网之间使用隔热材料以屏蔽目标的热辐射。

2. 红外隐身原理

对目标的红外隐身包括两个方面内容:一是降低目标的红外辐射强度,即通常所说的热抑制技术;二是改变目标表面的红外辐射特性,即改变目标表面各处的辐射率分布。

1) 降低目标红外辐射强度

降低目标红外辐射强度也称为降低目标与背景的热对比度,使敌方红外探测器接收不到足够的能量,减少目标被发现、识别和跟踪的概率。具体可采用以下几项技术手段和措施:

(1) 采用空气对流散热系统。

空气是一种选择性的辐射体,其辐射集中在大气窗口以外的波段上,或者说空气是一种能对红外辐射进行自遮蔽的散热器。因此,红外探测器只能探测热目标而不能探测热空气。为了充分利用空气的这一特性,目前正在研制和采用空气对流系统,以便将热能从目标表面或涂层表面传给周围空气。空气对流有自然对流和受迫对流两种。自然对流系统是一种无源装置,不需要动力,不产生噪声,可用散热片来增强能力。受迫对流系统是一种有源装置,需要风扇等装置作动力,其传热率高。空气对流散热系统只适用于专用隐身,不作为通用隐身手段。

(2) 涂覆可降低红外辐射的涂料。

这种涂料降低目标红外辐射强度有两种途径:一是降低太阳光的加热效应,这主要是因为涂料对太阳能的吸收系数小。二是控制目标表面发射率,主要有两种方式:降低涂料的红外发射率;使涂料的发射率随温度而变,温度升高,发射率降低,温度降低,发射率升高,从而使目标的红外辐射尽可能不随温度的变化而变化。

(3) 配置隔热层。

隔热层可降低目标在某一方向的红外辐射强度,可直接覆盖在目标表面,也可距目标一定距离配置,以防止目标表面热量的聚集。隔热层主要由泡沫塑料、粉末、镀金属塑料膜等隔热材料组成。泡沫塑料能储存目标发出的热量,镀金属塑料薄膜能有效地反射目标发出的红外辐射。隔热层的表面可涂不同的涂料以达到其他波段的隐身效果。在用隔热层降低目标红外辐射的同时,由于隔热层本身不断吸热,温度升高,为此,还必须在隔热层与目标之间使用冷却系统和受迫空气对流系统进行冷却和散热。

(4) 加装热废气冷却系统。

发动机或能源装置的排气管和废气的温度都很高,排气管的温度可达到200~300℃,排出的废气是高温气体,可产生连续光谱的红外辐射。为降低排气管的温度,可加装热废气冷却系统。目前研制和采用的有夹杂空气冷却和液体雾化冷却两种系统。夹杂空气冷却是用周围空气冷却热废气流,它需要风扇作动力,存在噪声源。液体雾化冷却主要通过混合冷却液体的小液滴来冷却热废气,这种冷却方法需要动力,以便将液体抽进废气流,而且冷却液体用完后,需要再供给。

(5) 改进动力燃料成分。

通过在燃油中加入特种添加剂或在喷焰中加入红外吸收剂等措施,降低喷焰温度,抑制红外辐射能量,或改变喷焰的红外辐射波段,使其辐射波长落入大气窗口之外。

2) 改变目标表面红外辐射特性

改变目标表面的红外辐射特性,采取技术措施包括:

(1) 模拟背景的红外辐射特征技术。

采用降低目标红外辐射强度的技术,只能造成一个温度接近于背景的常温目标,但目标的红外辐射特征仍不同于背景,还有可能被红外成像系统发现和识别。模拟背景红外辐射特征是指通过改变目标的红外辐射分布状态,使目标与背景的红外辐射分布状态相协调,让目标的红外图像成为整个背景红外辐射图像的一部分。模拟背景的红外辐射特征技术适用于常温目标。通常采用的手段是红外辐射伪装网。

(2) 改变目标红外图像特征新技术。

每种目标在一定的状态下,都具有特定的红外辐射图像特征,红外成像侦察与制导系统就是通过目标这些特定的红外辐射图像来识别目标。改变目标红外图像特征的变形技术,主要是在目标表面涂覆不同发射率的涂料,构成热红外迷彩,使大面积热目标分散成许多个小热目标,这样各种不规则的亮暗斑点打破了真目标的轮廓,分割歪曲了目标图像,从而改变了目标易被红外成像系统识别的特定红外图像特征,使敌方的识别发生困难或产生错误。

3) 应用实例:舰船的红外隐身

(1) 舰船的红外特征。

① 舰船的所有表面都有红外辐射,但有效的红外辐射由吃水线以上部分发

射,这部分的表面温度与周围大气温度相当,可看作 300K 左右的红外辐射源,其辐射波长在长波红外区域。与车辆和飞机相比,舰船的热辐射表面要大得多。

② 舰船上还有一些热点,如烟囱及其排气、发动机和辅助设备的排气管、甲板以上的一些会发热的装备等。在吃水线以上部分主要是烟囱及其排气的热辐射,它们的温度比较高,在 700K 左右,其辐射在中红外波段,是红外制导武器的主要跟踪源之一。

(2) 背景的影响。

舰船在海上,海水是一种散射与吸收的介质,它比空气的光学效应要大得多。海水的光学性质与其中所含的可溶性和悬浮性物质的性质有关。海水中散射粒子的形状很不规则,尺寸分布范围广,而且颜色重。入射到海面上的辐射有两部分:一是太阳光的直接照射;二是由于大气对阳光散射所形成的漫散天光。尽管海面附近的大气吸收和散射的效应强烈,但在以 $4\mu m$ 和 $10\mu m$ 波长为中心的两个"窗口"区,红外辐射的衰减相对较弱。另外,在阳光直接照射下,海面的反射会形成明亮的光带,对光电制导武器有干扰作用。

(3) 舰船红外隐身的主要措施。

① 在烟囱表面的发热部位和发动机排气管周围安装冷却系统和绝热隔层。

② 降低排气温度。把冷空气吸入发动机排气道上部,对金属表面和排出的燃气进行冷却。例如,使用二次抽进的冷空气与排气相混合,加上喷射海水,使排气温度从 482℃ 降低到 204℃,达到既降低红外辐射能量,又转移红外辐射的光谱范围的目的。

③ 改变喷烟的排出方向,使之受遮挡而不易被观测。

④ 在燃料中加入添加剂,以吸收排气热量,或在烟囱口喷洒特殊气溶胶,把烟气的红外辐射隔离,减少向外辐射的分量。

⑤ 在船体表面涂敷绝热层,减少对太阳光的吸收。

⑥ 发动机和辅助设备的排气管路安装在吃水线以下。

⑦ 在航行中对船体的发热表面喷水降温,或形成水膜覆盖来冷却。

⑧ 利用隐身涂料来降低船体与背景的辐射对比度和颜色对比度。

3. 激光隐身原理

激光隐身从原理上与雷达隐身有许多相似之处,它们都以降低反射截面积为目的,激光隐身就是要降低目标的激光反射截面积,与此有关的是降低目标的反射系数,以及减小相对于激光束横截面区的有效目标区。为此,激光隐身采用的技术有以下几项。

1) 采用外形技术

消除可产生角反射器效应的外形组合,变后向散射为非后向散射,用边缘衍射代替镜面反射,用平板外形代替曲面外形,减少散射源数量,尽量减小整个目标的外形尺寸。

2) 吸收材料技术

吸收材料可吸收照射在目标上的激光,其吸收能力取决于材料的磁导率和介电常数。吸收材料从工作机制上可分为两类,即谐振型与非谐振型。谐振型材料中有吸收激光的物质,且其厚度为吸收波长的1/4,使表层反射波与干涉相消;非谐振型材料是一种介电常数、磁导率随厚度变化的介质,最外层介质的磁导率近于空气,最内层介质的磁导率接近于金属,由此使材料内部较少寄生反射。

吸收材料从使用方法上可分为涂料与结构型两大类。涂料可涂覆在目标表面,但在高速气流下易脱落,且工作频带窄。结构型是将一些非金属基质材料制成蜂窝状、波纹状、层状、棱锥状或泡沫状,然后涂吸收材料或将吸波纤维复合到这些结构中。

3) 采用光致变色材料

利用某些介质的化学特性,使入射激光穿透或反射后变成另一波长的激光。

4) 利用激光的散斑效应

激光是一种高度相干光,在激光图像侦察中,常由于目标散射光的相互干涉而在目标图像上产生一些亮暗相间随机分布的光斑,致使图像分辨率降低。而从隐身考虑,则可利用这一散斑效应,如在目标的光滑表面涂覆不光泽涂层,或使光滑表面变粗糙,当其粗糙程度达到表面相邻点之间的起伏与入射激光波长可以比拟时,散斑效果最佳。

6.2.4 光电隐身的关键技术

光电隐身技术主要包括用于消除或减少目标暴露特征的遮蔽技术、降低目标与其所处背景之间对比度的融合技术、改变原有目标特定光电特征的变形技术和与武器系统整体设计高度统一的目标内装式设计技术。主要关键技术如下:

(1) 涂料材料和迷彩设计技术;
(2) 伪装网、遮障材料和构造工艺技术;
(3) 遮障器材与热抑制、热消散系统一体化设计技术;
(4) 具有隐身性能的新型结构材料和外形设计技术;
(5) 以热抑制措施为重点的内装式设计技术。

6.2.5 光电隐身的发展史及趋势

潜伏隐蔽、伪装突袭等手段很早就被人类发明创造出来用于战争,从冷兵器时代发展到近代两次世界大战,基本沿袭的都是色彩、外形的视觉伪装。视觉隐身的典型案例是各国空军战机伪装色的演变。第二次世界大战期间英国皇家空军从早期的醒目色调改为较为柔和的低可视度伪装色调,如在夜间轰炸机下表面涂上粗糙亚光的黑色 RDM2 漆,空军战机上表面采用绿色、黄褐色和土灰色搭配,下表面天蓝色或浅灰白,海军战机选择深海灰色,其目的是达到从不同视角特别是主要威胁的上下方观察,能够形成与停放地和战场背景混淆掩盖,引发视觉判断模糊或形成错觉的隐身效果。为了隐身,人们甚至还设计过用透明材料如赛璐珞作为机身蒙皮材料,以减小机身在空中目视可见投影的大小,后来因为反光强烈等各种原因效果不佳才放弃作罢。

第二次世界大战后到冷战初期,很多国家空军曾短期放弃过伪装色,改为原装金属银色,其原因:一是为超声速减阻和去掉多余重量;二是据称这样对核辐射有一定防御效果,因此只在部分海军战斗机上还保留了深蓝和浅灰等色系的组合涂装。但美国自 20 世纪 70 年代越南战争中面临北越空中威胁和战损越来越大以后,再次恢复了战斗机伪装色涂装,基于越南亚热带丛林地貌的背景特征,在机身上部采用丛林绿、中部绿色褐色混杂,下部浅灰色,以降低视距内被发现的概率,这就是著名的"越战迷彩"。此举后来也带动了其他国家纷纷效仿,一直到现在美国空军都还在持续对低可视度涂装进行研究,以尽可能获取空战和对地攻击时的相对视觉隐身优势。值得一提的是,在较远的距离上,涂装亮度和对比度对视觉感知的影响远大于色彩上的差异,消除高亮度反光和过大的对比度、清除阴影区是低可视度涂装的一个重点设计方向。虽然隐身战机利用低可探测性优势可以在中远距离上获得便利,但也不能排除一旦战场态势复杂化很可能会进入近距离视距作战模式,因此采用低可视度伪装涂装仍然是今后提高战机生存力的一项必要措施。目前,美国战机主要伪装涂装已形成几种标准系列,如应用于空军战机的深灰/浅灰色系列组合"幽灵灰"色调,用于欧洲战场的灰/绿/浅绿"1 号方案",用在海军的灰白涂装和陆战队的蓝灰/灰白涂装方案,以及陆军航空兵的橄榄绿/褐色涂装。

面对红外搜索系统和红外制导导弹的威胁,必须研究降低战机主要气动热点、发动机和尾焰红外辐射的措施,通过降低自身热辐射水平和与环境温差,尽可能减少红外制导头有效探测距离,同时改进红外诱饵的信号逼真程度,增加导弹识别判断难度。降低本机辐射水平比较常见的解决措施包括采用尾翼或机身遮挡、增加循环冷却系统、增加冷空气混合、涂覆红外变频涂料、在燃料中混入具有降温效果的化合物等,特别是四代隐身战斗机,为了达到全频隐身的效果,普遍都采取了比较全面的红外隐身增强措施。据说 F-22 战斗机除采用较扁平的二元矩形喷口增加冷空气掺混冷却效果外,还在尾喷口结构中增加了喷口强制制冷系统(携带液氮),可以在被红外制导导弹咬尾跟踪时,择机短时强制制冷,并结合红外诱饵和大过载规避机动迅速摆脱追踪。

当前光电隐身的主要发展趋势如下：

（1）研制多性能的新型宽频带伪装迷彩涂料。其有效频段从紫外、可见光、近红外向中远红外扩展，主要有三种：①热红外伪装涂料。可选择有较高反射率的金属，如片状铝微粒和有较高红外透明度的金属氧化物、硫化物及掺杂半导体作为颜料；选择有较低红外吸收率的无机磷酸盐、改性聚乙烯材料作为黏合剂，或采用在大气窗口内透明、在大气窗口外吸收率很高的黏合剂来配制涂料。这些都是较有前途的热红外伪装涂料的研究方向。②多波段复合型伪装涂料。采用在热红外、毫米波波段透明的黏合剂，选择在可见光、近红外有低反射率，在热红外波段有低发射率，在毫米波范围有高吸收率的材料作为颜料来配制涂料。③反射特性和辐射特性随环境变化的伪装涂料。通过光变色、热变色等机制的研究，开发"变色龙"式伪装涂料，如双硫腙、硒卡巴腙的金属络合物；研究发射率随温度变化的半导体颜料及与其相适应的黏合剂，通过发射率的变化来补偿温度的变化，达到降低目标与背景的热对比度的目的。

（2）研究能模拟植物背景热特征的热红外伪装网。植物背景是最常见和伪装利用最多的背景，植物具有蒸发冷却和光合作用，且这些过程受周围环境变化影响，热特征处于不断的变化状态，现有的伪装网都难以模拟这些过程。伪装网的伪装效果主要由网面材料和网面结构所决定，为此可通过四种途径来达到伪装效果：①研究能模拟单叶红外特征的材料；②研制热惯量与植物等背景相接近的材料；③研制发射率随温度而变化的补偿性材料；④寻找更好的网面结构，提高相应的网面制造工艺水平。

（3）寻求更合理的隔热层结构和相应的构造工艺。当伪装有源的高温目标时，现隔热层由于不断吸热升温，通常需要与强迫空气对流装置配合使用。这在某种程度上影响了它的使用。因此，改善的途径包括：①尽可能降低隔热层表面的发射；②在隔热层上开设合理的空气通孔，以加强隔热层自身的空气对流能力。

（4）研制适应不同目标的标准组件式伪装遮障系统。按照未来战争中各种目标的作战特点，把目标分成两类：一是高易伤性和低作战适应性的目标，如机械化部队和伞兵部队等机动目标；二是高、中易伤性和高作战适应性的目标，如高炮部队、导弹部队和重要战略目标。根据这两类目标的作用和特点，有针对性地研制两种不同的伪装遮障系统：标准组件式重型伪装遮障系统和标准组件式轻型伪装遮障系统。

（5）加强以武器装备外形设计和热抑制措施为重点的内装式设计。通过外形设计和新型结构材料的应用，消除或减小目标的角反射效应，改变或限制电磁波散射方向，尽可能减小目标的散射截面。通过对目标热电性能的优化设计，以及在目标内部安装热抑制器和热消散器,在燃料中添加添加剂等手段,减小目标自身的红外辐射特性。

(6) 研究机动目标的综合伪装防护技术。难点有四个方面:①被保护目标处于运动状态,由于其运动特性、进气排气及尾迹等原因,常规的遮障不能适用;②机动目标的表面处于较高温度状态,现役的伪装材料无法掩盖高温特征,遮障的热屏蔽和热迷彩难度加大;③机动目标的周围环境和背景处于时刻变化状态,常规的针对特定环境和背景的伪装技术和器材不能确保被保护目标全时刻和全天候的伪装效果;④存在着随行机动的可靠性与稳定性、支架与固定、导热与排气、高温目标的防护等难题。因此,适合于机动目标的高性能宽波段伪装遮障技术及材料在世界范围内尚未获得突破。

(7) 红外动态变形伪装。现有的红外防护系统如红外隐身、红外遮障、红外伪装技术基本上都是静态防护方法,有局限性。当环境温度变化时,由于目标和伪装的红外发射率随温度的变化未必一致,伪装后的目标和背景的差异可能会随着温度的变化而变得非常明显。红外动态变形伪装技术是一种新型的光学防护技术。目标的红外辐射强度由目标表面温度和目标表面发射率两个因素决定。温度和发射率越高,红外辐射强度就越大。可以通过对目标红外发射率和温度的动态控制实现对目标红外热图像的动态改变。因此,红外变形伪装技术主要包括电致变温技术和变发射率技术。动态变形伪装系统可以根据需要迅速地从一种伪装状态变化到另外一种伪装状态。各种伪装状态下的图像特征弱相关,可使敌方光学侦察和跟踪、制导系统难以掌握目标真实的红外特征,无法完成对目标的侦察与打击,从而提高各类目标的战场生存能力。

6.3 光电假目标

遮蔽和伪装虽然效果显著,但在激烈的光电对抗中,仅有它们并不能保证万无一失。一旦对方发现目标并实施攻击,很难化险为夷。这时,光电假目标就有了用武之地。在科索沃战争中,面对以美国为首的北约军队的大范围、高功率、高精度的侦察/测向/干扰一体化系统,南联盟在充分吸取了伊拉克的经验和教训的基础上,采取了一系列以"假"为主的对抗措施,广泛地利用模拟器材、民用车辆、报废的武器装备、仿真模型等,设置成地空导弹阵地、重兵集结地域,在一些高速公路两旁每隔几千米就摆放一些废弃的或假的武器装备,包括假导弹发射设备、假坦克、假装甲车甚至假公路等,并就地取材制作假目标,不断变换位置和数量,以欺骗敌方,诱使北约把大量的弹药投射到造价便宜的假目标上,有效地保护了自己的军事装备。南联盟的大量坦克分散隐藏在树林中,或用绿叶覆盖,用以隔绝车体散发出的热量，从而躲开北约红外探测系统的追踪。停战协议签署后，南军从科索沃撤出时开出的坦克等武器是北约估计的几倍以上。北约报道摧毁南联盟120辆坦克，220辆装甲车，超过450门火炮和迫击炮，实际数量仅为14辆坦克，18辆装甲车，20门火炮。可见，假目标的作战效能再一次得到印证，光电假目标真正成了战场目标的"挡箭牌"。

6.3.1 光电假目标的定义、特点和用途

光电假目标是利用普通廉价材料或就便器材，制成假装备、假设备，模仿真装备、真设施的外形、尺寸、颜色和一定的光电辐射/反射特性，以迷惑、诱骗敌光电装备，使己方真装备、真设施得到保护或使其战场生存能力明显提高。

目前，外军研制的各种假目标有充气式、装配式和膨胀式等几类。充气式假目标能模拟坦克、车辆、飞机和导弹等目标。其特点是体积小、重量轻、充放气速度快。它的防护波段正在从可见光、近红外向中红外、雷达波段扩展。如美国的泡沫塑料充气假目标，造型逼真，并可配备热源和角反射器，以对付红外和雷达探测。装配式假目标具有技术简单、造价低廉、弹片击中后伪装效果不受影响等特点。目前瑞典、意大利等国家在这方面处于世界领先地位。它们制造的假目标已在1991年的海湾战争中得到应用，使多国部队无数的炸弹、导弹白白浪费，保护了伊拉克众多的真实目标。膨胀式假目标的特点是外形逼真、重量轻、便于运输、展开迅速、膨胀体积大。美国使用聚氨酯泡沫塑料制成的这类假目标，压缩后体积为原来的1/10。

"示假"是光电无源干扰的另一重要方面，与其"隐真"对抗手段相配合，可有效地欺骗和诱惑敌人，提高真目标的生存能力，随着光电侦测和制导武器地位的日益提高，假目标的作用也愈加显得突出。

6.3.2 光电假目标的分类

按照与真目标的相似特征的不同，光电假目标可分为形体假目标、热目标模拟器和诱饵类假目标。形体假目标是与真目标的光学特征相同的模型，如假飞机、假导弹、假坦克、假军事设施等，主要用于对抗可见光、近红外侦察及制导武器。热目标模拟器是与真目标的外形、尺寸具有一定相似性的模型，且其与真目标具有极为相似的电磁波辐射特征，特别在中远红外波段，主要用于对抗热成像类探测、识别及制导武器系统。诱饵类假目标只要求与真目标的反射、辐射光电频段电磁波的特征相同，而不求外形、尺寸等外部特征相似的假目标，如光箔条诱饵、红外箔条诱饵、气球诱饵、激光假目标等，主要用于对抗非成像类探测和制导武器系统。

按照选材和制作成形可分为制式假目标和就便材料假目标。制式假目标是按统一规格定型生产,列入部队装备体制的伪装器材,轻便牢固、架设撤收方便、外形逼真,而且通常加装反射、辐射配件,以求与真武器装备一样的雷达、红外特性,如现装备的充气式假目标、骨架结构假目标、泡沫塑料假目标、木制假目标等形体假目标,以及由带有热源的一些材料组成的热目标模拟器。就便材料假目标是就地征集的或利用就便材料加工制作的假目标,可作为制式假目标的补充,具有取材方便、经济实用特点,能适应战时和平时大量、及时设置假目标的需要。如镀金属(铝等)聚酯薄膜就是一种可以利用的假目标,这种假目标展开时的尺寸应同真实的目标接近,并可以折叠或卷起,它能模拟金属目标的反射特性和辐射特性,让敌方真假难辨。

6.3.3 光电假目标的组成与设计考虑

1. 光电假目标的组成

光电假目标种类繁多,采用的材料和制作方式各不相同,这里仅以形体假目标为例介绍。形体假目标现已发展为在可见光、近红外、中远红外及雷达各波段均能使用的具有综合性能的假目标。主要有薄膜充气式、膨胀泡沫塑料式和构件装配式。

薄膜充气式即目标模拟气球,海湾战争中伊拉克使用的充气橡胶战车,就是以高强橡胶为整体,内部敷设电热线,外部涂敷铁氧体或镀敷铝膜,最外层喷涂伪装漆而制成的。

膨胀泡沫塑料式为可压缩的泡沫塑料式模型,解除压缩可自行膨胀成假目标,美国的可膨胀式泡沫塑料系列假目标,配有热源和角反射器,装载时可将体积压缩得很小,取出时迅速膨胀展开成形,并且不需专门工具,具有体积小、重量轻、造型逼真的特点,同样具有模拟全波谱段特性的性能。

构件装配式,比如积木,可根据需要临时组合装配,瑞典的装配式假目标是将涂聚乙烯的织物蒙在可拆装的钢骨架上制作的,用以模拟飞机、坦克、58火炮等。还有的用玻璃钢做表层并在内部贴敷不锈钢片金属布(或是在玻璃钢表面镀敷金属膜)制成壳体,壳体内用燃油喷灯在发动机等发热部位加高热,最外层喷涂伪装涂料制作成导弹、飞机、坦克等假目标系列;还有的用聚氨酯发泡材料做外形,内贴金属丝防雷达布,并敷设由电热丝加热或燃油喷灯加热的假目标。此外,使用胶合板、塑料板、泡沫板、橡胶、铝皮、铁皮等就便材料制作各类假目标,并在内部安装角反射器、热源、无线电回答器,也具有较好的宽波段性能。

2. 光电假目标的设计考虑

根据假目标战术使用要求,在设计制作与设置假目标时应满足以下要求:

(1) 假目标的主要特性,如颜色、形状、电磁波反射(辐射)特性应与真目标相似,大于可见尺寸的细节要仿造出来,垂直尺寸可适当减小。

(2) 有计划地仿造目标的活动特性,及时地显示被袭击的破坏效果。

(3) 对设置或构筑的假目标应实施不完善的伪装。

(4) 假目标应结构简单,取材方便,制作迅速。经常更换位置的假目标应轻便、牢固、便于架设、撤收和牵引。

(5) 制作、设置和构筑假目标时,要隐蔽地进行,及时消除作业痕迹。

(6) 假目标的配置地点,必须符合真目标对地形的战术要求,同时为保护真目标的安全,真假目标之间应保持一定的距离。

6.3.4 光电假目标的发展史及趋势

为适应战场的需要,外军已研制和装备了大量不同类型的形体假目标,海湾战争中,伊拉克使用胶合板、铝皮、塑料等就便材料制作的假目标,大量地消耗了多国部队的精确制导武器,并保存了自身的军事实力,显示了假目标在现代战争中的重要地位和作用。此外,为对抗红外前视系统和红外成像制导系统的威胁,国外正加紧研制专用热模拟器,如美国研制的"吉普车热红外模拟器""热红外假目标"等。

目前光电假目标的主要发展趋势如下:

(1) 进一步改进和完善形体假目标性能。增加假目标的种类,并配装模拟目标热特征的热源及角反射器、无线电回答器等装置,使其具有光学、红外及雷达等多波段的欺骗性能。

(2) 加速发展热红外模拟器的研制。使模拟器能对真目标的热图像进行"全周日"的逼真模拟,主要为四个发展方向:①发展研制一种多用途热红外模拟器,用以模拟多种目标的热图像特征。如美军正准备进一步发展其已研制成功的"热红外假目标",使其能模拟大型车辆、汽轮发动机等多种目标的不均匀"热点"特征。②发展研制多种专用热红外模拟器,用于模拟不同类型战术目标,如美军正计划以"吉普车热模拟器"为基础,进一步发展其他战术目标的热模拟器。③发展研制用于增强背景热红外辐射的热红外杂波源,使其具有较长的工作寿命、较好的适应性和有效性。④发展研制高性能的相变材料。对假目标的红外仿真模拟中,关键是要解决以下几个难题:用什么样的材料能够模拟与真目标相似的热红外特征变化过程;材料红外特征的可控性,即能够调节不同的温度范围、某一区域温度分布的均匀性;与材料相匹配的热源技术。针对上述关键难题,由于相变材料在其相变温度处具有较高的潜热,既可在预先储备热能的条件下较长时间保持温度,也可大量吸收被防护目标的热辐射和传导热能,降低目标表面温度,从而可起到隐真和示假的双重作用。

（3）完善诱饵类假目标系统性能。使假目标成为整个防御系统的一个有机组成部分。主要方向是发展烟幕、假目标组合自适应施放系统，特别是重点发展诸如坦克等装甲车辆及重点目标用的红外诱饵系统，提高红外诱饵的欺骗性。

第 7 章

反光电侦察

反光电侦察是抓住光电系统的薄弱环节,使敌方的光电侦察装备无法"看见"己方的军事设施,最终一无所获。具体是指针对敌方光电侦察告警设备,利用光电伪装与隐身、遮蔽和欺骗等措施,抑制/反射己方目标的光电辐射或降低对比度,使其不被发现或识别的技术。

反光电侦察的这三种措施可以互为补充使用,理想的伪装与隐身,应使己方目标无法被光电侦察系统和红外寻的器"看见";但通常达不到理想效果,一般使其达到某种隐身程度,再让欺骗来发挥作用;红外烟幕也必须有强烈吸收红外辐射的特点,但在布设烟幕的同时,也遮挡住己方红外系统的视线。

反光电侦察的具体技术包括烟幕、伪装、光箔条、隐身、假目标、摧毁与致盲、编码技术和改变光束传输方向。其总体思想是保护自己,打击对方,破坏中间。应该说,反光电侦察技术和光电干扰技术在分类上是相互涵盖的,特有的反光电侦察措施主要指编码技术。本章主要从反光电侦察的角度来论述各种干扰技术,并重点阐述编码技术。

7.1 基于光电干扰的反侦察措施

1. 利用天然与人为的屏蔽及气象条件实现隐蔽效果

(1) 地形地物的隐蔽效果。光电装备的工作波段为 $0.4 \sim 14\mu m$,波长较短,衍射能力差,对有地形地物障碍的目标无法观测。经研究表明,在一般的地形上,对 1km 距离的地面目标,当其暴露行驶 550m 时,通视概率为 90% ~ 97%,当目标暴露行驶 50m 时,通视概率降为 4% ~ 12%,且目标越远,通视概率越低。

(2) 大气能见度的影响。能见度对光电装备的性能有严重影响,且与工作波长密切相关。在标准大气压能见度分别为 23km 和 5km 条件下。对不同波长的激光其水平 5km 平均透过率如表 7.1 所列。可见,能见度对激光传播有严重影响,而且对短波激光影响更严重,使光电装备的性能降低。

(3)季节的影响。一年四季气候不同,对光电系统造成的影响也不同,且不容忽视,特别对 10.6μm 激光的传输影响最大(表 7.2)。很明显,季节变化对短波长激光影响小,而对 CO_2 长波长激光影响严重,这是因为夏季空气对 10.6μm 波长的辐射有严重的吸收。

表 7.1 水平 5km 平均透过率(%)

激光波长/μm	能见度/km	23	5
GaAs 0.9		47	3.6
YAG 1.06		63	10.3
CO_2 10.6		64	48.1

表 7.2 在 23km 能见度下,水平 5km 的平均透过率(%)

激光波长/μm	季节	夏季	冬季
GaAs 0.9		41	49
YAG 1.06		63	63
CO_2 10.6		22.5	76.7

2. 利用水幕、尘埃、烟幕、大气湍流、伪装、欺骗、隐身等阻碍与迷惑敌方的光电侦察

烟幕、伪装、欺骗和隐身等措施可以参考光电无源干扰部分,在本节只是将这些技术用于反侦察而已。这里简单论述水幕、尘埃和大气湍流等对光电侦察的阻碍与迷惑作用。

(1)水幕的遮蔽效应。水幕是一种简便而有效的干扰手段,据研究表明,厚 1.5μm 的水膜就可以使波长 10.6μm 的红外激光衰减 50%。

(2)尘埃的遮蔽效应。在地面战场上,往往会造成大规模的尘埃幕,只要它有一定的浓度,在小风的气象条件下,对红外激光辐射的衰减效果十分明显。测试表明,尘埃团使 1.06μm 激光的透过率降到 10% 以下,可持续 20~30s 的时间;使 10.6μm 激光的透过率降到 100% 以下,可持续 35~80s;对 3~5μm 辐射完全阻断,可以持续 7~8s 的时间。

(3)利用大气湍流影响光电装备的工作性能。由于温度、压力和其他扰动造成大气折射率随机起伏形成湍流,它会对激光与红外辐射的传输造成多种影响,比如:高层大气湍流将造成辐射强度的起伏和闪烁;低层大气湍流将造成成像系统像点或光焦点的运动或跳动;湍流引起光程长度的起伏,使像距或像面位置产生飘动,使光束发散、光斑分裂和产生光散射,引起相干光的频率漂移或相位畸变,从而

使其相干性变差等。

3. 提高光电制导武器的抗侦察能力

对光辐射的振幅、相位、频率、偏振、脉宽等进行混合编码，以密码形式做成制导信号指令。

4. 强辐射攻击破坏敌方各类光电设备或者用火力直接摧毁敌方光电侦察设备

其实就是光电有源干扰部分的强激光干扰，或红外定向干扰机，此处将其用于反侦察。

7.2 编码技术

在半主动激光制导中，激光目标指示器发射的编码信号，经敌方目标反射后，被导引头接收解码后，引导导弹攻击敌方目标。那么这里编码信号通常都对光辐射的什么信息进行编码？又采用了哪些编码技术？本节依次讨论这些问题。

7.2.1 激光制导编码物理参量分析

激光半主动制导中采用的激光编码主要基于激光脉冲编码。作为制导用的激光脉冲，考虑激光导引头的有效探测距离与激光的峰值功率成正比，兼顾体积、连续工作时间、可靠性等作战要求，国际上激光制导编码激光器毫无例外地选用高功率固体脉冲激光器。因此，本小节将重点研究固体激光器所产生激光的可编码能力，如激光脉冲能量（峰值功率）、激光偏振态、激光脉冲宽度、激光脉冲间隔和激光波长等。

激光目标指示器发射激光脉冲被激光导引头接收，可以看作是一种激光通信。若激光目标指示器发射的激光脉冲携带信息，而激光导引头可以检测出这个信息，则这个信息必须具有唯一可译性，即激光器可调制的参量在激光半主动制导过程中具有唯一可译性。

激光半主动制导过程中，激光脉冲信号的历程可以分为产生、大气传输、目标漫反射、大气传输和激光导引头检测五个过程。理论上，只要在这五个过程中具有"不变性"且可以检测的物理参量都可以作为激光编码的信源。

通过激光脉冲串物理参量的不确定度分析可知：激光脉冲的偏振态不具有唯一可译性，而激光脉冲峰值功率的不确定度太大，所以二者不适合用作激光编码信源。

目前，激光脉冲宽度可调激光器可实现方法主要有三种：一是采用利用布里渊散射（SBS）的染料调 Q 技术实现的 SBS 脉宽连续可调激光器；二是采用电光开关直接削波方法实现的电光调Q激光器;三是激光惯性约束核聚变领域中采用电光晶体光闸对前级驱动器输出的激光脉冲进行切割削波以获得任意整形激光脉冲。虽然脉冲宽度可调的激光器目前可实现,但是根据激光脉冲宽度不确定度的分析可知,激光脉冲宽度不确定度约为30ns,即使激光脉冲宽度可调范围为10~200ns,可用的编码信源的元素也只有六七个,因而宽度调制信息少、技术实现难度大,而且从能量损耗角度分析,激光脉冲宽度可调激光器输出相同重频的激光脉冲串时,需额外消耗多倍的能量。因此,激光脉冲宽度也不适合用作激光编码的信源。

可调谐激光器主要可分为两大类:一类是基于激光器工作介质的宽带发射光谱加上波长选频技术实现的波长连续可调的可调谐激光器;另一类是对于某一固定波长,通过非线性光学参量变换实现的波长连续可调的光参量激光器。目前可实现的光参量全固态可调谐激光器已经具备了军事应用价值,其波长可调谐范围可达700~3000nm,其峰值功率可达10^7W。同时,近年多种宽范围可调谐、带宽窄的可调谐滤波器已经广泛应用光通信系统。这为激光脉冲的发射和接收奠定了编码和解码基础。从技术上讲,波长调制是可行的,但实现难度大,编解码复杂。

激光脉冲间隔调制是目前固体脉冲激光器最成熟的技术。通常在激光半主动制导中,所需激光脉冲的重频为5~20脉冲/s,对应的脉冲间隔的范围为50~200ms。由激光脉冲间隔的不确定度分析可知,脉冲间隔的不确定度小于1μs,激光脉冲间隔的理论差异值最小可达2μs,所以激光编码脉冲间隔信源元素的数量为

$$N_{\mathrm{PI}} = \frac{100-50}{2\times 10^{-3}} = 2.5\times 10^4 \qquad (7.1)$$

假设激光半主动制导时间$T_{\mathrm{Gui}}=20$s,则所需的最多的脉冲间隔数$N_{\mathrm{Gui}}\leqslant 400$个。所以,若采用不重复的激光脉冲间隔进行编码,则可实现的编码数量$N_{\mathrm{LC}}\geqslant 62.5$个;若采用可重复的激光脉冲间隔进行编码,则可实现的编码数量$N_{\mathrm{LC}}=(N_{\mathrm{PI}})^{400}$。因此,采用脉冲间隔编码可实现的状态非常多,但这并不代表所有的激光脉冲间隔编码都适合用于激光半主动制导。

7.2.2 激光编码理论与技术

适用于激光制导编码的参量只有激光脉冲的时间特性。现有成熟的且已应用的激光制导编码,几乎毫无例外地均使用激光脉冲的时间特性进行激光制导编码。本小节立足于激光脉冲的时间特性,对激光编码理论与技术进行系统研究。

1. 激光编码概述

激光编码的目的主要有四个:①标识目标。不同的激光编码代表不同的目标,

即解决在同一战场多枚激光制导武器同时攻击不同目标时容易导致目标混乱的问题。②避免同一战场中指示器或制导武器的互相干扰,即解决在同一战场同时攻击多个目标时激光目标指示器间互相干扰,以及不同制导信号对各激光导引头的干扰问题。③提高激光制导武器的抗干扰性能,即存在激光有源干扰时,激光制导武器仍具有较高的制导精度。④实现多种激光系统的通用性,即通过采用激光编码,使激光目标指示器、激光测距仪、激光光斑跟踪器以及激光制导武器等多种激光系统具有通用性。

激光编码应具有五个特征:①唯一可译性;②相关性能好;③抗干扰性强;④编解码便捷性好;⑤通用性好。唯一可译性是指激光编码的码字与激光编码脉冲串的时间特性是一一映射的关系,即激光脉冲串的特性具有唯一性。激光编码的唯一可译性是实现区分目标的重要特性。激光编码的相关性可以表征激光解码的误码率以及激光指示器之间或激光半主动制导武器之间的互相干扰的大小。抗干扰性主要是指对抗激光有源干扰中的激光编码识别技术的性能,即激光编码的密码特性以及随机性。编解码便捷性是指激光编解码方法或者编解码的实现技术等简单、方便,而且要求解码所需时间尽量短。通用性好是指激光编码可在各种激光系统中使用,而且应具有标准性和可扩展性等。

激光编码是指对激光目标指示器发射的激光脉冲串进行调制,使激光脉冲串携带预定传输的信息。因而,激光编码本质上可认为是在时间特性上具有唯一可译性信息的激光脉冲串。

假设一激光编码制导信号在时域上的分布如图 7.1 所示,则此制导信号可采用时域上的函数为

$$f(t) = \sum_{i=0}^{n} \delta(t - t_i) \tag{7.2}$$

式中:$n \geq 2$ 且 $n \in \mathbf{N}$;$\delta(t - t_i) = \begin{cases} 1, & t = t_i \\ 0, & t \neq t_i \end{cases}$, $i = 0, 1, 2, \cdots, n$。

从信息论角度看,图 7.1 中激光脉冲串代表的激光编码,既可以包含绝对时间的信息,又可以包含相对时间的信息。当激光编码采用激光脉冲串在时域上的绝对时间信息时称为绝对时间编码;当采用激光脉冲串在时域上的相对时间信息时称为脉冲间隔编码。

绝对时间编码可以采用激光脉冲在时域上的绝对时刻序列 T 表示,即

$$T = \{t_i\} = t_0 t_1 t_2 \cdots t_n (i = 0, 1, 2, \cdots, n) \tag{7.3}$$

式中:$n \geq 2$ 且 $n \in \mathbf{N}$。

脉冲间隔编码可以采用脉冲间隔序列 ΔT 表示,即

图 7.1 单位幅度的激光脉冲串在时域上的分布

$$\Delta T = \{\Delta T_i\} = \Delta T_1 \Delta T_2 \Delta T_3 \cdots \Delta T_n (i = 0, 1, 2, \cdots, n) \quad (7.4)$$

式中：$n \in \mathbf{N}$。

在激光半主动制导实际应用中,普遍采用的激光编码为脉冲间隔编码。这是因为绝对时间编解码实现技术难度较大,硬件比较复杂,而脉冲间隔编解码实现难度较小,硬件较简单。

2. 信源及其编码方法

激光脉冲间隔编码可以采用相邻脉冲之间的时间间隔作为信源中的元素。设激光脉冲间隔编码信源中元素个数为 N_S,则信源可表示为

$$\Delta T_S = \{\Delta T_{Si} | i = 1, 2, \cdots, N_S\} \quad (7.5)$$

根据激光半主动制导中激光编码的实战需求可知,ΔT_S 中的任意元素 ΔT_i 需满足

$$\frac{1}{f_{Lmax}} \leqslant \Delta T_{Si} \leqslant \frac{1}{f_{Gmin}} (1 \leqslant i \leqslant N_S) \quad (7.6)$$

式中：f_{Lmax} 为高功率脉冲激光器正常工作时重复频率的最大值;f_{Gmin} 为高精度激光半主动制导时所需的制导数据速率的最小值。

根据编码信源的唯一可译性可知,ΔT_S 中的任意两个元素需满足

$$|\Delta T_{Si} - \Delta T_{Sj}| > \delta T (1 < i, j < N, i \neq j) \quad (7.7)$$

式中：δT 为脉冲间隔的不确定度。

由式(7.5)~式(7.7)可知,激光脉冲间隔编码信源中元素的最大个数 N_{Smax} 主要由 f_{Lmax}、f_{Gmin} 和 δT 决定,即

$$N_{Smax} = \left[\frac{1/f_{Gmin} - 1/f_{Lmax}}{\delta T} \right] \quad (7.8)$$

式中,[ ] 为取整符号。

假设激光目标指示器中激光器的 $f_{Lmax} = 20\mathrm{Hz}$,激光半主动制导达到高精度制导时 $f_{Gmin} = 5\mathrm{Hz}$,而激光半主动制导过程中脉冲间隔不确定度 $\delta T = 10\mu\mathrm{s}$,则一维激光脉冲间隔编码信源中元素的最大个数为

$$N_{S\max} = \left[\frac{1/f_{G\min} - 1/f_{L\max}}{\delta T}\right] = \left[\frac{1/5 - 1/20}{10 \times 10^{-6}}\right] = 15000 \qquad (7.9)$$

因而，一维激光脉冲间隔编码信源可采用十进制编码的方法进行编码，即信源 ΔT_S 中的元素可采用下述方法来表述：

$$\begin{cases} \Delta T_{S1} = \Delta T_{S0} + K_1 \times \delta T_1 \\ \Delta T_{S2} = \Delta T_{S0} + K_2 \times \delta T_1 \\ \cdots \\ \Delta T_{Sm} = \Delta T_{S0} + K_m \times \delta T_1 \end{cases} \qquad (7.10)$$

式中：固定时间间隔 $\Delta T_{S0} = 1/20\text{s} = 50\text{ms}$，时间间隔增量 δT_1 为 ΔT_S 中元素的最小差异，且 $\delta T_1 > \delta T, K_i \in N(1 \leq i \leq m)$，即

$$\begin{cases} \Delta T_{S1} : \to K_1 \\ \Delta T_{S2} : \to K_2 \\ \cdots \\ \Delta T_{Sm} : \to K_m \end{cases} \qquad (7.11)$$

信源 $\Delta T_S = \{\Delta T_{Si} | i = 1, 2, \cdots, m\}$ 与 $K_S = \{K_1, K_2, K_3, \cdots, K_m\}$ 存在且形成一一映射关系。这就实现了一维激光脉冲间隔编码信源的十进制编码。

3. 激光脉冲间隔编码方法

设激光脉冲间隔编码信源中元素的个数为 N_S，则一维激光脉冲间隔编码的数量为 N_S。通常，N_S 远远大于各国在激光半主动制导应用中实际需要的激光编码数量，因此，通常采用等长分组编码的方法实现激光脉冲间隔编码。

等长分组编码的原理是将信源 ΔT_S 中的元素按照一定的映射关系进行等数量的组合和排列。设 $\Delta T_S = \{\Delta T_{Si} | i = 1, 2, \cdots, N_S\}$，$N_S = m \times n, m, n \in \mathbf{N}$，则将 ΔT_S 进行 m 等长分组编码可形成 n 组编码，即

$$\begin{cases} \Delta T^1 = \Delta T_{11} \Delta T_{12} \Delta T_{13} \cdots \Delta T_{1m} \\ \Delta T^2 = \Delta T_{21} \Delta T_{22} \Delta T_{23} \cdots \Delta T_{2m} \\ \cdots \\ \Delta T^n = \Delta T_{n1} \Delta T_{n2} \Delta T_{n3} \cdots \Delta T_{nm} \end{cases} \qquad (7.12)$$

若式(7.12)中各序列 $\Delta T^i (1 \leq i \leq n)$ 中的各元素满足

$$\begin{cases} \Delta T_{ij} \in \Delta T_S & (1 \leq i \leq n, 1 \leq j \leq m) \\ \Delta T_{ij} \neq \Delta T_{kl} & (i \neq k, j \neq l) \end{cases} \qquad (7.13)$$

则 $\Delta T^i (1 \leqslant i \leqslant n)$ 为一维激光脉冲间隔编码。

当信源 ΔT_S 采用十进制编码且形成的十进制编码信源为 K_S 时,则式(7.12)中的激光脉冲间隔编码也可以采用下式描述:

$$\begin{cases} \Delta T^1 = K_{11} K_{12} K_{13} \cdots K_{1m} \\ \Delta T^2 = K_{21} K_{22} K_{23} \cdots K_{2m} \\ \cdots \\ \Delta T^n = K_{n1} K_{n2} K_{n3} \cdots K_{nm} \end{cases} \quad (7.14)$$

式中:$K_{ij} \in K_S (1 \leqslant i \leqslant n, 1 \leqslant j \leqslant m)$。

当激光脉冲间隔编码信源确定时,将其中的元素采用伪随机数产生器进行等数量的排列和组合后,产生的激光脉冲间隔序列称为伪随机激光脉冲间隔编码。伪随机数产生器具有多种类型,如线性伪随机产生器、$1/p$ 产生器、BBS 产生器等,其中,最为广泛使用的伪随机数产生器是线性同余算法。当前,改进线性同余算法产生伪随机数存在的不足,通常采用密码算法。传统的加密方法又主要有仿射加密方法和矩阵加密方法。

第8章 抗光电干扰

抗光电干扰是在光电对抗环境中为保证己方使用光频谱而采取的行动。具体是指在己方目标上,通过采取抗干扰电路、光电防护材料或器材等措施,衰减或滤除敌方发射的强激光或其他干扰光波,保护我方光电设备或作战人员免遭干扰或损伤的技术。典型特征:它不是单独的设备,而是包含在军用光电系统(如激光测距机)中的各种抗干扰技术和措施。抗光电干扰主要包括两个方面:一个是抗无源干扰和有源干扰中的低功率干扰,包括反隐身技术、多光谱技术(复合制导)、信息融合技术、成像制导、自适应技术、编码技术、选通技术、抗干扰电路和背景辐射鉴别技术等;另一个是抗有源干扰中的致盲干扰和高能武器干扰,包括距离选通、滤光镜、防护与加固技术、新体制导弹和直接摧毁等[3]。

本章首先介绍反隐身措施中的多光谱技术和信息融合技术,其他抗干扰技术则结合在抗红外有源干扰和抗激光欺骗干扰中论述,然后重点阐述抗强激光干扰的各种方法。

8.1 反隐身措施

隐身技术的应用使武器与装备的作战能力和生存能力都有很大的提高,必然促使反隐身技术的产生和发展。但是从目前来看,反光电隐身技术不论在理论上还是实际上都不十分成熟。当前反红外隐身研究得比较多,重点包括:

(1) 研制具有高探测能力的红外探测器,提高对隐身目标的探测距离。

(2) 采用天基和空基红外探测系统俯视探测隐身飞行器,因为飞行器的上半部隐身措施较差。

(3) 提高红外系统的成像质量和图像识别能力,提高光谱识别能力,在目标与背景辐射反差较小的条件下,把目标从背景中分离出来。

(4) 对同一目标采用多光谱探测与多传感器探测,通过信息融合对抗红外隐身措施。

本节主要针对多光谱技术和信息融合技术展开讨论。

8.1.1 多光谱技术

1. 基本概念

多光谱技术是利用不同物体的反射光谱和辐射光谱上的差异,在多个波段上分别获取能反映上述差异的图像,然后把这些同一对象不同波段上的图像依一定规则合成,揭示出上述差异,识别目标。

人眼作为一种特殊的成像器件,具有目前单一图像传感器所无法比拟的一些特点,其中比较典型的有:

(1) 图像信息的高速并行处理能力,人眼在一瞬间接受的是二维图像信息,并能高速地处理这些信息。

(2) 高分辨力的彩色视觉,在一定的场景亮度和足够的目标视角条件下,人眼可以分辨亮暗或灰度变化的等级约十几级到几十级,而分辨从紫色到红色的能力却可达千级以上。充分利用人眼的视觉特点仍是目前光电成像系统完成输出到感知的主要任务,而模拟人眼成像和处理过程也是图像传感器及图像处理所追求的方向之一。

人眼利用可见光的直接观察,区别场景中的景物不仅根据物体的外形,有时通过颜色分辨更为重要。可以认为人眼是一部特殊的多光谱综合仪器,但用于多光谱直接观察中存在两个缺点:

(1) 人眼适应的光谱范围窄,仅在 $0.38 \sim 0.76 \mu m$ 之间,这使得所获取信息量受到限制。

(2) 人眼虽能区别颜色间的差异,但存在辨色极限。根据三基色原理,人眼视觉是一种平均效应,不能区别微小光谱的差异,而这些差异可能正好包含识别目标的重要信息。

图 8.1 为绿色草木和暗绿色油漆的反射光谱曲线,它们在可见光区域有差异,但一致性较好,人眼难以辨别。而在近红外波段两者差异很大,人眼却无法感知。

因此,为了充分发挥多光谱技术的优点,可以利用光电成像器件的适当组合,以扩展多光谱图像的光谱范围。

2. 多光谱图像获取方法

多光谱成像系统可以有多种组成形式:一是不同波段的成像传感器组合,如资源卫星中使用的可见光、近红外、中红外和远红外四种成像传感器的组合。二是光谱响应范围较宽成像传感器与多块窄带滤光片的组合,具体又有两种实现途径:①相同的多个成像传感器,分别配以不同的窄带滤光片;②一个摄像器依次变换多

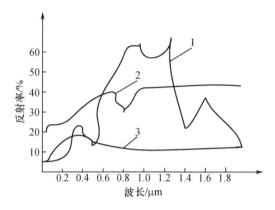

图 8.1 三种典型目标的反射光谱曲线
1—绿色草木；2—粗糙混凝土；3—暗绿色油漆。

波段滤光片，按帧改变不同的滤光片，以获得按帧序排列的多光谱图像，供处理与合成。后一方式易于配准，但帧频降低，将损失至原来的 1/3。

典型的多光谱成像系统包括：

(1) 美国海军的"科布拉"被动式六谱段成像系统。可探测出目标场雷区的分布以及隐蔽的阵地和战车，其工作在从可见光到近红外光至短波红外光区域的 5~20 个谱段，谱段宽度为 50~100nm，瞬时视场约为 1mrad，地面鉴别率从几十毫米（无人驾驶机）到 20m（U-2 飞机）。该系统分两大部分：一部分为从舰船编队起飞的无人飞行器子系统；另一部分为地面站系统。飞行器中装有 3 台视频摄像机，其中 1 台为前视摄像机，另 2 台为多谱段侧视摄像机，前视摄像机产生正规的地貌图像，而侧视多谱段摄像机和自动目标识别系统可检测出目标场景细小光谱变化情况。由无人飞行器产生的视频图像经数据链传送到地面站战术信息显示中心，数据在此处经处理后指示出目标场景的位置，并将信息传送到 C^3I 系统。

(2) 美国海军研制的 PHILLS 超光谱成像侦察系统，采用硅 CCD 探测器，工作在可见光波段，探测谱段达 400 个，谱段宽小于 10nm。另一种为实验型 HYD-JCE 超光谱成像侦察系统，光谱范围为 0.4~2.5μm，空间鉴别率为 0.5mrad，地面鉴别率为 1m。在近红外波段，采用 512×512 像元 InSb IRFPA 探测器，信噪比为 50~200。

3. 多光谱图像处理方法

根据获取的多光谱图像，既可逐个波段地去研究目标，联合特征进行识别，也可将不同波段的图片融合成一幅图像进行分析。两种方式都可以为识别景物中的各种目标提供更多的信息。

1) 多波段联合识别

多波段联合识别其实是一个分类问题,在多光谱图像中测定一个像元的某个特征 x(如灰度),并据此确定该象元的类别。最简单的方法是最小距离分类器。它把一个具有特征矢量 $\boldsymbol{x}$ 的像元划入特征矢量 $\boldsymbol{x}$ 与类的平均矢量 $\boldsymbol{\mu}_i(i=1,\cdots,n)$ (n 为类别数)最接近的类别。这种分类法是最大似然(贝叶斯)分类的一种特殊情况。

2) 图像融合识别

在进行图像融合前,要先进行图像配准。配准要达到一定精度,否则会影响融合效果。图像配准是对取自不同时间、不同传感器或者不同视角的同一场景的两幅或多幅图像进行最佳匹配的过程,包括像素灰度匹配和空间位置对齐。像素灰度匹配可以通过传感器参数实现,所以配准通常指空间位置对齐。图像配准的方法有很多,文献[47]全面概括了配准技术的研究内容,包括配准对象、特征提取、特征匹配、变换模型、优化策略、坐标变换与插值、系统实现及算法评估,并考虑每项内容的技术特性进行细分,然后依据某一算法的创新点进行分类。囊括所有方法的分类准则是不存在的,本书侧重于从总体上对配准方法进行考查,是一种相对能反映配准方法本质特征的分类方法。

图像融合是把同一场景从不同特性、不同时间、不同分辨率传感器获得的多幅图像综合成一幅图像的先进图像处理技术。按信息抽象的程度,图像融合可以分为像素级图像融合、特征级图像融合和决策级图像融合三个结构层次[48]。图像融合作为一个新兴的学科体系正在不断发展,在许多方面已经取得了比较满意的成绩。研究者们从各个不同的应用领域提出了多种不同的图像融合方法,这里主要给出常见的像素级图像融合方法,它是最有别于传统信息融合的地方。常见的像素级融合方法有彩色变换方法、加权平均法、金字塔分解方法、小波变换方法、神经网络方法等。

8.1.2 信息融合技术

1. 基本概念

目前,信息融合还没有一个统一、精确的定义,这是因为信息融合所研究的内容具有广泛性和多样性。已经给出的信息融合(数据融合)概念的定义都是功能性的。信息融合是一种多层次多方面的处理过程,这个过程对多源信息进行检测、结合、相关、估计和组合以达到精确的状态估计和身份估计,以及完整、及时的态势评估[49]。图 8.2 是多传感器信息融合的功能原理框图。

按融合的功能层次,把信息融合分为五级,即五个层次,分别是检测级融合、位置级融合、属性级融合、态势估计和威胁估计。其中,第一、二、三级的融合适用于

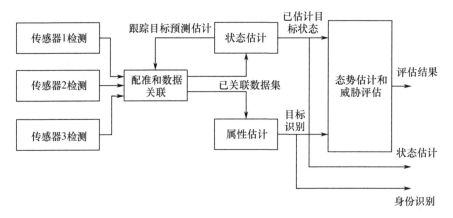

图 8.2　多传感器信息融合的功能原理框图

任何多传感器信息融合系统,第四、五级是高层次的融合概念,主要应用于 C^4I 系统。

第一级处理是信号处理级的信息融合,也是一个分布检测问题,属于低级融合。检测的含义是利用传感器扫描监视区域,每扫描一次,就报告在该区域中检测到的所有目标。每个传感器进行独立的测量和判断,一旦判断为目标,就将各种测量参数(目标特性参数和状态参数)报告给融合过程。分布式检测是经典信号检测理论的直接发展,目前绝大多数多传感器数据融合系统还不存在这一级,仍然保持集中式检测,而不是分布式检测。

第二级处理是为了获得目标的位置和速度,它通过综合来自多传感器的位置信息建立目标的航迹和数据库,主要包括配准、数据关联、状态估计、滤波、预测等。配准单元的作用是为了统一各传感器的时间和空间参考点。若各传感器在时间空间上是独立异步工作的,则必须事先进行时间和空间配准,即进行时间搬移和坐标变换,以形成融合所需的统一的时间和空间参考点。数据关联主要是将各传感器提供的多目标点迹、航迹进行"点迹-点迹"关联、"点迹-航迹"关联和"航迹-航迹"关联。状态估计又称为目标跟踪。每次扫描结束时就将新数据集与原有的(以前扫描得到的数据)进行融合,根据传感器的观测值估计目标参数(如位置、速度),并利用这些估计预测下一次扫描中目标的位置。预测值又被反馈给随后的扫描,以便进行相关处理。状态估计单元的输出是目标的状态估计,如状态矢量航迹等。

第三级处理是属性信息融合,它是对来自多个传感器的目标属性数据进行融合,获得目标身份的估计。属性估计,即估计不同传感器测得的目标特征形成一个 N 维的特征矢量,其中每一维代表目标的一个独立特征。若预先知道目标有 m 个类型,以及每类目标的特征,则可将实测特征矢量与已知类别的特征进行比较,从而确定目标的类别。目标识别可看作是目标属性的估计。

第四级处理包括态势的提取和评估。它的输出结果可以真实的反映战场态势；提供事件、活动的预测，由此提供最优传感器的管理依据。

第五级处理是威胁程度的估计。从有效打击敌人的能力出发，估计敌方的杀伤力和威胁性，同时还要估计我方的薄弱环节，并对敌方的意图给出提示和告警。将所有目标的数据集（目标状态和类型）与先前确定的可能态势的行为模式相比较，以确定哪种行为模式与监视区域内所有目标的状态最匹配。这里的行为模式是抽象模式，如对敌人目标企图可分为侦察、攻击、异常等。

还可以从三个方面理解融合过程。①多个层次的多源信息处理，每一次数据抽象不同，包括检测、结合、相关、估计和组合。其中多源数据是指来自不同波段（可见光、红外），或不同传感器（激光、电视），或不同平台（飞机、舰艇），或不同尺度（高分辨率、低分辨率），或不同时间（图像序列），或不同视角（立体成像）等条件下的成像或非成像数据。相关的作用是获悉传感器数据组之间的关系，得到正确信息，剔除无用和错误的信息。②融合结果有两个，低层次是状态估计和身份估计，高层次是态势估计和威胁估计。③低级处理产生数值结果，如目标状态（位置、速度）、目标属性（类型）等，高级处理的结果是符号，如威胁、企图、目的等。

信息融合实际上是对人类综合处理复杂问题的一种功能模拟。在模仿人脑综合处理复杂问题的数据融合系统中，各种传感器获取的信息可能具有不同的特征：时变的或非时变的，实时的或非实时的，快变的或缓变的，模糊的或确定的，精确的或不完整的，可靠的或不可靠的，相互支持的或互补的，也可能是相互矛盾或冲突的。而信息融合的基本原理也和人脑综合处理信息一样，充分利用多个传感器在空间和时间上的冗余与互补信息按照某种准则来进行组合，以获得对观测环境的一致性解释和描述。

信息融合的目标是基于各传感器分离观测的信息，通过对信息的优化组合导出更多的有效信息。这是最佳协同作用的结果，它的最终目的是利用多个传感器共同或联合操作的优势，来提高整个系统的性能。

2. 信息融合的优点

多传感器信息融合在解决目标检测、跟踪和识别问题方面的优点非常明显，主要包括：

（1）扩展了空间和时间覆盖的范围。通过作用区域及观测时间交叠覆盖的多个传感器的协同作用，扩展了空间和时间覆盖范围，一种传感器可以探测到其他传感器探测不到的地方或其他传感器不能顾及的事件或目标。

（2）增加了测量空间的维数。

（3）降低了目标的模糊度。多传感器的联合信息丰富了目标的信息资源，降低了只有单一传感器带来的目标信息的模糊性。

（4）提高了信号的空间分辨率。多传感器的联合孔径可以获得比任何单一传感器更高的分辨率。

（5）提高了系统可靠性与可信度。一种或多种传感器对同一目标/事件从不同的侧面加以确认,可提高探测的可靠性和可信度。

（6）具有鲁棒性的工作性能。若干传感器不能利用或受到干扰,或某个别目标/事件不在覆盖范围内时,总会有一种传感器可以提供信息。

（7）实时性。单个传感器提供信息的速度是固定的,而在多传感器系统中,对多传感器信息的协同运行,可以根据任务的要求,得到满足精度要求的快速输出。

（8）低成本性。从表面看,似乎多传感器系统比单个传感器系统昂贵,但对于获得同等的信息来说,用单个传感器的方法耗费更多。

3. 信息融合的层次、方式和方法

1）信息融合的层次

按照信息的抽象程度不同,信息融合主要包括信号级、特征级和决策级三个层次。

信号级融合是信息融合最底层的融合,对多传感器的原始数据直接进行融合。所以就要求所有传感器必须是同类型的,通过对原始数据进行关联,来确定已融合的数据是否与同一目标有关。它的优点是保留了尽可能多的景象信息,缺点是处理时间比较长、实时性较差。

特征级融合是在信息融合的中间层的融合,每个传感器观测一个目标并完成特征提取以获得来自每个传感器的特征矢量,然后对这些特征矢量进行融合,对特征信息进行综合分析和处理。其优点是保留了足够多的重要信息,实现可观的信息压缩,有利于实时处理。

决策级融合是信息融合的最高级的融合,每个传感器都完成变换以便获得独立的身份估计,然后对来自每个传感器的属性分类进行融合。这种方法除实时性比较好之外,还能在一个或多个传感器失效的情况下继续工作,因此具有良好的容错性。

特征级和决策级的融合不要求多传感器是同类的。另外,由于不同融合级别的融合算法各有利弊,所以为了提高信息融合技术的速度和精度,可以联合三个级别的融合处理,开发高效的局部传感器处理策略以及优化融合中心的融合规则。多传感器信息融合与经典信号处理方法的本质区别是:信息融合所处理的多传感器信息具有更为复杂的形式,而且可以在不同的信息层次(信号层、特征层和决策层)上出现。

注意到,融合定义中的五个功能层次和这里的三个信息层次其实有着对应关系。低层处理,输出的是状态、特征和属性等,对应于信号层融合和特征层融合;高层处理(姿态评估、威胁估计),输出的是抽象结果,如威胁、企图和目的等,对应的是决策层融合。

2) 信息融合的方式

信息融合的方式可以分为集中式、分布式和混合式三种,其中混合式是集中式和分布式的结合。下面以多传感器跟踪系统为例说明这三种融合方式。

集中式多传感器跟踪系统(图8.3)中,将传感器得到的测量报文直接送到融合中心,在融合中心进行数据关联、定位跟踪、身份识别等处理。这种结构的最大优点是信息损失最小,对测量数据的利用最充分,可以得到更高的跟踪精度。主要缺点是数据传输量大,且数据关联较困难,计算量大,要求系统具备大容量的能力,而且集中式结构完全依赖于融合中心,一旦融合中心发生故障或被摧毁,系统就不能对目标进行跟踪,系统的生存能力较差。

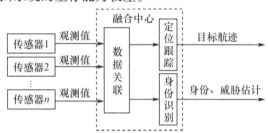

图 8.3 集中式多传感器跟踪系统

分布式多传感器跟踪系统(图8.4)中,各传感器利用自身的观测数据完成关联、融合、定位跟踪和身份识别等一系列处理,把处理后的结果送至融合中心进行融合,形成最终的全局估计。相比集中式系统,分布式系统各子站对数据进行处理时利用的是单个传感器的测量信息,对信息的利用并不充分,因此其得到的对目标的估计也不如集中式系统准确,但是分布式系统的数据传输量小,而且每个子站都可以独立获得对目标属性、位置和身份的估计,减小了对融合中心的依赖,提高了抗干扰和生存能力,因而在实际系统中也广泛应用。

混合式多传感器跟踪系统(图8.5)中,各局部节点就是一个小的集中式融合中心,接收和处理来自多个传感器的测量信息,而系统融合中心则对各局部融合节点上报的结果进行融合,得到最终的全局估计。混合式结构是集中式和分布式结构的结合,兼具两者的优点,既比较充分地利用了观测信息,又减少了数据传输量,提高了抗干扰能力和生存能力。

3) 信息融合的方法

信息融合的不同层次对应不同的方法。比较常用的多传感器信息融合方法

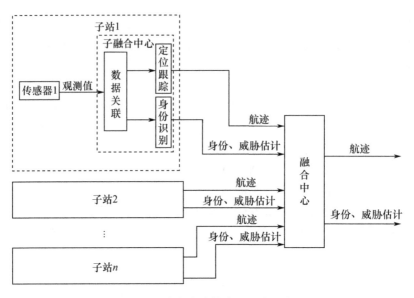

图 8.4　分布式多传感器跟踪系统

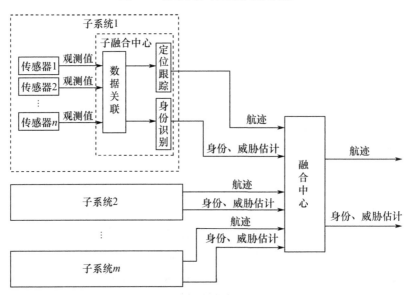

图 8.5　混合式多传感器跟踪系统

如下：

（1）加权平均法：加权平均是一种最简单和直观的方法，即将多个传感器提供的冗余信息进行加权平均后作为融合值。该方法能实时处理动态的原始传感器信息，但调整和设定权系数的工作量很大，并具有一定的主观性。

(2) 卡尔曼滤波:当需要实时融合动态低级的冗余数据时,可使用卡尔曼滤波。对于线性系统,当系统噪声和传感器噪声可以用高斯白噪声来建模,则卡尔曼滤波器能提供唯一的统计意义上的最优融合值,并且它的递归本质保证了在滤波过程中不需要大量存储空间,可以实时处理。

(3) 贝叶斯估计:贝叶斯方法用在多传感器信息融合时,先将多传感器提供的各种不确定性信息表示为概率。将相互独立的决策看作一个样本空间的划分,使用贝叶斯条件概率公式对它们进行处理,最后,系统的决策可由某些规则给出,如取具有最大后验概率的决策作为系统的最终决策。但这一方法存在的不足:①需要给出各传感器对目标类别的先验概率,即需预先经过大量的试验得到各先验概率,这在很多实际的系统中是比较困难的;②要求各可能的决策相互排斥;③当可能的决策及传感器数量较多时,先验概率的获得方式及先、后验概率的计算将变得很复杂,影响融合的实时性。所以,用贝叶斯方法解决多传感器信息融合问题有一定的局限性,但在一定场合下仍不失为一种有效的方法。

(4) 统计决策理论:该理论给出了一个通用的多传感器冗余信息两步融合方法,首先将多传感器数据经过一个鲁棒假设测试,以验证其一致性,然后通过测试的数据利用一组鲁棒最小最大决策规则进行融合。

(5) 可能性理论:在没有精确环境模型的情况下,使用可能性理论能比其他方法更合适于处理多传感器信息融合中的不确定性。可能性理论本质上更能反映实际被感知的对象和期望观测之间的相似性。实验结果表明,这种相似性和物体被观测到的次数之间并没有任何关系,这一点说明了概率理论的不足。

(6) 证据理论:D-S 证据理论是贝叶斯方法的推广,但比贝叶斯方法具有更多优点。贝叶斯方法需要先验概率,而在 D-S 证据中可以巧妙地解决这一问题,它是一种在不确定条件下进行推理的有效方法。

(7) 模糊逻辑:由 Zadeh 提出的模糊逻辑是一种多值逻辑。由于它能将多传感器融合的不确定性直接反映在推理过程中,因而已广泛应用于多传感器信息融合。

具体使用的方法需要依据实际的应用而定,并且由于各种方法之间的互补性,经常将两种或两种以上的方法组合进行多传感器信息融合。

8.2 抗红外有源干扰

采用"调制盘+单元探测器"体制的导引头,对整个视场内的光信号进行调制,形成包含目标偏离光轴信息的电信号。当视场中同时出现目标和红外诱饵时,导引头无法区分,只能得到两者能量中心偏离光轴的信息;在红外诱饵的辐射能量远大于目标辐射能量的情况下,导引头将跟踪红外诱饵。因此,通过精确地控制红外干扰弹的释放时机、方向和数量,对红外型近距空空导弹的干扰效果大大提高,可使采用"调制盘+单元红外"探测体制导引头的第三代近距格斗导弹基本失效。为了提高第三代近距格斗导弹的抗干扰能力,20世纪70年代后期和80年代初,国外大多在第三代近距格斗导弹基础上发展了改进型,如美国的"响尾蛇"AIM-9M、"毒刺"POST和南非的U-Darter等采用了双色像点扫描探测体制的导引头,法国的"魔术"R550Ⅱ、"西北风"和俄罗斯的P-73等采用了多元像点扫描探测体制导引头。第三代近距格斗导弹改进型通过对导引头进行抗干扰改进设计,具备了一定的抗干扰能力和迎头攻击能力。在改进型中,四元红外导引头采用了"圆锥扫描光学系统+正交四元探测器"的探测体制。该体制让导弹具备区分瞬时视场中多个目标的能力。本节主要介绍红外点源制导导弹的抗红外有源干扰措施和四元红外导引头的抗红外有源干扰机理。

8.2.1 红外点源制导导弹的抗红外有源干扰措施

1. 抗红外诱饵干扰

第三代光机扫描体制的红外点源制导系统基本采用了适当的信号处理电路,能鉴别视场中红外诱饵的存在,并排除干扰,使导弹继续跟踪真正的目标[50]。信号处理电路有两部分:一是开关器,探测导引头视场内的诱饵弹,当发现诱饵弹以后切换到响应状态;二是响应器,是导引头为抑制诱饵弹而采取的措施,可以排除干扰的影响而跟踪真正的目标。

1) 开关器技术

开关器技术是利用飞机和诱饵弹的光谱、上升时间、运动学特征和空间上的差别来探测诱饵弹的存在。导引头可以使用其中的一种或多种技术来探测诱饵弹,当使用多种技术时,开关器可以使用逻辑"与"或"或"功能,对响应电路进行控制[51]。

(1) 采用上升时间开关器。监视正在跟踪目标的能量电平,在某一时间范围内接收能量急剧上升表明,在导引头视场中出现了诱饵弹,例如,如果在40ms内接收到的能量增加到原来的2.5倍(阈值)以上,则无论在哪个攻击方向(如迎头攻击)都可以肯定存在诱饵。一般要求红外诱饵对目标的能量比率大于2:1,以保证没有红外对抗措施的导弹转向跟踪锁定红外诱饵。该比率如果在飞机的尾部达到2:1,则在前半扇面方位此比例可以远远大于10:1。一旦肯定红外诱饵的存在,即可启动响应电路,对抗诱饵弹的干扰。但当接收到的能量下降到预先设定的阈值(如2:1)时,诱饵弹已经离开导引头视场角,这时将关闭响应电路,恢复到正常操作状态。

（2）双色开关技术。它利用了红外诱饵与飞机发动机辐射峰值处于不同的波长范围这一特点。红外诱饵峰值处于短波长段，例如典型的红外干扰弹（主要成分为镁－聚四氟乙烯）具有 $2\mu m$ 范围的峰值；而飞机发动机辐射峰值占据更长的波长范围，如 $3\sim5\mu m$。这样，如果 $2\mu m$ 附近的辐射强度突然上升，则说明在视场角（FOV）内出现红外诱饵。可以使用两种不同材料的探测器来敏感不同波长的辐射，例如硫化铅探测器用于短波，锑化铟探测器用于较长波。也可以使用单一探测器，而在调制盘上装上不同的带通滤光片。

（3）利用运动学特征感知诱饵弹的存在。飞机抛出的诱饵弹由于受气动阻力而很快与飞机分离，当跟踪目标的导引头转向跟踪诱饵弹时，由于诱饵弹的迅速减速导致视线速率的突然改变，导引头的开关器感应到这种变化，便启动响应电路。

（4）利用"空间"特征来探测诱饵弹。光电导引头利用目标和诱饵弹的相对空间位置进行鉴别。当诱饵弹与飞机的尾部分离时，导引头将在视场的前边监视目标、在视场的后边监测诱饵弹，一旦可以区分视场两边的热物体时，就将切换到红外抗干扰工作模式。

2）响应技术

制导系统检测到红外诱饵存在后，则从正常操作状态切换到力求排除干扰的响应状态。多数红外导弹导引头 FOV 小于 $2.5°$。在离目标远距离时，红外诱饵将留在 FOV 内较长时间；而在接近目标时，则留在 FOV 中时间很短。多种响应技术可以单独应用，也可以结合应用。这些技术如下：

（1）简单记忆技术。当启动简单记忆响应时，导弹将保持切换之前的飞行状态。这时，飞行控制系统拒绝接受导引头的跟踪命令，凭记忆的状态保持以前相对于目标的运动，等待红外诱饵离开导引头 FOV。这种记忆状态将继续到红外诱饵离开 FOV 或超过预定的记忆时间，然后导弹回到正常跟踪状态。如果记忆时间已满而回到正常跟踪状态时红外诱饵仍在 FOV 之内，则导引头仍将跟踪红外诱饵。如果记忆时间过长，则恢复正常时有可能已丢失目标。

（2）导引头摆动响应。导引头摆动响应是使导引头万向架在跟踪目标的过程中，沿目标运动的方向做适当幅度的额外转动，目的是使红外诱饵更快地离开导引头 FOV 而保持目标仍在 FOV 之中。适当的摆动量可以使导弹不跟踪目标的时间（记忆时间）达到最短，但如果摆动量过大，则可能使红外诱饵和目标都脱离 FOV。

（3）导引头推挽技术。假设诱饵弹比目标具有更强的红外辐射时，可以采取这种技术，这时导引头将抑制强信号的控制，而按弱信号产生的驱动信号运动，其结果是导引头将离开诱饵弹并朝向视场中较冷的红外目标。

（4）扇区衰减技术。在导引头视场一部分上加以衰减滤波，导致导引头对这一区域中的物体不灵敏。如果被跟踪的目标在视场中心，那么，在目标后下方的象限内放置一个衰减器,将降低接收诱饵弹的能量,如果衰减后诱饵弹的能量低于未衰减的目标能量,导引头将继续跟踪目标。

(5) 电子视角波门技术。通常与非圆周扫描(如玫瑰扫描)导引头相配合使用,在诱饵弹投放后的某一时刻,诱饵弹和目标将不再在扫描的同一个波瓣内。通过计算目标的相对运动,导弹能够确定目标出现在哪一个波瓣内,将忽略所有其他波瓣内的物体,从而使导弹能维持对目标的跟踪。

(6) 时间相位空白技术。可用于具有多个探测器单元的导引头,包含目标像点的场景扫描过各个探测器单元时,将产生一串脉冲。对于 FOV 中央的目标,这些脉冲是等间距的,可以测定这个时间间隔。由于红外诱饵不和目标处于同一点,而且有相对的运动,所以红外诱饵像点扫描过探测器时所产生的脉冲将位于预计会看到目标脉冲的时间以外,即红外诱饵脉冲将分布在目标脉冲之间。因此,使系统仅接收预计时间内的脉冲而排除其他时间出现的脉冲,将能排除目标以外的其他来源的干扰[52]。

2. 抗红外调制干扰

红外干扰机主要用于对抗红外点源制导系统,对于不同类型的红外制导系统干扰效果不尽相同。分析如下:

(1) 频率调制。频率调制针对第一、二代红外导引头是有效的,对于第三代光机扫描体制导引头,可以进行以下分析。目标能量中心形成的像点扫过探测器,一次只能产生一个脉冲信号,而飞机发动机和红外干扰机相对于导引头可以看成一个目标,导引头处理的是脉冲的位置信息或时间信息,因此原理上分析,频率调制不能影响导引头工作。但是调频反映在能量上,会造成各个脉冲的幅值有变化,对导弹精度会有一定影响。

(2) 能量调制。能量调制的深度较大,且红外干扰机的能量远大于目标飞机的能量时,可能造成三个后果:一是各脉冲幅值大小不同,影响信息处理的精度;二是处理电路增益不能正常工作,发生"堵塞"现象,导引头丢失目标;三是不会产生第一、二代导引头的虚拟目标现象。

8.2.2 四元红外导引头的抗红外有源干扰机理

1. 四元红外导引头的制导原理

四元红外导引头中圆锥扫描示意图如图 8.6 所示。当辐射源位于导弹视场中心时,圆锥扫描的光学系统使会聚光斑以特定半径 R_N 做圆周运动,目标像点依次扫过四元探测器的四个臂,四元探测器会输出脉冲信号。

十字形排列的四个探测器外侧安装有四个基准线圈(在导弹的上、左、下、右四个方位)。当陀螺旋转时,安装在陀螺转子上的磁铁在线圈附近通过,产生四路

基准脉冲 J_R、J_U、J_L、J_d。与此同时,目标像点扫过四个探测臂,形成包含有方位误差信息的 4 路目标信号 V_R、V_U、V_L、V_D。根据 4 路目标信号和 4 路基准脉冲的相互关系就可以确定目标的方位,并检测出误差信号。各信号之间的相位关系如图 8.7 所示。在图 8.7(a)中,目标位于视场中心,目标像点扫过某个探测臂的时刻与陀螺转子上的磁铁扫过相应基准线圈的时刻相同,此时 4 路目标信号与 4 路基准信号的相位都重合,此时信号处理电路不输出跟踪指令。

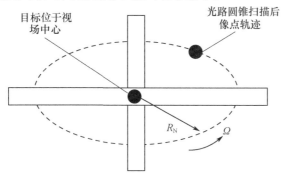

图 8.6 光路圆锥扫描示意图

在图 8.7(b)中,目标位于视场中心偏上位置,目标像点扫过 L 探测臂的时刻迟于转子磁铁扫过 L 基准线圈的时刻,示意图另见图 8.8,因此 L 路信号的相位落后于 L 基准信号;同样 R 路信号的相位超前于 R 基准信号。由于目标像点处在上/下方向中心线上,因此 U、D 两路信号的出现时刻仍然与相应的基准信号重合。此时信号处理电路根据相位偏离关系应输出向上跟踪的指令。

在图 8.7(c)中,目标位于视场中心偏右位置,U、D 路信号相位偏离基准信号的相位,此时信号处理电路应输出向右跟踪的指令。图 8.7(d)中,目标位于视场上方位置且扫描圆只扫过 U 路探测元,U 路信号与 D 基准信号的相位相同,此时信号处理电路应输出向上跟踪的指令。

通过上述分析,可以知道,脉冲出现时刻其实反映了目标的不同位置。

2. 四元红外导引头抗红外诱饵干扰

采用"圆锥扫描 + 多元探测器"体制的导引头,导引头用较小的视场(0.3°~0.5°)扫描导弹的瞬时视场(3°左右),目标处于视场中的不同位置,它在扫描周期中出现的时刻就会不同。当视场中同时出现目标和红外诱饵时,如果两者的位置不同,它们就会在扫描周期的不同时刻出现,形成两个幅值和宽度有所差别的脉冲信号。通过目标识别算法可以确定哪一个脉冲是目标,哪一个脉冲是红外诱饵,根据目标脉冲偏离光轴的信息来控制导弹,就可以使导弹跟踪目标而不是跟踪红外诱饵[53]。这实际上利用了时间相位空白技术。

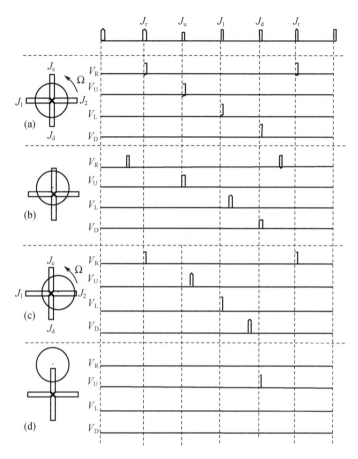

图 8.7 目标信号和基准脉冲之间的相位关系

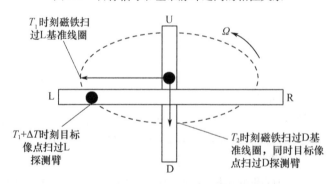

图 8.8 相位关系示意图(目标位于视场中心偏上位置)

在红外诱饵开始投放时与目标重合,然后逐渐与目标分离(图 8.9)。跟踪过程中,如果目标波形的幅值突然增大,导引头处于可能被干扰状态(目标加力也会引起幅值突然增大),此时导引头仍然跟踪幅值增大后的波形,同时记忆幅值增大前的波形。当目标和干扰分离时,导引头检测到两个波形,通过与幅值增大前的波形相比较,波形相近的为真实目标并进行跟踪,导引头恢复到正常跟踪状态并等待下一个干扰的出现。如果在一段足够长时间内(根据典型弹道条件确定),导引头从未探测到两个以上的波形,说明不存在红外诱饵,此时也恢复到正常跟踪状态。这是简单记忆的过程。

当红外诱饵向上抛射时,它有可能在下落过程中穿越导弹视场。导引头采用了电子波门技术将跟踪视场缩小为1°左右,红外诱饵只有处于缩小后的跟踪视场中才能对导弹起干扰作用,此时它从一侧进入导弹视场,与目标重合后的分离过程同图8.9。

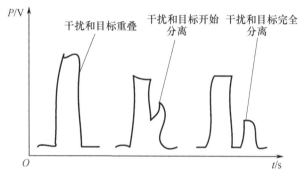

图8.9 干扰情况下探测器输出

3. 四元红外导引头抗红外调制干扰

对采用"调制盘+单元红外探测器"的导弹,红外调制干扰通过辐射能量的有规律的变化,可以有效地干扰导弹的调制信息,使导弹无法正确地得出目标偏离光轴的信息。

对采用"圆锥扫描光学系统+正交四元探测器"的导弹,它能够直接得到目标的空间位置,当存在红外调制干扰时,导弹能够跟踪干扰源而飞向目标;在干扰消失后,导弹能够重新跟踪目标。因此,红外调制干扰对采用多元扫描体制的导弹干扰效果不明显。

综上所述,采用"调制盘+单元探测器"体制的导引头改进后,明显增加了抗干扰能力。随着技术的进步,红外制导技术日臻成熟,抗干扰能力更是不断增强,目前比较突出的有双色制导技术和红外成像制导技术。

(1) 双色制导技术:采用双波段红外传感器或红外/紫外双色探测器,通过对两个探测器的能量输出进行对比分析就可以将目标和红外诱饵区分开来。

(2) 成像制导技术:采用图像处理技术能轻易地区分出目标。

当然,随着红外制导导弹抗干扰能力的提高,红外干扰手段也不断推陈出新,主要有:

(1) 红外定向干扰机:红外定向干扰是一种压制式红外干扰手段,对能源的利用效率更高更合理,将有限的能量集中在较窄的方向,从而得到较大的干扰功率,压制、致盲导弹的光电传感器,使之无法正常工作,可干扰先进的红外导弹。

(2) 新型红外干扰弹:伴飞式、拖曳式红外诱饵、特种材料自燃式红外诱饵、多光谱红外干扰弹、红外干扰云干扰弹、复合式红外干扰弹、面源型红外干扰弹等。

8.3 抗激光欺骗干扰

激光欺骗干扰分为角度欺骗干扰和距离欺骗干扰两种类型。其中,角度欺骗干扰用于干扰激光制导武器;距离欺骗干扰用于干扰激光测距机。从激光测距机和激光制导武器角度,它们又是如何抗激光欺骗干扰的?本节论述激光测距机和激光制导武器所采取的各种抗干扰措施。

8.3.1 激光测距机的抗干扰措施

抗干扰措施包括多波门、距离波门、滤光片和偏振接收等。

(1) 多波长测距往往配合滤光片接收技术,可有效对抗敌方的有源干扰,但对光纤延迟干扰作用不大。

(2) 距离波门针对正距离干扰效果较好,但是不能完全阻止高频干扰脉冲。

(3) 偏振接收技术可以大幅度降低进入接收机的有源干扰强度。但是,若对方的告警系统很快探测到测距机的发射脉冲的偏振态,则引导干扰机发射与之相垂直偏振的干扰脉冲,测距机也会受到干扰。

下面主要对距离波门抗干扰措施展开论述。如果测距机采用距离波门限制,即测距机录取首个脉冲后,开始设定下一个波门开启时间,其时间完全由上一个录取脉冲的到达时间确定。如果波门很窄,则延迟信号和提前信号都将拒之门外。对于激光测距机,由于其发射光束发散角及接收视场都很小,录取波门完全可以设的很窄。这就决定了欺骗干扰对于抗干扰的测距机实施干扰的效果非常有限。比如,设测距机波门宽度 $\tau = 0.2\mu s$,录取脉冲处于下一个波门中心,则其相应的距离范围为

$$R = R_0 \pm \frac{c\tau}{4n}$$

式中:R_0 为首个脉冲对应的距离;n 为大气折射率。

设 $n=1$,则 $R=R_0\pm15\text{m}$,对这样小的距离波门,欺骗干扰将无能为力。

8.3.2 半主动激光制导武器的抗干扰措施

1. 常见的抗干扰措施

激光半主动制导武器中,采用的抗干扰措施主要包括编码解码技术、抗干扰电路技术、光谱滤波技术、缩短激光目标指示时间和时间波门技术等,其中对抗激光有源干扰的关键技术是激光编解码技术。

(1) 激光编解码技术:采用编码技术将激光制导脉冲信号进行统一编码,当不同激光半主动制导武器攻击不同目标时,可以采用不同的激光编码,即不同的激光目标指示器向不同的目标发射不同的激光脉冲编码信号,则对应不同目标的激光半主动制导器,通过对探测到的激光脉冲信号进行预设定编码的识别(解码),解码成功即可确定所预定的攻击目标(锁定目标),然后根据编码规律对后面的激光制导编脉冲信号进行检测。激光编解码技术不仅是提高激光半主动制导武器作战效率的重要手段,而且是提高激光半主动制导武器抗干扰性能的关键技术。当前,激光目标指示器采用脉冲工作方式,受激光器本身的限制,其脉冲重复频率一般为 $10\sim30\text{Hz}$。最可能采用的脉冲编码方式有重复频率码和变频码两种。重复频率码的激光脉冲时间间隔是固定的;变频码是以有限位数的脉冲组组成一个发射周期循环工作,发射周期内脉冲相互间的时间间隔是不同的。应该说,当前激光半主动制导武器所采用编码方式较简单,容易被敌方识别后发送编码相同且时间超前的激光信号进行干扰,所以应该不断改进现有的编码方式。

(2) 抗干扰电路技术:为提高系统的探测概率和降低系统的虚警率等采用的相关电路技术。抗干扰电路技术主要包括探测器技术、低噪声放大器技术、信号处理技术等。抗干扰电路技术不仅是提高激光半主动制导武器精度的重要保证,同时也是提高激光半主动制导武器抗干扰性能的重要技术。

(3) 光谱滤波技术:采用光学滤波的原理,对光学系统接收到的光学信号进行窄带滤波。由于激光目标指示器发射的激光脉冲编码信号,通常波长 $\lambda=1064\text{nm}$,所以可以采用 $\lambda_0=1064\text{nm}$ 为中心、带宽 $\Delta\lambda=15\text{nm}$ 的窄带光学滤波片,这样激光制导编码脉冲信号可以通过光学系统到达探测器,而处于带宽之外的光信号就会被大幅度衰减,从而可提高激光半主动制导武器的抗干扰性能。

(4) 缩短激光目标指示时间:由于目前激光告警和干扰技术的发展,激光半主动制导武器系统在作战时,一般采用发射后捕获目标技术,激光目标指示器与激光半主动制导武器协同工作,尽量缩短激光目标指示器的工作时间,缩短对方侦察告警和干扰装置的响应时间。

(5) 时间波门技术:根据激光编码信息和时间同步点,激光导引头信息处理电路预测待检测的激光制导脉冲到达时刻,由于激光制导过程中激光脉冲间隔不确定度的存在,待检测的激光制导脉冲到达时刻同样具有不确定度,故激光导引头可认为在这个不确定度之内的时间段里到达的激光脉冲是激光制导脉冲,而在这个不确定度之外的时间段里到达的激光脉冲为干扰脉冲,不予处理。这个特定时间段的长度称为波门的大小,通常采用 μs 为单位[54]。

现有的时间波门一般设置成固定型和实时型两种。固定型波门(图 8.10)指在确认一组相关制导信号即图中的 $T_0 \sim T_m$(T_m 代表制导信号,虚线代表波门)后,把最后一个脉冲 T_m 作为同步点,按照设置过的编码规律一次性设定好以后所有时刻的波门开启时间,即由 T_m 时刻的脉冲确定 T_{m+1},T_{m+2},…时刻波门开启时间。

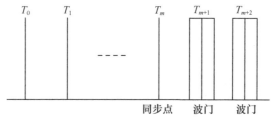

图 8.10 固定型波门

实时型波门,它有多个同步点,波门也是根据同步点的不同实时设置的,即它是以每一次实际接收的信号脉冲作为下一个波门的同步点,来设定下一次波门的开启时间,如 T_{m+1} 时刻波门开启时间由 T_m 时刻的脉冲确定,T_{m+1} 时刻的脉冲确定又决定了 T_{m+2} 时刻波门开启时间。实时型波门的设置的优点是消除了波门设置中的累计误差和波门设置得相对较窄。因此,被大多数激光制导武器所采用。

2. 高重频干扰及其抗干扰方法

激光高重频干扰是一种非常有效的有源干扰方式。而目前激光制导武器的常见抗干扰措施,如编解码技术和时间波门,均不能有效对付高重频激光干扰。

1)高重频激光干扰的原理

高重频激光干扰信号目前可达 100kp/s 左右,比激光编码频率 10~20p/s 高很多,因此即使在未识别编码规律的基础上,强行挤入波门的概率很大。图 8.11 显示的是高重频激光干扰信号强行挤入激光末制导炮弹导引头波门的过程。图中点虚线代表波门,在点虚线框内波门开启;实线代表有用的制导信号;长虚线代表干扰信号。图 8.11(a)是波门开启时间,图(b)是制导信号,图(c)是干扰信号,这里是高重频激光干扰信号,图(d)是被波门选通的信号。由于干扰信号的频率相对过高,故在波门开启的时间里总能挤入干扰信号,所以波门的作用失效,高重频激光干扰信号也就起到了干扰的效果。

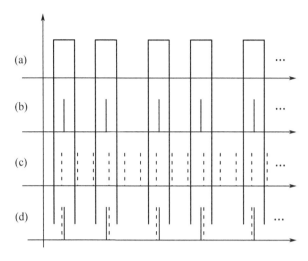

图 8.11 高重频激光有源干扰示意图

2) 抗高重频激光干扰的方法

考虑一个高重频激光有源干扰源连续干扰的简单方式。设高重频激光干扰信号的重频为100kp/s,指示激光制导信号重频为 10~20p/s。用一定的办法测出高重频周期,再依据精确的计算找到反向高重频信号的起始点,以此起始点为同步点发出与高重频信号完全反相的周期信号,再以此信号控制一个高重频电子开关。当高重频激光干扰信号和制导信号的复合信号经过该开关电路时就可以将高重频信号消除,剩下的就是己方的制导信号。这样就实现高重频激光干扰的有效对抗[55]。

概括地说,高重频激光干扰信号和制导信号进入处理设备后,需要经过高重频的周期测定,反相高重频信号的同步点确定以及高重频信号的消除三个处理过程,如图 8.12 所示。

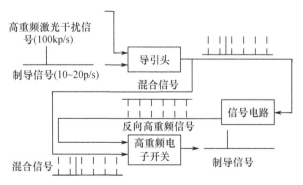

图 8.12 抗高重频激光有源干扰方案示意图

8.4 抗强激光干扰

在抗强激光干扰时,可以采取以下措施:

(1) 快门技术。在受到威胁时发出警告,启动"眼睑"式快门防护系统关闭光路,即让"快门"阻断强激光的攻击,待激光干扰消失后,再开"门"工作,从而起到完全的防护作用。目前,美国已研制出快于4000次/s的快门机构[56]。

(2) 抗饱和接收技术。

(3) 冻结AGC放大倍数。如果能量变化过大,通过冻结AGC放大倍数,可以防止AGC干扰。

(4) 采用激光防护器材。

(5) 发展新型抗强激光导弹。

在上述各种措施中,本节重点论述激光防护器材的防护原理以及新体制抗强激光导弹的防护技术[57]。

8.4.1 采用激光防护器材

对激光防护器材的基本要求是,在对有害的强入射激光实施有效防护的同时,保持较高的视场透明度,以不影响人眼的视物功能及光电传感器的探测灵敏度。激光防护器材从应用的角度可分为单兵用激光防护镜和武器装备用的激光防护器件。单兵用激光防护镜用于作战人员眼睛的保护,如眼镜、眼罩和护目镜。武器装备用的防护滤光片、防护薄膜、涂层等常与观瞄装备或各种光电传感器件组合在一起,用于保护光电传感器乃至仪器使用者的眼睛。这两者采用的激光防护技术及其原理基本是一致的。下面主要以人眼的防护为例,对相应的原理和技术进行说明。

1. 激光防护镜的性能

激光防护镜是保护眼睛免受激光致眩、致盲的主要器材,它具有价廉、适用范围广、容易大量装备等优点。防护镜有如下一些关键的技术指标:

(1) 防护波长:一种激光防护装置可能只能防护一种或几种波长的激光,因此,只有确定了需要防护的激光波长,才能研制或采用适当的防护装置。

(2) 光学密度:描述激光防护装置防护某一波长激光的能力,其数学表达式为

$$OD = \log \frac{I_0}{I} \tag{8.1}$$

式中:I_0为入射光强;I为出射光强。

(3) 有效光透过率:有效光是指人眼、光电探测器和光学系统等所应接收、探测或通过的光。激光防护装置不仅能够防护激光的破坏,而且应具有尽可能高的有效光透过率,以便不影响正常的观察、探测等。

(4) 激光损伤阈值:激光防护装置受到激光辐照时,可能造成装置的损伤破坏,如防护玻璃的破裂、防护塑料被漂白或烧穿等,从而失去防护的能力。因此,激光防护装置的损伤阈值是一个重要的参量。

为了保护人眼免受激光损伤,一副好的激光防护镜应能满足:①使入射光衰减至安全标准以下;②在可见光波段有高透明度;③色调不变;④耐强激光,耐风雨及机械冲击;⑤质量小,成本低;⑥不影响原来的视力。

拓展到激光防护装置,理想的激光防护装置应具有如下特点:①足够宽的防护带宽。对于所关心的各种波长的激光都有较好的防护作用。②足够高的弱光透过率。对于弱光有足够高的线性透过率,以保证正常情况下人眼的观察和光电传感器接收信号的要求。③足够高的强光衰减度。强激光照射时,使输出能量控制在损伤阈值以下,以保证人眼和光电装备的安全。④足够快的响应时间。对于脉宽为纳秒甚至更短的脉冲或高重频激光能够及时响应。⑤足够高的破坏阈值。足够强的激光入射,自身防护性能不被破坏。

2. 激光防护镜的种类

目前已有多种类型的激光防护镜,习惯上分为五类:

(1) 吸收型:主要是利用吸收介质材料对入射光的吸收来达到防护要求。

(2) 反射型:在透明介质上镀制能够对入射激光反射的干涉膜层,来达到防护目的。

(3) 吸收/反射组合型:将反射膜片与吸收介质以一定的方式组合。该技术工艺简单成熟,工作波段范围宽,对常用波长激光的防护比较有效,是目前使用最为广泛的技术。

(4) 衍射型防护镜:采用全息技术,在玻璃或塑料基片上制成三维光栅,可有选择地反射特定波长的光,同时允许其他波长的光通过。已有采用该技术制成的激光防护面罩。

(5) 开关型(或称为变光学密度型):现已有两类开关型防护镜,即:①烧蚀/牺牲型防护镜,它是通过在防护镜片上涂附易烧蚀或可爆炸物薄层,当入射激光强度达到预定阈值时能迅速烧蚀或起爆,起到遮蔽激光入射而保护眼睛的作用。该防护镜的优点是在有危险的激光照射前,可以使所有波长的光都不受衰减,有利于提高光电系统的探测灵敏度。其缺点是只能一次性使用,或需要更换相应光学元件。②电光型防护镜,它采用一种透光度可变的陶瓷材料,当入射的激光强度超过极限时,通过光电控制系统可降低陶瓷材料的透光度,阻碍激光通过,起到保护作用。这种防护镜的优点是在没有激光的情况下,对于正常的光电探测在所有光谱上都没有妨碍。缺点是其目前响应速度不够快,对 Q 开关和锁模短脉冲激光还无法有效进行防护。

随着可调谐激光器在军事上的应用日益增多,对它的防护也日益受到重视,采用光学密度型激光防护镜已不可能进行有效防护,衍射型激光防护镜也不尽如人意,因此研制开发新型激光防护技术的任务十分紧迫。基于非线性光学的光限幅技术的光开关技术是一条有希望的解决途径,它利用激光与自然光功率密度上的巨大差异,采用特殊的材料制成激光防护镜,当入射激光的功率(能量)密度达到危害程度时,这种激光防护镜的光学密度会突然(在亚纳秒级时间以内)变大,采用液晶、塑料(如聚丁二炔)、金属有机耦合的、碳 60 及其衍生物等非线性光学材料的光限幅技术和光开关技术受到很大重视[58]。

3. 激光防护原理

为了实现强激光的防护,人们进行了广泛、深入的研究。目前,激光防护技术从原理上可归为以下六类。

1) 基于线性光学效应的激光防护技术

(1) 吸收型防护:该防护原理是通过吸收介质吸收入射激光使激光能量减弱,以达到防护激光的目的。该防护材料有塑料和玻璃两种。这种防护方法的缺点:一是由于吸收激光能量导致防护材料的破坏而失去防护功能;二是光的锐截止性能不好,导致可见光的透过率不高,影响观察。

(2) 反射型防护:该防护原理是通过薄膜设计和镀膜工艺,在光学镜片表面镀制特定的材料、特定厚度的多层介质的光学薄膜。这些薄膜通过镜面产生的干涉作用反射特定波长的激光,使其不能通过镜片,实现对激光的防护。这种防护方法的缺点:一是只能防护特定的波长;二是存在防护角度的限制。

(3) 复合型防护:在吸收式防护材料的表面镀上反射膜,兼有吸收式和反射式两种防护材料的优点,但成本高,可见光透过率相对于反射式材料有很大程度的下降。

由于传统的激光防护方法具有防护波长单一、透过率低、有防护角度限制、反应时间慢以及输入/输出能量曲线为线性等缺点,其在激光防护技术中的应用受限。

2) 基于非线性光学原理的激光防护技术

线性光学防激光装置的缺点是在吸收或反射激光波段上的自然光时对有用光也同样予以吸收或反射,造成强衰减,因此需要一种能区别对待同一波长上的强光和弱光的装置,即对弱光呈高透过率,而对强光则呈强衰减。根据非线性光学原理,只有强光与物质相互作用才能产生非线性光学效应,而弱光不能产生非线性效应。这种基于非线性光学原理的装置称为非线性防激光装置。采用非线性光学原理的方案很多,主要是利用三阶非线性光学效应,它们可分为四类,即非线性吸收型、折射型、反射型和散射型,美国海军科技人员利用一个光纤面板来捕获输入信号,然后通过非线性光学元件送给探测器。当强激光传到非线性光学元件时,其光波被倍频,倍频后的光波波长超出了探测器的工作范围,从而保护探测器,达到防护的目的。

利用非线性光学原理中,在强激光下表现出来的光限幅效应,可制成激光限幅器。激光限幅器是一种被动式激光防护装置。激光限幅器是在输入光强低于某一阈值时,系统具有高的透过率,输出光强随着入射光强的增加而近似线性增加;当输入光强超过限幅阈值时,具有低的透过率,从而把输出的光限制在一定的功率或能量下。

3)基于全息光学的激光防护技术

全息光学的防激光装置是采用全息光学元件,能从接收光学孔径中除去有害激光,保护光学元件和探测器。全息光学装置能防止作战环境中存在的几种已知波长的强激光的破坏,同时透过另外一些有用光,使光学系统免遭激光损伤,它能在大入射角范围内防护激光,将入射的强激光偏转到安全的地方,还可以对其他目标和环境光进行探测。

4)基于相变原理的激光防护技术

基于相变原理的激光防护技术是20世纪80年代发展起来的一种新型的激光防护技术。目前研究最多的相变材料是二氧化钒(VO_2)薄膜。因为VO_2相变温度接近于室温,使VO_2薄膜发生相变需要的激光能量小,输出阈值低。VO_2是一种热致相变材料,在室温附近为单斜结构,呈半导体态,当温度上升到68℃时,转变为正交结构,呈金属态。随着相变的发生,特别是红外波段的光学常数发生变化,利用这种突变实现对强激光的防护。

5)基于反射膜破坏的激光防护技术

在系统原有结构中加入一个反射结构,在反射镜上蒸镀特殊材料的反射膜。当入射激光能量较低时,激光经反射镜反射进入系统中,系统正常工作;当入射激光能量高于某一阈值时,反射膜被破坏,绝大部分的入射光被透射、吸收和散射,而进入系统中的光能很少,从而实现对强激光的防护,如图8.13所示。

6)基于烧蚀效应的激光防护技术

利用聚合物在高温下发生物理(熔化、蒸发、升华)和化学(分解、解聚、离子化等)及炭化等复杂过程来消耗激光热能的热防护材料。高能激光辐照下,有效烧蚀热高的材料消耗了大量的激光能量,激光热能不断被烧蚀型材料产生的气体带走,从而保护光电武器装备。

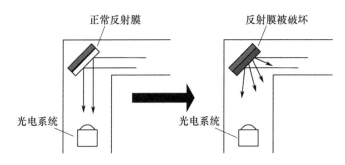

图 8.13 基于反射膜破坏的激光防护技术

8.4.2 发展抗强激光的导弹

1. 旋转导弹

弹体自旋是导弹在飞行过程中按照一定的角速度绕导弹中心轴旋转,使激光照射点沿弹体环向移动,达到分散激光能量,提高抗激光干扰的目的。高能激光武器摧毁导弹需要在某固定点持续攻击数秒,采用弹体自旋技术,可避免高能激光对导弹固定部位的长时间辐照。

弹体自旋已从低速、近程小型导弹逐渐朝高速、中型化方向发展。目前世界上许多国家装备了不同类型的自旋导弹,如美国、德国联合研制的 RAM 导弹现已装备在美国、德国、韩国、埃及等国家近百艘军舰上。

2. 超高声速导弹

为了进一步提高导弹的突防能力,许多国家在大力发展超高声速导弹。目前,美国已研制出马赫数 5 弹道导弹与马赫数 10 小型导弹,并计划使巡航导弹的飞行速度达到 2720~3060m/s,法国和俄罗斯等国家巡航导弹的飞行速度也将达到 2040~2380m/s。显然,导弹以高马赫数飞行将会使持续跟瞄辐照同一靶心,累积热能损伤动靶变得更加困难。

3. 光学薄膜

光学薄膜是光学制导系统中最先接收入射激光的部分,也是易损伤的薄弱环节。激光对光电设备的破坏,首先损伤光学薄膜,然后才破坏光学元件及光学系统。因此,提高薄膜的激光损伤阈值,对保护光学制导系统具有重要的意义。

目前,美国正在研究的金刚石薄膜具有极坚硬、透明和良好的红外和紫外特性,抗激光损伤阈值极高[59]。

4. 传感器的抗激光冗余设计

在光电探测系统中采用探测器冗余设计,使入射光线可偏转到多个探测器中的任一个,当工作探测器被激光致盲时,结构能使入射光线偏转到冗余探测器上,保证光电系统对目标的正常跟踪。

5. 使用抗激光材料制作整流罩

使用氧化铝陶瓷作为射频天线整流罩的结构材料,这种陶瓷基复合材料由低介电材料组成,其每层氧化铝纤维采取单向排列,各层间互成 90°,基体材料采用硼硅酸盐玻璃,使用温度为 600℃,基体若采用低膨胀的 SiO_2,使用温度可高达 1100℃。

第 9 章

光电对抗效果评估

光电对抗效果评估是选择光电对抗方式、调整对抗参数、研制与鉴定装备,以及发展光电对抗技术必须探讨的问题。但是,由于光电对抗效果评估涉及面广、类型多,尽管几乎每个研制设备的单位都建立了自己一套完整的效果评估系统,而有关光电效果评估的理论和标准尚没有完全统一和规范化,因此,光电对抗效果评估也成为近年来光电对抗领域的研究热点。

光电对抗效果评估包括光电干扰效果评估和光电抗干扰效果评估两方面。光电干扰效果是指在光电干扰作用下,对被干扰对象产生的破坏、损伤效应,是光电干扰设备综合战术性能最直观的体现。干扰效果评估是对实施光电干扰后所产生效果的定性或定量评价,它是干扰技术研究中必不可少的重要环节,对改进干扰技术有重要意义。因此,各国都十分重视干扰效果评估方法和技术的研究和应用。光电抗干扰效果评估是针对光电制导系统或光电侦测设备在光电干扰环境下,性能水平的下降程度进行定量评估的一整套评估准则、指标体系和操作方法。有关光电武器装备抗干扰性能评估准则和方法的研究,直接影响对光电系统抗干扰性能的综合评价,而且对于光电对抗中的双方选择合适的干扰、抗干扰样式,以及对干扰机和光电系统的设计,都有着重要的指导作用。此外,光电系统抗干扰性能评估也为更高层次的效能评估(如反舰导弹武器系统效能评估)提供分系统评估结果的数据支撑。

光电武器装备对抗性能的鉴定试验与一般武器研制鉴定有较大差别,主要表现在评定内容和环境、评估指标、判定依据等方面。实际上,光电武器装备及其对抗系统在研制过程中,有许多配套的测试评估方法和手段,可以对它们的分解技术状态进行性能测试和评估[60],但考虑到对抗性能的评估,还需采用一些独立的测试评估程序和手段。基于上述分析,在光电武器装备与对抗装备试验鉴定或演练中,自动、实时、定量地评估干扰与抗干扰效果,是装备科研、生产、试验和使用单位等广泛关注的重要课题。

光电对抗效果评估方法包括试验方法和评估准则。对每一类光电系统(光电制导武器和光电侦测系统)可以采用相似的对抗效果评估方法。本章在阐述光电对抗效果评估方法的基础上,给出了针对不同光电对抗系统的效果评估准则[61]。

9.1 光电对抗效果试验方法

光电对抗效果评估可使用实弹打靶试验方法和仿真模拟试验方法。实弹打靶试验方法是评估干扰效果最准确、最可信的方法。理想的状态当然是投入战场使用,从战场上取回数据,给出干扰效果评估结果。但战场环境往往是很难得的,因此,只能采用实弹打靶试验方法,它需要将目标置于模拟战场环境(对军舰、坦克等目标,由于其运动速度较慢,对导弹的攻击效果影响较小,可采用不动的靶模拟,以减少费用),通过发射实弹进行试验,并根据试验数据,给出干扰效果评估结果。这种方法虽然真实,但费用昂贵,适用于产品定型试验。仿真模拟试验方法是对光电制导武器、光电对抗装备、被保护的目标、光电对抗的环境进行仿真模拟,逼真地再现战场上双方对抗的过程和结果。根据需要,仿真模拟试验可以做多次甚至上千次、上万次,来检测与评估光电对抗装备的效能和战术运用的结果,作为改进光电对抗装备性能和战术运用的依据。

9.1.1 光电对抗效果仿真试验评估的可行性

1. 光电对抗效果评估对仿真技术的需求

光电对抗武器装备的自身特点决定了其作战性能受环境、气象条件的影响很大。进行野外测试和实物试验不仅成本高、周期长,而且可控性、可重复性较差。利用仿真技术能够形成多种样式的动态、静态光电测试目标,实现大量的、可人工控制的、可重复实现的试验场景,从而进行各种型号光电对抗武器装备性能的综合测试。

光电仿真试验技术大大减少了对设备的需求,而场景效果十分逼真,可达到非常好的试验效果。至于仿真取代真实的目标而带来的物力、人力、时间方面的效益更是巨大。在完成试验任务的前提下,借助于仿真试验的手段可以达到节约时间经费、缩短试验周期和提高场景实现可行性的目标。

另外,由于光电对抗装备试验中的特殊需求,对于那些不允许或因代价太高而难于通过实际外场验证研究和考核的试验项目,仿真可以说是唯一的手段或途径。如通过少量子样试验取得足够可靠的模型条件下,人们自然会对这些投资高、风险大,动用人力、物力多的试验提出利用仿真试验的方法进行研究。

由于光电对抗装备战场应用的扩展,对现代战场环境的了解和再现的难度越来越大。光电仿真试验不仅具有应用灵活和高效费比的优点,而且有明显的安全、可靠、保密的特征。试验中对作战效能评估的仿真技术的要求也将会越来越多。

2. 光电仿真技术的发展现状

仿真技术作为一种研究、开发、检验新产品的科学手段,在航空、航天、造船、兵器等与国防科研相关的行业中首先发展起来,并显示出巨大的社会效益和经济效益[62]。以武器的作战使用训练为例,1930 年左右,美国陆军、海军航空部队就使用了林克式仪表飞行模拟训练器,当时其经济效益相当于每年节约 13 亿美元。此后,固定基座及三自由度飞行模拟座舱陆续大量投入使用。1950 年至 1953 年美国首先利用计算机模拟战争,地空作战被认为是具有最大训练潜力的应用范围。20 世纪 60 年代,目标探测、捕获、跟踪和电子对抗已经进入了仿真系统。70 年代利用放电影方式,在大球幕内实现了多目标、飞机、导弹作战演习。随着 80 年代数字计算机的高速发展,训练仿真开始蓬勃发展,出现了两个新概念,即武器系统研制与训练装备的开发同步进行,训练装备作为武器系统可嵌入的组成部分而进入整个武器装备研制计划。至于在武器的控制与制导系统研制、试验与定型中仿真技术的应用则更为普遍,80 年代导弹研制中因为采用仿真技术产生了减少飞行试验数量 30% ~40%、节约研制经费 10% ~40% 和缩短周期 30% ~60% 的效果,这些都表明了仿真技术在工程应用中的重大意义。

武器装备的光电仿真技术是仿真技术在光电武器装备设计、研制和性能试验中的具体应用,其发展得益于以下四个因素的推动:

(1) 计算机技术的快速发展。日益提高的处理速度、高速数字通信与网络、海量存储、各种高质量接口以及系统软件、高级与仿真专用语言、数据库管理以及包括模型校验、验证与确认在内的各类应用程序的开发为仿真技术提供了硬件、软件基础。建立在它们之上的系统仿真,无论是在精度、速度、实时性、效率,还是在应用范围、处理能力上相对于过去都得到很大提高。

(2) 半实物仿真非标设备研制长足的进步。在 20 世纪 70 年代至 80 年代六自由度仿真器已经问世,覆盖射频、声频和光学(含可见光、红外、紫外)频段的各类目标与环境仿真技术已趋于成熟,尤其成像目标与环境模拟器的出现使得精确制导与各类训练模拟器性能也有了很大提高。在先进的控制理论、仿真原理和高精度、高性能的传感器、光机电系统基础上,充分利用计算机技术使各类仿真技术在非标设备研制中有了良好应用,这样对那些模型建立尚感困难或把握不大的一些系统,可以利用半实物仿真手段进行充分研究。

(3) 视景生成及图形显示技术的发展。视景与图形显示技术的发展,不仅可为仿真结果与过程提供最直接的信息,更重要的是视景生成技术为以成像目标为探测对象的精确制导仿真和人工参与的系统仿真提供了十分重要的视觉环境和逼真的场景,以供机器和人来进行判断。计算机图形学、计算机图像生成技术、不同频段之间图像信息的转换和频率匹配技术、显示与投影技术的发展为视景生成与图形显示技术提供了良好条件,同时进一步直接促进了仿真技术在更广泛的领域内得到应用。

(4) 系统仿真建模、校模与验模的理论和方法的日趋成熟。仿真是以模型为基础的,模型是否真实,或者更确切地说是在一定使用范围内是否能够真实地反映现实是仿真得以立足的生命线。随着频域和时域校模、模型简化和以试验(如飞行试验)数据应用为基础的验模理论和方法的成功应用,人们对仿真所用的模型有了信任感,从而使安全、可靠、经济、使用灵活、适用性强的仿真技术得以进入各个工程领域以及社会科学领域。

目前,美国已经有了系列化的飞行运动仿真器(转台)、高性能的仿真计算机。随着制导技术的发展,在目标特性仿真技术方面也有了很大的发展。美国空军、陆军和海军都投入了大量资金建立并发展了自己完整、先进的仿真系统,如位于德克萨斯州福特沃思的空军电子战评估系统(AFEWES)、亚拉巴马州红石兵工厂的陆军导弹指挥部先进仿真中心(ASC)的半实物仿真系统以及加州中国湖的海军仿真实验室(SIMLAB)。俄罗斯、法国、英国等国家也都相继建立了自己的光电武器仿真试验系统。

9.1.2 光电对抗效果仿真试验方法

仿真模拟试验分为全实物仿真、半实物仿真和计算机仿真等几种类型。

全实物仿真是参加试验的装备(包括试验装备和被试装备)都是物理存在的、实际的装备,试验环境是模拟战场环境。全实物仿真分为动态测试和静态测试两种。动态测试法把导弹的飞行和目标的机动过程用某种经济可行的方法来代替,但仍然能体现出或基本体现出实弹攻击过程。可通过对导弹进行改装,除去战斗部,加装记录设备来获得大量的试验数据,可把它们作为科研过程中的一项试验,为设备研制提供参考。静态测试法把导弹和目标的机动过程忽略,只对导弹的寻的器进行测试,并依据评估准则给出干扰效果评估结果。可在外场或实验室内进行。

半实物仿真的被试装备是实际装备,部分试验装备、试验环境由模拟产生。

计算机仿真的试验环境、参试装备的性能和工作机理都是由各种数学模型和数据表示,试验整个过程由计算机软件控制,并通过计算得到试验结果。计算机仿真包括全过程仿真和寻的器仿真两种。全过程仿真是指在建立导弹、目标、干扰的数学模型的基础上,在计算机上对导弹的整个攻击过程(包括目标的机动过程)进行仿真,并根据各种状态下多次仿真的结果,按一定准则给出干扰效果评估结果。寻的器仿真是在寻的器的层次给出干扰效果评估结果。它所需条件较低,一般只需了解寻的器的物理模型和参数,从理论上说,它就是对实物静态测试整个过程的仿真,因此其评估准则与实物静态测试方法相同。各种光电对抗效果仿真试验方法的特点见表9.1。

表9.1　光电对抗效果仿真试验方法的特点

方法 特点	实物动态 测试法	实物静态 测试法	半实物 仿真法	全过程计算机 仿真法	寻的器计算机 仿真法
评估置信度	较高	一般	一般	一般	较低
条件	至少有1枚样弹;有1套干扰设备;有形成导弹和目标相对运动的条件	至少有1枚该导弹的导引头;有目标或模拟;外场或试验条件;有1套干扰设备	在全实物仿真的基础上,在一种或几种环节用硬件来代替	了解导弹的各种制导机理和参数;掌握目标和背景的特性;了解干扰设备模型和参数;了解导弹的攻击过程和干扰的实施方法	寻的器的模型和参数;目标和背景的特性和参数;干扰设备的模型和参数
技术实现难度	容易	比较容易	较大	极大	适中
经费投入	较大	适中	适中	小	最小
场地及实验室要求	靶场或实验室	外场或实验室	专用实验室	具有小型机或工作站的计算机房	具有工作站和微机的计算机房
评估周期	较短	最短	较长	最长	适中
评估的层次	全要素过程	寻的器级	全要素过程	全要素过程	寻的器级

9.1.2.1　基于全实物仿真的光电对抗效果试验方法

全实物仿真突出的特点是逼真,它是对光电对抗装备进行检测与评估试验最有效、往往也是最后的试验方式。

全实物仿真试验通常是在外场进行的。根据被试光电对抗装备的作战环境,分别在地面、空中和海上进行试验。外场试验一般由试验装备、被试装备、指挥控制与数据处理中心以及数据通信网络组成。参加试验的装备可以是某一种光电武器,被试的光电对抗装备可能是1个干扰装备,也可能是1个侦察告警和干扰的综合系统,被保卫的目标可能是1架飞机,可能是1艘军舰,也可能是地面上1个指挥所等。为了评估光电对抗装备的对抗效果,必须建立数据采集与传输系统以及评估软件系统。

在外场试验中,整个系统的指挥控制由指挥控制中心通过数据通信网络进行。整个外场试验必须建立一个统一的时间标准,称为时统。参试平台的数据,可以实时记录在媒体上,然后送数据处理中心进行后处理,也可以通过通信系统实时传输实时处理。后种方式能迅速反应试验情况,便于及时调整试验部署和试验方法,但要求通信系统更复杂一些。

例如,某种红外干扰弹对抗某种红外制导导弹的外场试验,包括地面试验和空中试验。地面测试称为静态测试,空中测试称为动态测试。每一种测试可进行多次,并根据测试结果,计算和评估出该种红外干扰弹的干扰效果。

(1) 地面试验。目标机载有红外干扰弹及发射装置,攻击机上载有红外导引头及测试记录设备,两机拉到测试现场,目标机在前,攻击机在后,目标机和攻击机相距1000m,两机处于一条直线上准备完毕,目标机开车,双机通过机上无线电话联络,攻击机通知目标机动作。在测试时,攻击机通知目标机"开加力后发射"或"开大车后发射",红外干扰弹落地后,攻击机通知目标机关加力至慢车。每发射一次红外干扰弹后,目标机处于慢车状态,以便为下一次测试做准备。在发射红外干扰弹后,攻击机上测试装备记录下导引头位标器的偏转角(跟踪红外干扰弹的偏角)和音响信号,以此判断红外干扰弹的干扰效果。

(2) 空中试验。双机起飞后(同地面测试一样,目标机在前,攻击机在后),在指定空域一定高度上,如9000m的高空,速度为800km/h,同时处于平飞状态,双机高度差不超过50m,相距1.5～1.8km(地面指挥所引导),攻击机截获目标(听到导引头的音响信号)后发出"准备好"的口令,同时导引头开锁,当目标机回答"准备好"后,攻击机发出"发射"口令,目标机回答"明白",并投放红外干扰弹,攻击机看到火光报告"亮",此时,导引头测试记录位标器就准确地记录下导弹的偏转角和音响信号。红外干扰弹熄灭后,攻击机报告"灭",灭后3～4s导弹关锁,间隔大于10s后进行第二次测试。

9.1.2.2 基于半实物仿真的光电对抗效果试验方法

全实物仿真在使用中往往受到一定的限制:首先,它难以逼真地模拟战场上密集的电磁环境;其次,这种试验兴师动众,做一次不容易,又费时间,又多花钱,不能作为经常性的试验手段;再次,外场试验受气象条件影响较大。而半实物仿真试验的方法,可以作为外场试验的完善与补充。特别是光电对抗装备研制过程中的大量试验工作,则可以利用半实物仿真完成。但光电对抗装备的鉴定试验仍然需要以全实物仿真进行。

半实物仿真的特点:参加试验的被检测装备(光电对抗装备)是实际装备,而检测设备和检测环境大部分是用仿真技术模拟生成的。例如,对一个光电干扰装备干扰效果的检测与评估,用导引头模拟器来接收光电干扰装备的干扰信号,检测与评估干扰效果。

用半实物仿真方式检测与评估光电对抗的效果,需建立半实物的光电对抗效果评估系统。半实物的光电对抗效果评估系统一般由光电对抗装备、光电制导武器导引头模拟器、被保卫目标、计算机中心、各种仿真模拟数学模型、评估软件等组成。下面以实际光电对抗装备为例,说明半实物光电对抗效果评估系统的组成。

1. 激光有源干扰效果评估的半实物演示装置

它由风标式激光制导炸弹导引头、计算机、军事目标、漫反射体、激光有源干扰机、激光目标指示器等组成,如图9.1所示。

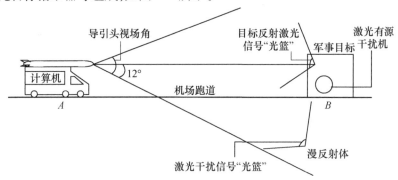

图9.1 激光有源干扰效果评估的半实物演示装置

导引头能够接收按事先约定编码的、从激光目标指示器发出的、经军事目标反射回来的激光指示信号;如果激光有源干扰机发出的、经漫反射体反射的激光信号满足导引头接收的条件,也能被导引头接收。导引头能够输出任意时刻的弹翼偏转信号。

激光目标指示器能够发射10MW、按事先约定经过编码的激光指示信号,并始终照射在被保护目标上,它放在距被保护目标5~10km远处。

漫反射体放在距被保护目标200~500m的位置上。

激光有源干扰机发射10MW、具有与激光目标指示器相同编码的激光信号,照射到漫反射体上。

计算机是评估激光有源干扰效果的重要组成部分,它的主要功能:①按计算机的采样周期,接收导引头输出的弹翼偏转信号,并存储起来,为评估提供数据;②计算导引头下一时刻的坐标;③比较每次干扰是否有效,并进行统计;④评估干扰效果。

2. 对激光有源干扰设备的干扰效果进行定性和定量评估

对激光有源干扰设备干扰效果进行评估时必须建立：①导弹的运动方程、控制方程、空气动力学方程仿真模拟数学模型；②根据激光制导炸弹导引头输出的弹翼偏转信号，建立干扰效果评估的数学模型；③编制干扰效果评估软件。

1) 对激光有源干扰设备干扰效果的定性评估

激光有源干扰设备干扰过程如图9.2所示。定性评估方法如下：

（1）不进行干扰（激光有源干扰设备不开机），仅是激光目标指示器照射被保护目标，计算机记录下在无干扰情况下导引头输出的弹翼偏转信号。

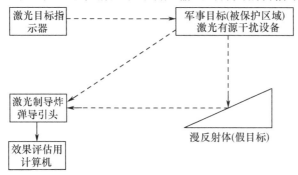

图9.2 激光有源干扰设备干扰过程

（2）进行激光有源干扰（激光有源干扰设备开机），计算机记录下在有干扰情况下导引头输出的弹翼偏转信号。

（3）对计算机记录的无干扰和有干扰两种情况下，导引头输出的弹翼偏转信号进行比较，就可以判断出此次干扰是否有效。

2) 对激光有源干扰设备干扰效果的定量评估

激光有源干扰效果的定量评估通过理论模型分析与试验相结合进行。

（1）理论模型分析。根据激光制导炸弹模型进行全数字仿真。分析炸弹仿真模型的导引头方程、舵机方程中的参数，并计算出脱靶量，给出激光制导炸弹攻击弹道（在无激光有源干扰的情况下）。

（2）试验过程及目的。在机场跑道上进行干扰效果试验（图9.2），军事目标与导引头之间的距离为3～4km，导引头装在汽车顶上，与汽车中的计算机相连，军事目标设在与机场跑道适当距离的草地上，漫反射体设置在跑道的另一侧，与军事目标之间的距离为200～500m。一台10MW激光器用作激光目标指示器，照射被保卫目标，激光有源干扰设备照射漫反射体。其目的就是记录在激光有源干扰情况下，不同距离时导引头输出的弹翼偏转信号。

（3）激光有源干扰设备的干扰过程。激光有源干扰设备开机，当激光目标指示器照射被保护目标时,激光制导炸弹导引头接收从被保护目标反射回来的激光信号,跟踪被保护目标;激光有源干扰设备的告警器接收激光目标指示器的激光信号后进行告警,并进行测频识码,复制出相同编码,然后驱动激光有源干扰机进行超前同步干扰,照射到漫反射体上,如图9.2所示。具体步骤如下:

① 不施放激光有源干扰,当激光目标指示器照射军事目标时,导引头接收从军事目标反射回来的激光信号并跟踪军事目标,计算机记录下在无干扰情况下导引头输出的弹翼偏转信号。

② 施放激光有源干扰,当激光目标指示器照射军事目标时,刚开始的时候(几个脉冲到十几个脉冲),导引头接收从军事目标反射回来的激光信号,并跟踪被保卫目标。同时,激光有源干扰设备的告警器接收到激光目标指示器发出的激光信号后进行告警,激光有源干扰设备进行测频识码,复制出相同编码,驱动激光有源干扰机进行超前同步干扰,照射到漫反射体上。这时,从漫反射体反射的激光干扰信号进入导引头,则导引头受到干扰。计算机记录下在有源干扰情况下导引头输出的弹翼偏转信号。

③ 将无干扰和有干扰两种情况下导引头输出的弹翼偏转信号进行比较,判断出此次干扰是否有效。

将上述试验中得出的多组不同距离时导引头输出的弹翼偏转信号,分别用到激光制导炸弹攻击仿真中,计算脱靶量,绘制出激光制导炸弹运动轨迹。

把上述仿真试验结果与理论模型仿真结果进行分析,根据评估准则,就可以得出在上述试验方法下干扰效果定量评估的结果。

9.1.2.3 基于计算机仿真的光电对抗效果试验方法

尽管半实物仿真技术有各种优点,但是仍需要制造若干样机硬件。在场景生成、试验模式、评估手段等方面仍存在一些缺点和不足。随着计算机的发展,计算机求解复杂系统数学模型的功能也越来越强。同时,计算机仿真的优点也非常突出:①经济、安全可靠、试验周期短;②适合于试验条件不确定时的性能评估。由于光电对抗装备试验中有较多不确定条件,试验过程和武器应用过程实际上存在许多随机性,众多复杂的随机因素互相影响。对于某些光电对抗装备系统,直接试验几乎是不允许甚至是不可能的,在这种情况下仿真数据可以用来检验所选用的假设,通过仿真中选择系统模型,在系统运行中研究某些信息、组织和环境改变而带来的影响,观察在不同条件下对系统特性的影响,从而验证有关的假设。因此,基于计算机仿真的光电对抗效果试验方法日益为人们所重视并获得应用。

计算机仿真模拟评估光电对抗效果主要是建立各种数学模型。对光电制导武器,建立某种型号的光电制导武器的运动方程数学模型,控制方程数学模型、空气动力学数学模型;对光电对抗装备,建立相应的光电对抗装备的数学模型,特别是光电对抗模型(干扰光电制导武器的干扰对抗数学模型);对被保护目标,建立被保护目标红外辐射数学模型。如果是运动目标,还应建立被保护目标运动方程的数学模型,以及建立所处环境条件的数学模型,包括战场环境模型和气象环境模型。在进行系统对抗效果仿真时,根据作战假定,将这些模型集在一起,组成双方的交战模型,输入作战双方的有关数据,按照预定的软件,运行仿真系统,得出光电对抗系统对抗效果。

计算机仿真模型和算法的建立以及数据的来源,离不开物理仿真、外场试验、实战演习以及实际作战的经验和数据的积累。只有在逼真的物理仿真以及丰富的实验和作战经验的基础上,才能建立逼真的计算机仿真模型和仿真演示评估系统。而计算机仿真的结果又可以对物理仿真提供指导,推动物理仿真的深入和探讨新的对抗技术。因此,计算机仿真和物理仿真是光电对抗仿真有机整体的两个密切相关、相辅相成的组成部分。

通过系统对抗效果仿真,可以模拟和演示光电对抗系统在战场上的作战过程,研究在不同条件、不同性能、不同配置、不同战术应用情况下,光电对抗系统能够达到的对抗效能,合理地确定光电对抗系统的战术技术指标,以及恰当的战术应用,因而对光电对抗系统的研制、改进和部队战术使用具有重要指导意义。

下面以机载红外干扰弹对抗红外制导导弹为例来说明计算机仿真模拟评估光电对抗效果。机载红外干扰弹对抗红外制导导弹的效能评估所涉及的装备有红外制导导弹、被保护目标、红外干扰弹和作战环境等,为此,首先要建立:

(1)某种红外制导导弹导引头的数学模型,包括红外制导导弹的运动方程数学模型、红外制导导弹的动力学方程数学模型、红外制导导弹的控制方程数学模型;

(2)被保护目标(飞机)数学模型,包括飞机运动轨迹数学模型、飞机红外辐射强度数学模型;

(3)红外干扰弹(包括发射装置)的数学模型,包括红外干扰弹运动轨迹数学模型、红外干扰弹辐射强度数学模型;

(4)作战环境数学模型,如作战高度、空气密度、气象条件等。

还要建立红外干扰弹对抗红外制导导弹的干扰数学模型和评估光电对抗效果的评估软件。

将上述各种数学模型以及红外制导导弹、红外干扰弹性能参数、作战环境条件等输入计算机中,就可以进行干扰效果的演示。改变各种参数,如飞机的速度、高度、红外制导导弹与飞机之间的距离、红外制导导弹的来袭方向、红外干扰弹的发射方向、发射速度以及风速等,可以进行成百上千次的计算机仿真试验,计算每次对抗是否有效,得到红外干扰弹对抗红外制导导弹的干扰效果或对抗效能的评估结果。

综上所述,当前半实物仿真的基本技术和模式已经发展成熟。近期,光电对抗仿真技术以发展半实物仿真为主。长远来看,发展趋势必然是计算机仿真试验技术。

9.1.3 光电对抗效果仿真的关键技术

(1) 仿真系统的方案与总体设计技术。

(2) 对五轴仿真转台技术要求:①负载尺寸、质量、惯量;②转台的结构形式和驱动方式;③转台轴线垂直度和位置误差;④转角范围;⑤角位置精度;⑥角速度变化范围;⑦角速度控制精度;⑧最大角加速度;⑨频率响应特性。

(3) 对目标仿真器的技术要求:①复现目标/背景辐射能量的空间分布特性;②复现目标/背景辐射的光谱特性;③复现目标/背景辐射的空间运动状态特性。

(4) 对试验控制台的技术要求:①实现快速控制功能;②人机对话功能;③图形、图像和数字显示与记录功能;④状态监控功能;⑤通信功能;⑥系统检测与故障诊断功能;⑦实施应急措施和设备保护功能。

(5) 对专用仿真软件的技术要求:①满足实时性要求;②保证足够的运算精度;③满足运算稳定性要求;④满足可靠性要求;⑤专用仿真软件应具有可扩充性。

(6) 建立各种典型空中目标、海上目标和地面目标的光学特性数据库,建立各种典型威胁源的特征参量数据库,以满足不同的光电对抗仿真试验需要。

9.1.4 光电对抗效果仿真试验的发展史及趋势

光电对抗效果仿真试验作为靶场试验的一个组成部分,将与实弹打靶相结合,共同完成对光电对抗武器装备的战术技术指标的性能测试和对抗效果的评估任务。

在光电对抗效果评估领域,美国发展的较快,也较全面,拥有空军电子战评估系统(AFEWS)的光电仿真试验系统、埃格林空军基地光电仿真试验系统、陆军导弹司令部高级仿真中心的光电仿真试验系统和海军半实物仿真导弹实验室的光电仿真试验系统。比如:为了评估红外干扰对抗先进红外成像反舰导弹的能力,美国海军实验室发展了新的半实物模型技术,包括创造一个工具来产生精确的红外图像和合成视频注入真实的威胁模拟器,并采用真实录取得图像来校验所提技术的精确性和有限性[63];空军电子战评估仿真器(AFEWES)红外干扰测试设备现在已有能力仿真一个完全的红外干扰测试环境,包括导弹飞行、飞机飞行和各种各样的红外干扰(如机动、点源曳光弹、光源干扰系统等)[64]。

第9章 光电对抗效果评估

荷兰的 TNO 物理电子实验室建立了反舰导弹红外诱饵的有效评估工具[65]。在方便的软件安装后,可以选择不同的预处理和探测算法来处理录取的红外图像序列。通过改变导引头参数(如当第一个诱饵被部署后导引头和舰船之间的距离、导弹搜索算法和导弹跟踪算法),可以评估在各种场景下录取的诱饵部署的有效性。

加拿大的海军威胁和干扰模拟器(NTCS)能够建模舰船和红外制导反舰导弹之间的交战[66]。NTCS 建立在以前研发的海军舰船信号软件即舰船红外模拟器(SHIPIR)基础之上,SHIPIR 提供了宽工作范围、大气特性、观察者和频谱条件的海天背景下的舰船三维图形图像。通过加入红外导引头模型、导弹飞行动力学和部署的红外干扰,NTCS 通过计算目标锁定距离和 hit/miss 距离可以评估舰船在红外干扰情况下的生存能力。

国内建立的关于激光半主动制导武器以及光电对抗的半实物仿真系统,多数是用于激光制导武器的导引头和控制系统的性能测试,而用于激光制导武器的光电对抗研究的半实物仿真系统较少。作者所在课题组曾开发了一个光电成像导引头干扰和抗干扰评估设备,其试验方法为外场地面试验和数字仿真试验[67,68]。根据最少配置、综合利用、最大效费比的原则,外场地面试验选择工程车上加载改造光电跟踪仪来模拟光电成像导引头。该设备可以模拟电视/红外成像导引头在受到曳光弹、烟幕弹干扰后对目标的自动搜索、识别和跟踪过程,同时评估曳光弹、烟幕弹对导引头的干扰效果。

光电对抗效果评估系统的主要功能是检验评估光电制导设备在不同气候环境和不同对抗条件下的制导性能和抗干扰能力、检验评判光电干扰设备对光电成像导引头的干扰效果等。评估系统的通用性是对抗试验鉴定中的关键性问题。如果不立足于设备的通用性,而一味追求与作战对方一对一的专用性,既不科学,也不经济,甚至不可能。所以要把对抗效果的评估建立在相对的基础上。也就是说,被干扰的制导系统接近某种可能情况时,干扰效果如何;而部署的干扰措施接近某种可能情况时,制导系统的抗干扰能力又如何。

当前光电对抗效果仿真试验的主要发展趋势如下:

(1)完善光电对抗效果仿真试验评估系统。光电对抗仿真试验评估系统的评估对象主要有六类:一是基于红外成像制导技术的红外导引头(包括双色、双模导引头);二是以闪光干扰和烟雾干扰为代表的红外干扰设备;三是基于红外成像探测的导弹逼近告警设备以及各类光电火控系统中的红外预警设备;四是激光制导设备(主要针对半主动制导);五是激光干扰设备(主要针对引偏干扰);六是激光侦察告警设备(包括舰载、机载、车载、陆基)。依据这六类评估对象,就要求我们在研制和设计光电对抗仿真试验评估系统时,至少要具备以下评估能力:评估红外成像制导设备在不同气候环境和不同对抗条件下的制导性能和抗干扰能力;评判红外干扰设备对特定类型红外导引头的干扰效果;鉴定红外预(告)警设备的战术技术性能和对特定威胁源的预(告)警成功率;评估激光制导设备在不同气候环境和不同对抗条件下的制导性能和抗干扰能力;评判激光干扰设备对激光导引头的干扰效果;鉴定激光侦察告警设备的战术技术性能和对特定威胁源的侦察告警能力[69]。

光电对抗仿真试验评估系统组成如图 9.3 所示。采用 HLA/RTI 体系结构,连接分布在测试场各地的红外对抗仿真试验评估分系统、激光对抗仿真试验评估分系统、光电目标及环境模拟器、目标运动模拟器、实时监控分系统、光电目标和光电环境数据库、光电对抗仿真试验评估控制分系统、测试评估结果处理与评估分系统等。

红外对抗仿真试验评估分系统的主要功能是为光电干扰装备提供不同气候、各种复杂对抗背景、接近实战条件下的红外辐射威胁信号环境,满足光电干扰装备干扰效果评估测试的要求,检验和鉴定其战术技术性能。主要包括主控计算机、红外场景和战场背景编辑单元、大气透过率和图像模糊度解算单元、红外场景合成单元、红外目标背景及干扰信号模型数据库单元、红外图像生成红外辐射信号单元、准直光学投射系统和运动控制模拟单元等。

激光对抗仿真试验评估分系统主要完成光电干扰装备激光角度欺骗等干扰效果评估仿真测试。主要应包括显示与控制单元、激光威胁信号模拟器、光电背景信号模拟单元、弹道解算计算机、电动三轴转台、摇摆转台、数据录取单元、在线监测标校单元和测试现场监视单元等。

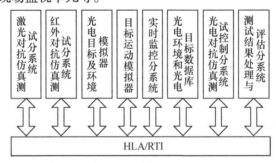

图 9.3 光电对抗仿真试验评估系统组成

目标运动模拟器主要模拟导弹的飞行姿态和装载平台的运动特性,具有模拟弹目相对运动速度和方位等功能。与光电环境模拟器和光电目标模拟器一起,模拟产生试验所需的各种光电背景信号、光电干扰信号以及光电目标的生成和运动特性等,为仿真试验提供一个近似于实战的战场环境。

实时监控分系统主要由主控计算机、数据处理服务器、系统控制软件、数据处理软件、威胁源数据库和制导模型数据库等组成。通过网络实现对分系统内各单元的控制,并接收各单元回送的试验信息,完成试验态势设置、试验态势显示、试验进程控制、试验数据显示等功能。

光电环境和光电目标数据库系统提供试验所需的战场态势假定数据库、威胁目标数据库、各类背景信号数据库、军事目标数据库等。

光电对抗仿真试验评估控制分系统由试验主控计算机及控制软件组成,完成仿真试验进程的自动控制,并处理各种相关事件。

测试结果处理与评估分系统主要实现对光电干扰装备实施干扰的最后结果进行分析和性能评估。

(2) 仿真技术在仿真规模上由小到大、从局部向全面发展,由系统研制中的应用向全武器系统及其全生命周期方向发展。由于试验需求和仿真技术实现的可能,目前光电对抗试验的主要目的是测试被试武器装备(主要是单系统、单平台)的技术指标性能和对抗能力。试验模式必然由以实物及外场试验为主向实物及外场试验与数学模型及试验室仿真相结合方向发展。通过分布交互式仿真,借助于参试人员、作战平台和建立以计算机技术为支撑的虚拟仿真、武器运行模型和作战规划流程的交互,实现光电对抗武器装备战术技术性能的全面评估和考核。

(3) 分布交互式仿真和以综合集成为特色的先进分布仿真将成为光电对抗试验应用的重要发展方向。在当前武器装备系统化、规模化、多样化发展的特点和战争样式不断变化的内在驱动下,光电对抗装备试验的发展方向将是从内场仿真延伸到内外场仿真并举,从单一形式的仿真(如硬件在回路中的仿真)发展到结合各种类型(纯数学、虚拟、构造、实物)仿真的综合系统仿真,从集中式仿真发展到分布于整个试验场区的多个地点的分布交互式仿真。系统对抗、多平台武器对抗是靶场未来承担试验任务的重点。而体系对抗仿真中可能要引入更复杂的战情设计和作战模型等新的试验元素。因此,光电对抗仿真试验将会呈现出规模化、系统化、分布化、多样化等特点。

9.2 光电对抗效果评估准则

光电对抗包括光电侦察、光电干扰、反光电侦察和抗光电干扰四大模式,每种模式的作战效果应有不同的评估准则。

干扰与抗干扰、侦察与反侦察是对立统一矛盾的两个方面,那么干扰与抗干扰效果、侦察与反侦察效果的评估是统一的。比如:对某次试验结果来说,干扰效果好,则说明抗干扰效果差;反之,抗干扰效果好,则说明干扰效果差。所以,对抗效果的评估可以归结到干扰效果和侦察效果的评估上。

9.2.1 干扰效果评估准则

干扰效果指的是在干扰作用下对被干扰对象产生的破坏、损伤效应,而不是干扰设备本身的性能指标之一[70]。但应该说明,在未知干扰对象时,也可以单纯从干扰设备本身性能指标角度来衡量干扰效果好坏,如烟幕的质量消光系数、诱饵剂的辐射强度、激光抑制干扰信号的随机性等,这些性能参数越好,表明其干扰效果越好。本节重点讨论已知干扰对象时的干扰效果评估问题。所以,干扰效果评估是指对各种干扰手段作用于被干扰对象所产生的效果进行评估,需要考虑干扰手段、被干扰对象、实施干扰的环境和评估准则这三方面的要素。干扰手段是指干扰的类型、性能、战术指标等。被干扰对象是指被干扰对象的性能、工作原理、战术指标、光电干扰对其可能产生的影响。实施干扰的环境和评估准则是指约定统一的干扰环境和评估准则,以便于对同类光电干扰手段的效果进行比较。

从被干扰对象的角度出发,以干扰作用前后被干扰对象与干扰效果相关的关键性能的变化为依据评估干扰效果。被干扰对象接受干扰后所产生的影响将主要表现在以下三个方面:

(1) 被干扰对象因受到干扰使其系统的信息流发生恶化,如信噪比下降、虚假信号产生、信息中断等。

(2) 被干扰对象技术指标的恶化,如跟踪精度、跟踪角速度、速度等指标下降。

(3) 被干扰对象战术性能的恶化,如脱靶量增加、命中率降低等。

所以,干扰效果评估准则主要指的是在评估干扰效果时,所选择的评估指标和所确定的干扰效果等级划分。评估指标是指在评估中需要检测的被干扰对象与干扰效果有关的关键性能。干扰效果等级划分则是指根据上述评估指标量值大小对被干扰对象战术性能或总体功能的影响程度,确定出与干扰无效、有效或1级、2级、3级等量化等级对应的评估指标阈值。由此可见,干扰效果评估准则是进行干扰效果评估所必需的依据,在确定了干扰效果评估准则后,通过检测实施干扰后被干扰对象评估指标的量值并与阈值相比较,便可以确定干扰是否有效以及干扰效果的等级[71]。

评估准则中,关键是选取合适的评估指标,然后可以通过仿真试验方法进行干扰效果评估试验,根据评估经验值来确定干扰效果等级。常见的光电干扰效果评估指标[72]有搜索参数类指标、跟踪精度类指标、制导精度类指标、图像特征类指标和压制系数指标。

1. 搜索参数类指标

适用于从光电成像制导系统的搜索、截获性能角度评估干扰效果。

如果光电成像系统在预定的区域中未能发现目标,即启动搜索功能,直到截获目标,从而转入对目标的跟踪。在这个阶段,干扰效果的评估应该以发现概率、截获概率、虚警概率、捕捉灵敏度以及跟踪目标和跟踪干扰的转换频率等指标来衡量。

表9.2所示基于搜索参数的相关指标,以导引头在干扰环境下比无干扰情况下的性能下降量来评估干扰效果。经过定性和定量的分析以及多次试验验证,可以得到合适的量值,对表9.2中的各项进行赋值,作为定量评估的依据。表9.2所列的各项目,主要从导引头的最终指标上考虑干扰效果,系统性好,概念明确,对于通常所遇到的各种干扰都能方便地进行定量和独立的测试与考核。

表9.2 基于搜索参数的评估方法的相关指标

	无干扰情况下	有干扰情况下
发现概率		
截获概率		
虚警概率		
捕捉灵敏度		
跟踪转换		

2. 跟踪精度类指标

适用于从光电成像制导或跟踪系统的跟踪性能角度评估干扰效果。

导引头截获目标后转入对目标的自动跟踪状态,并连续测量目标的运动参数,控制导弹飞向目标。在跟踪阶段,对光电成像制导或跟踪系统的干扰效果主要表现在使系统跟踪误差增大,跟踪精度下降,进而使系统对目标的跟踪不稳定,导致丢失目标等。这个阶段一般可以通过监测干扰前后以及干扰过程中导引头的导引信号,根据跟踪误差、跟踪精度和跟踪能力的变化情况来评估干扰效果。

需要特别指出,在利用导引头进行挂飞和地面干扰试验时,考核的仅是导引系统将光电制导武器光轴导引指向目标的误差和精度,即导引头的跟踪误差和跟踪精度。显然,制导武器的制导误差、制导精度、脱靶量将不仅由导引头的跟踪性能决定,还与控制系统以及弹体的运动过程有关。

从跟踪性能角度评估时,由于检测的是跟踪脱靶量(不同于制导武器最终在遭遇区弹着点的脱靶量),因此还应该考虑到一种有效干扰情况,即当干扰较强时,导引头的跟踪处理系统可能会提取不出有效的跟踪脱靶量,或者导引头受到干扰损伤时(如被激光致盲),完全不能输出跟踪脱靶量,显然这是一种比脱靶量超差更为严重的干扰效果。

光电成像制导或跟踪系统的跟踪误差是一个二维随机变量,通常情况下,来源于多种随机因素,其中没有一个明显起确定性作用的因素。在这种情况下,可认为跟踪误差服从正态分布。设未实施干扰时,光电成像制导或跟踪系统的正常跟踪精度为 σ_0(标准差),既然跟踪误差服从正态分布,那么根据测量误差理论,在正常情况下,跟踪误差小于 σ_0 的概率应为 68.27%,小于 $2\sigma_0$、$3\sigma_0$ 的概率则分别为 95.45%、99.73%。

当对光电成像制导或跟踪系统实施干扰后,必将会使跟踪误差增大。那么,应该以什么为标准判定跟踪误差是否超出正常跟踪精度允许范围,即干扰是否有效呢?设实施干扰后系统输出的脱靶量为 θ,则:当 $\theta \leqslant 3\sigma_0$ 时,干扰无效;当 $\theta > 3\sigma_0$,或不能输出有效脱靶量,或系统不能稳定跟踪而丢失目标时,干扰有效。

3. 制导精度类指标

适用于从光电成像制导系统的命中目标性能角度评估干扰效果。

制导武器弹着点的脱靶量和制导精度是反映其战术性能的关键指标,对制导武器的干扰直接影响其脱靶量和制导精度,所以评估指标可以选择为脱靶量或制导精度,通过检测制导武器受干扰后,其脱靶量或制导精度的变化情况来评估干扰效果[73]。进一步,可以从反舰导弹末制导系统的制导偏差,导致其命中概率下降这一干扰机理为基础,构建用于评估干扰成功概率的数学模型和定量分析方法[74]。

理论分析和大量试验结果证实,在正常情况下,制导武器的制导误差服从正态分布。因此,类似跟踪精度类指标评估,以 $3S_0$(其中 S_0 为未实施光电干扰时制导武器的制导精度)为界限判定实施干扰时制导误差是否超出正常制导精度允许范围。令实施干扰后脱靶量大小为 δr,则当 $\delta r \leqslant 3S_0$ 时,干扰无效;当 $\delta r > 3S_0$ 时,干扰有效。

如何求未实施光电干扰时制导武器的制导精度 S_0?设靶平面上目标的位置矢量为 $\bm{r}_0$,制导武器弹着点的位置矢量为 $\bm{r}_i$($i=1,2,\cdots,n$,n 为有效试验次数),于是第 i 次试验的脱靶量矢量 $\Delta \bm{r} = \bm{r} - \bm{r}_0$,平均脱靶量矢量 $\Delta \bar{\bm{r}} = \bar{\bm{r}} - \bm{r}_0$,其中 $\bar{\bm{r}} = \frac{1}{n}\sum_{i=1}^{n} \bm{r}_i$ 为平均弹着点的位置矢量。平均脱靶量即为制导误差的系统误差。对于系统误差,只要了解了其来源和变化规律,通常可以采取一定措施加以消除或修正,这时有 $\Delta \bm{r} = 0$ 即有 $\bar{\bm{r}} = \bm{r}_0$。制导误差的随机误差通常用标准差表示,利用贝塞尔公式,可得标准差为

$$S_0 = \sqrt{\frac{1}{n-1}\sum_{i=1}^{n}(r_i - \bar{r})^2} = \sqrt{\frac{1}{n-1}\sum_{i=1}^{n}(r_i - r_0)^2} \tag{9.1}$$

在系统误差已消除或修正的情况下,即可利用式(9.1)计算制导精度。

如果无法获知光电制导武器无干扰时的制导精度,则以实施干扰后的脱靶量相对于制导武器对被保护目标的杀伤半径的大小为依据,来评定干扰是否有效或确定干扰效果等级。设杀伤半径为 R_d,则当 $\delta r \leqslant R_d$ 时,干扰无效;当 $\delta r > R_d$ 时,干扰有效。

4. 图像特征类指标

光电成像装备的核心是目标探测、识别和跟踪,而探测、识别和跟踪的性能依赖于图像目标特征的强弱。当释放干扰时,图像目标的特征肯定会受到影响,所以可以基于各种图像目标特征的变化来评估干扰效果。

1) 图像对比度和相关度特征[75]

通过干扰前后对比度和相关度的变化来定量评估干扰效果[76]。

2) 信噪比或作用距离特征

根据导引头的信噪比或作用距离进行评价,施放干扰后,导引头的信噪比越小,作用距离越近,则干扰效果越好[77]。

信噪比用来表征红外导引头系统的探测能力,信噪比大于某个数值时,导引头才能可靠地探测和跟踪目标[78]。信噪比的定义为

$$S/N = E_T / \text{NEFD} \tag{9.2}$$

式中:NEFD 为噪声等效通量密度;E_T 为目标在导引头光学系统口径上的光谱辐射度;$E_T = \int E_T(\lambda) d\lambda$ 为 $\Delta\lambda$ 波段范围内目标的总辐射照度。

对点源目标而言,它在导引头光学孔径上产生的光谱辐射照度为

$$E_T = \frac{I T_a}{R^2} \tag{9.3}$$

式中:T_a 为大气光谱透过率;R 为目标至红外探测器的距离;I 为目标红外辐射强度,当红外辐射通过烟幕气溶胶时,被烟幕气溶胶所散射和吸收而消弱,其规律符合 Lambet-Beer 定律,即

$$I = I_0 e^{-M_C C S} \tag{9.4}$$

其中:I 为通过烟幕后的辐射强度;I_0 为通过烟幕前的辐射强度;C 为烟幕浓度;S 为红外辐射通过烟幕的光程;M_C 为消光系数。

从式(9.2)~式(9.4)可看出,当烟幕的浓度增大时会使得红外导引头系统的信噪比减小;当烟幕浓度增大到一定程度,导引头的信噪比小于系统工作的最低灵敏度时,导引头将不能正常工作,从而捕捉不到目标。

3) 图像分形特征

目前,分形理论在图像处理领域得到了深入的研究和应用,该类算法的主要物理依据是人造目标和自然场景之间在表面粗糙度等方面存在差异。人造目标通常

表现为表面纹理简单、几何形状较规则等,在分形模型中表现为分形维数较低,分形模型拟合误差较大;而自然场景目标则具有较复杂的表面纹理,且形状轮廓大多杂乱无章,反映在数学模型上就是分形维数较高,分形模型拟合误差较小。在烟幕施放过程中,由于烟幕的干扰遮蔽,且随着遮蔽程度的加强,目标区的灰度特征逐渐接近于自然物体的灰度特征,从而与分形模型相吻合,反映在数学模型中,则是分形拟合误差减小或分形维数增加。因此通过分形拟合误差或分形维数的变化,即可反映出烟幕对目标热像遮蔽的动态过程。

5. 压制系数指标

压制系数是干扰信号的功率特征,它表示被干扰设备产生指定的信息损失时,在其输入端的通频带内产生所需的最小干扰信号与有用信号的功率比。干扰信号使对方光电装备产生信息损失的表现是对有用信号的遮蔽、使模拟产生误差、中断信息进入等。压制系数小,干扰效果好;压制系数大,干扰效果差。

9.2.2 侦察效果评估准则

侦察效果评估和干扰效果评估的思路一样,主要是通过侦察设备的关键性能指标的变化来衡量。侦察效果评估准则指的是在评估侦察效果时,所选择的评估指标和所确定的侦察效果等级划分。侦察效果等级划分是指根据评估指标量值大小对侦察设备战术性能或总体功能的影响程度,确定出与侦察效果等级对应的评估指标阈值。在确定了侦察效果评估准则后,通过检测实施干扰后侦察设备评估指标的量值并与阈值比较,便可以确定侦察效果的等级。

评估侦察效果有不同的指标,如目标鉴别等级(发现、识别和认清)、目标鉴别概率(目标鉴别总是存在一定的鉴别概率,如发现概率和识别概率等,鉴别达到某一等级是在一定概率条件下的,在 Johnson 准则中与鉴别等级相应的鉴别概率为 50%)、作用距离(在同一鉴别概率,对目标的鉴别等级达到相同鉴别等级时的作用距离)等。

9.2.3 评估准则使用考虑

1. 相同试验方法和多样本情况

在评估准则实际使用中,光电干扰设备对光电武器装备的干扰是一个高度动态的过程,在这一动态过程中,影响干扰效果的因素非常复杂,所以干扰效果有很大随机性。因此在实用中重要的不是某一次干扰效果如何,而是在一定的使用条件下有多大把握对特定目标实现有效干扰,即对干扰设备主要关心的是其干扰概率,通称干扰成功率。为此在评定光电干扰设备对光电武器装备的干扰效果时,必

须考核干扰成功率。干扰成功率定义为

$$\eta = (n_e/n) \times 100\% \tag{9.5}$$

式中：n 为总干扰次数；n_e 为有效干扰次数。

干扰成功率越高,则说明光电干扰设备在规定使用条件下,对特定光电武器装备的干扰效果越好,即干扰能力越强。在实际应用中,可以根据评估需要,依据干扰成功率的大小将干扰效果划分为若干等级。

在多样本情况下,也可以采用相空间统计法进行干扰效果评估。相空间统计法是一种多样本统计法,只要有足够数量的样本,就可得到置信度高的评估结果。

2. 相同试验方法和少量样本情况

由于通过实弹发射检验干扰效果只能进行少量次试验,因而试验数据少,一般不足以提供统计分析所需的试验数据量,不能统计得到干扰成功率或采用相空间统计法。这时可采用时间统计法。对同一型号同一批生产的导弹,其脱靶量分布可以认为是相同的。因此可以把导弹跟踪目标的过程看作是具有普遍性的平稳随机过程,可用时间统计代替相空间统计,也就是通过延长导弹跟踪时间来代替多枚导弹的试验。

3. 多种试验方法情况

目前对制导系统的干扰和抗干扰试验方法主要有实弹试验、外场模拟飞行试验、外场地面试验、半实物仿真试验和数学仿真试验等几种。综合考虑各种试验方法的特点,从提高试验结果的置信度出发,并考虑到试验组织实施的可行性、经济性,我们认为,随着计算机技术的发展和仿真试验技术的逐步成熟,对制导武器的干扰和抗干扰试验应该以仿真试验为主,同时结合少量的外场实弹试验、模拟飞行试验和地面试验,通过对仿真和外场试验结果的综合比对分析,最终对干扰和抗干扰效果作出可靠评估。比如,采用层次分析法,充分利用导引头研制过程中各阶段的试验数据,综合地评估红外导引头抗干扰性能。

9.3 目力光学侦察对抗效果评估

目力光学侦察是人眼直接或借助于光电观瞄设备间接发现和识别目标的侦察手段,通过计算对目标的发现和识别概率,可以定量分析目力光学侦察效果,而目标与背景的视亮度对比是计算发现和识别概率的基础。对目力光学侦察的干扰,通常采用烟幕遮蔽方式,这种干扰方法主要是改变观察者与目标之间的光学传输性质,从而改变目标与背景的亮度对比,继而影响侦察的发现和识别概率[79]。

9.3.1 目力光学侦察效果评估

本小节采用发现概率和识别概率作为评估指标来衡量目力光学侦察的效果。

1. 亮度对比与亮度对比阈值

任何目标都有其所处的某种特定背景,由于目标与背景的反射特性、空间位置、表面材料等物理因素各不相同,它们之间就不可避免地存在着一定的色彩和亮度对比,从而使目标暴露出来。其中,色彩对比在近距离观察时对侦察影响很大,但在较远距离观察时亮度对比具有决定性的影响,在战场上的光学侦察一般在较远的距离上进行,因此,仅讨论亮度对比,即讨论目标和背景的色彩看来相同或近似而只有亮度的不同才能区分的情况。亮度对比为

$$K_1 = \frac{|L_b - L_o|}{\max(L_b, L_o)} \tag{9.6}$$

式中:L_o 为目标亮度;L_b 为背景亮度。

当目标与背景的表面可近似看作漫反射面,且在空间的位置接近一致,即它们的间距比起侦察距离可忽略不计时,K_1 可直接以目标和背景的亮度系数 r_o 和 r_b 表示,即

$$K_1 = \frac{|r_b - r_o|}{\max(r_b, r_o)} \tag{9.7}$$

显然,$0 \leqslant K_1 \leqslant 1$。当 $K_1 = 0$ 时,目标与背景的亮度完全相同,此时,无论目标大小如何,视场亮度怎样,人眼均不能发现背景上的目标。事实上,不仅在 $K_1 = 0$ 时不能发现,而且在 K_1 值小于某一极值的情况下人眼也不能发现背景中的目标,人眼恰能发现目标的最小亮度对比值称为亮度对比阈值 ε。

亮度对比阈值是心理物理参数,它与人眼的视觉功能、训练程度、精神状态、目标形状和视角、照明条件、观察时间和方法等一系列因素有关。试验结果表明,人眼的亮度对比阈值 ε 是一个遵从正态分布 $N(\mu, \sigma^2)$ 的随机变量,而且在白昼照明条件下,当其他因素相对固定时,与目标形状和视角密切相关,在照度为 $10^3 \sim 10^5$ lx,当以较好视力观察面状目标时,试验得出 ε 与视角 θ 的关系为

$$\mu = \begin{cases} 0.05, & \theta \geqslant 30' \\ 0.812\theta^{-0.819}, & \theta < 30' \end{cases} \tag{9.8}$$

视角为

$$\theta = 2\arctan \frac{D}{2R} \tag{9.9}$$

式中：D 为面状目标直径；R 为观察点至目标的距离。

试验同时表明，ε 与一定的发现概率相联系，由于心理物理试验中最关心的是发现概率为 0.5 时的亮度对比阈值 μ，并且给出了任何其他发现概率水平时计算 ε 值的概率换算系数 $a(\varepsilon) = a\mu$，见表 9.3。

表 9.3 概率换算系数

要求达到的发现概率	换算系数 a
0.90	1.50
0.95	1.64
0.99	1.91

显然，ε 的概率密度函数为

$$P(\varepsilon) = \frac{1}{\sqrt{2\pi}\sigma} e^{-\frac{(\varepsilon-\mu)^2}{2\sigma^2}} \quad (9.10)$$

令 $(\varepsilon - \mu)/\sigma = x$，则

$$\sigma = \frac{\varepsilon - \mu}{x} = \frac{a\mu - \mu}{x} = \frac{\mu(a-1)}{x} \quad (9.11)$$

而 x 为标准正态分布

$$\Phi(x) = \int_{-\infty}^{x} \frac{1}{\sqrt{2\pi}} e^{-\frac{t^2}{2}} dt$$

的积分上限，可按 a 所对应的发现概率水平在标准正态分布积分表中查得。

2. 大气对亮度对比阈值的影响

在大气影响下，目标与背景的视觉亮度将产生双重变化：一方面，由于大气衰减作用，目标与背景亮度将被降低；另一方面，大气中由于太阳辐射所产生的散射光形成了一定的气幕亮度将增大目标与背景的亮度。

1）大气的衰减作用

由朗伯 – 比耳定律，大气透过率可表示为

$$\tau = e^{-aR} \quad (9.12)$$

式中：R 为水平方向大气层厚度（观察距离）；a 为水平方向单位大气层消化指数，表示大气衰减作用，a 越小，τ 越大，大气透明度越好。

2）气幕亮度

气幕亮度可表示为

$$L_a = L_h(1 - e^{-aR}) \quad (9.13)$$

式中:L_a 为当空气层无穷厚时的气幕亮度,常认为天边靠近地平线处的天空亮度。

3) 目标与背景的视亮度对比

目标与背景视亮度分别为

$$\begin{cases} L'_o = L_o e^{-aR} + L_h(1 - e^{-aR}) \\ L'_b = L_b e^{-aR} + L_h(1 - e^{-aR}) \end{cases} \quad (9.14)$$

故视亮度对比为

$$K_{ls} = \frac{|L'_b - L'_o|}{\max(L'_b - L'_o)} = \frac{|L_b - L_o| e^{-aR - a_s R_s}}{\max(L_b, L_o) e^{-aR - a_s R_s} + L_h(1 - e^{-aR})}$$

$$= \frac{K_1}{1 + \dfrac{L_H(e^{aR} - 1)}{\max(L_b, L_o)}} = \frac{K_1}{1 + \dfrac{r_h(e^{aR} - 1)}{\max(r_b, r_o)}} \quad (9.15)$$

式中:r_h 为水平方向的天空亮度系数,它随季节、地区、太阳高度和方位、云况及大气透明度而变化,其数值为 0.2~15.8。

式(9.15)表明,视亮度对比 K_{ls} 小于亮度对比 K_1,且随观察距离 R 的增大而减小,当 K_{ls} 减小至人眼的亮度对比阈 ε 以下时,目标与背景融合一致而不能区分。

3. 目标的发现概率

由 K_{ls} 及 $N(\mu, \sigma^2)$ 可求得某一观察距离 R 上目标的发现概率为

$$P(D) = P(K_{ls} \geq \varepsilon) = \int_{-\infty}^{K_{ls}} \frac{1}{\sqrt{2\pi}\sigma} e^{-\frac{(\varepsilon-\mu)^2}{2\sigma^2}} d\varepsilon = \int_{-\infty}^{\frac{K_{ls}-\mu}{\sigma}} \frac{1}{\sqrt{2\pi}} e^{-\frac{t^2}{2}} dt = \Phi\left(\frac{K_{ls} - \mu}{\sigma}\right)$$

(9.16)

式中

$$\Phi(x) = \int_{-\infty}^{x} \frac{1}{\sqrt{2\pi}} e^{-\frac{t^2}{2}} dt$$

4. 目标的识别概率

识别是在发现目标的前提下对所获得的目标信息进行综合推理判断的心理过程,识别目标往往需要了解目标的更多细节。因此,对目标的识别既取决于目标的发现水平,又取决于观察者的经验和注意力,对注意力集中的熟练观察者,对目标识别等级按"强生"准则确定。"强生"准则把目标识别区分为发现、定向、分辨、查明四个等级。确定目标的发现水平以可分辨的空间频率表示,表 9.4 是从试验结果中概括出来的不同识别等级所要求的可分辨空间的频率值。

表9.4 不同识别等级所要求的可分辨空间频率

识别等级	可分辨空间频率
发现	1.0 ± 0.25
定向	1.4 ± 0.35
分辨	$4.0 \begin{cases} +0.8 \\ -0.4 \end{cases}$
查明	6.4 ± 1.5

对目标识别一般以分辨级作为基本要求,若取分辨级的最下界,则比发现级提高3.6倍。由于分辨级所要求的实际上是发现目标更细微部分的一种发现水平,因而目标在发现条件下的识别概率$P(R/D)$可用类似于式(9.16)的发现概率表示,即

$$P(R/D) = \Phi\left(\frac{K_{1s} - \mu_r}{\sigma_r}\right) \tag{9.17}$$

式中:μ_r为分辨级所要求的亮度对比阈值的均值;σ_r为其均方差。

当$\theta_r = \theta/3.6$时,有

$$\mu_r = \begin{cases} 0.05, & \theta_r \geqslant 30' \\ 0.812\theta^{-0.819}, & \theta < 30' \end{cases} \tag{9.18}$$

由发现概率$P(D)$和条件识别概率$P(R/D)$,可求得对目标的识别概率为

$$P(R) = P(D) \cdot P(R/D) \tag{9.19}$$

9.3.2 烟幕对目力光学侦察的干扰效果评估

本小节采用对比度、分形拟合误差和分形维数作为评估指标来衡量干扰效果。

1. 目标和背景亮度对比度指标

由于光线通过烟的微粒的多次散射,使烟幕亮度增大,这样就直接影响目标与背景的视亮度对比,反映在观察者方向上使目标与背景的亮度趋于均等的效果,烟幕越亮,效果越明显,这就使目标与背景之间的亮度对比下降;同时,还需考虑到烟幕和大气的消光作用影响。观察点、烟幕、目标背景的位置关系如图9.4所示,R为观察点与目标背景之间的距离,R_s为烟幕厚度,R_1为烟幕边缘至目标背景之间的距离,R_2为烟幕边缘至观察点之间的距离,则目标的视亮度为

$$\begin{aligned} L'_o &= \{[L_o e^{-aR_1} + L_H(1-e^{-aR_1})]e^{-aR_2} + L_s\}e^{-aR_2} + L_H(1-e^{-aR}) \\ &= L_o e^{-a(R_1+R_2)-a_s R_s} + L_s e^{-aR_2} + L_H(1-e^{-aR_s} - e^{-a(R_1+R_2)-a_s R_s} + e^{-aR_2 - a_s R_s}) \end{aligned}$$
(9.20)

式中:L_s为烟幕亮度。

由于$R_s, R_1 \ll R$,则$R_1 + R_2 \approx R, R_2 \approx R$,式(9.20)变为

$$L'_o = L_o e^{-aR} e^{-a_s R_s} + L_H(1 - e^{-aR}) + L_s e^{-aR} \tag{9.21}$$

同理,背景视亮度为

$$L'_b = L_b e^{-aR} e^{-a_s R_s} + L_H(1 - e^{-aR}) + L_s e^{-aR} \tag{9.22}$$

由此可得烟幕遮蔽条件下目标背景视亮度对比为

$$K_{ls} = \frac{K_1}{1 + \dfrac{L_H(e^{aR} - 1) + L_s}{\max(L_b, L_o) e^{-a_s R_s}}} = \frac{K_1}{1 + \dfrac{r_H(e^{aR} - 1) + r_s}{\max(r_b, r_o) e^{-a_s R_s}}} \tag{9.23}$$

式中:r_s为烟幕亮度系数。

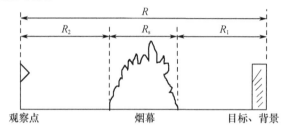

图 9.4 观察点、烟幕和目标背景的位置关系

2. 干扰前后图像分形拟合误差指标

在烟幕施放过程中,由于烟幕的干扰遮蔽,且随着遮蔽程度的加强,目标区的灰度特征逐渐接近于自然物体的灰度特征,从而与分形模型相吻合,反映在数学模型中,则是分形拟合误差减小。因此通过分形拟合误差的变化,即可反映出烟幕对目标热像遮蔽强弱的动态过程。

计算图像的分形拟合误差,首先要计算图像的分形维数,常见方法有基于分数布朗运动模型的分形维提取方法、基于毯子覆盖法的分形维提取方法和微分计盒方法(DBC)。本节应用改进的毯子覆盖法计算红外烟幕干扰图像的分形维和分形拟合误差[80]。

1) 改进的毯子覆盖法

毯子覆盖法的基本原理是利用数学形态学中的腐蚀与膨胀原理,分别产生灰度图像的上下曲面,从而在上下曲面之间形成一张毯子,然后根据毯子的体积和厚度得到灰度图像对应的分形曲面的表面积[81]。

设$f(x,y)$是一幅最大灰度级为G、大小为$M \times M$的灰度图像。毯子覆盖法提取分形维的步骤如下:

(1) 将二维图像看成是三维空间 $\{x,y,z\}$ 中的一个曲面,(x,y) 表示二维空间 $\{x,y\}$ 平面内的位置,z 轴表示 (x,y) 处图像的灰度 $f(x,y)$。

(2) 设 ε 为求取上下表面的尺度,$u_\varepsilon(i,j)$ 和 $b_\varepsilon(i,j)$ 分别为尺度为 ε 时的上下表面的灰度值,其中 $i、j(1\leqslant i\leqslant M,1\leqslant j\leqslant M)$ 为图像中的任意像素。首先令 $\varepsilon=0$,则 $u_0(i,j)=b_0(i,j)=f(i,j)$。

当 $\varepsilon=1,2,3,\cdots,N$ 时,上下表面分别为

$$u_\varepsilon(i,j) = \max\{u_{\varepsilon-1}(i,j)+1, \max_{D_8((g,h),(i,j))\leqslant 1} u_{\varepsilon-1}(g,h)\} \quad (9.24)$$

$$b_\varepsilon(i,j) = \min\{b_{\varepsilon-1}(i,j)-1, \min_{D_8((g,h),(i,j))\leqslant 1} b_{\varepsilon-1}(g,h)\} \quad (9.25)$$

式中,满足 $D_8((g,h),(i,j))\leqslant 1$ 的 (g,h) 为像素 (i,j) 的 8 邻域区域。

(3) 根据上下表面来求取毯子的体积:

$$V(\varepsilon) = \sum_{i,j}(u_\varepsilon(i,j) - b_\varepsilon(i,j)) \quad (9.26)$$

根据式(9.26)给出的毯子的体积,求取相距上下表面 ε 处的灰度表面的面积:

$$A(\varepsilon) = \frac{V(\varepsilon)}{2\varepsilon} \quad (9.27)$$

Mandelbrot 定义分形表面的行为是 $A(\varepsilon)=C\varepsilon^{2-D}$,其中,$C$ 为一常数,D 为分形表面的分形维数。对一系列的 $\log A(\varepsilon)$ 和 $\log\varepsilon$ 进行拟合,可以获得曲线的斜率 slope 和截距 intercept。由于利用 slope 和 intercept 参数就可求取分形拟合误差,所以不必具体求出分形维数值。计算分形拟合误差的公式为

$$E = \sum_{\varepsilon=1}^{N}(\log A(\varepsilon) - \text{slope}\cdot\log\varepsilon - \text{intercept})^2 \quad (9.28)$$

分形拟合误差 E 越小,表示红外烟幕的遮蔽效果越好。

为了减少毯子覆盖法的计算时间,将式(9.24)与式(9.25)中求取尺度 ε 的上下表面时,需要先计算出相邻尺度间隔为 1 的方法改为相邻尺度间隔为 measure_step 的方法来求取 ε 时的上下表面,即

$$u_\varepsilon(i,j) = \max\{u_{\varepsilon-1}(i,j)+\text{measure\_step}, \max_{D_8((g,h),(i,j))\leqslant 1} u_{\varepsilon-1}(g,h)\} \quad (9.29)$$

$$b_\varepsilon(i,j) = \min\{b_{\varepsilon-1}(i,j)-\text{measure\_step}, \min_{D_8((g,h),(i,j))\leqslant 1} b_{\varepsilon-1}(g,h)\} \quad (9.30)$$

显然,尺度 ε 必然是 measure_step 的整数倍,measure_step 可以根据图像的具体情况进行选择。同样,当 $\varepsilon=0$ 时,有

$$u_0(i,j) = b_0(i,j) = f(i,j)$$

改进后 ε 的最大值变为 $N/\text{measure\_step}$,所以,当尺度 ε 的最大值 N 较大时,通过这样的改进可以缩短减少计算时间。

2）评估试验

试验图像采用了 50 幅典型的红外烟幕对舰船目标干扰的序列图像,序列图像体现了从没有干扰、逐渐增加干扰到逐渐消去干扰的动态过程,图 9.5 和图 9.6 是其中的两幅代表性图像。图 9.5 是序列中第 31 幅图像,舰船目标已经受到严重破坏;图 9.6 是序列中第 45 幅图像,烟幕逐渐消去,干扰程度减弱。这是主观、定性的初步分析,下面采用客观、定量的评估方法对所有 50 幅图像进行系统分析。

图 9.5　强干扰图像　　　　　　图 9.6　弱干扰图像

目标区域定义为以舰船目标为中心（人工选定）,75×75 大小的区域。传统分形拟合误差评估方法的 ε 最大值为 9,$\text{measure\_step}=1$,改进分形拟合误差评估方法的 ε 最大值为 3,$\text{measure\_step}=3$。图 9.7 和图 9.8 分别对应两种方法的评估结果,分形拟合误差曲线反映了目标在整个干扰过程中图像的失真程度。当计算机配置为 Pentium 4 CPU 1.70GHz,内存 512MB,软件运行环境为 Matlab 7.0 时,传统分形拟合误差评估耗时 13.2190s。在保证评估效果的前提下,采用改进分形拟合误差,评估耗时降为 6.88s,这将更有利于算法的实时实现。

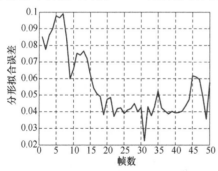 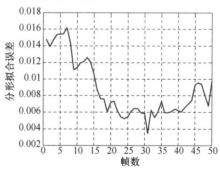

图 9.7　传统分形拟合误差评估结果　　　　图 9.8　改进分形拟合误差评估结果

3. 干扰前后图像分形维数指标

分形维有 Hausdorff 维、自相似维、盒子维、容量维、填充维、Lyapunov 维和相关维等多种定义,其中盒子维能有效地表示图像中物体表面的复杂度和不规则度,且有利于计算机实现,是应用最为广泛的维数。与利用分形拟合误差评估干扰效果不同[82],本节采用分形维数值的变化来评估,这对分形维数值求解方法的精度和效率要求更高。因此,用改进的差分计盒(DBC)方法计算干扰图像区域不同时刻的分形维数[83,84],实现烟幕干扰效果评估。

1) 传统的 DBC 方法

对一个 $M \times M$ 大小的灰度图像,如果缩减为 $s \times s$,其中 $M/2 \geq s > 1$,s 是整数,那么尺度缩减因子 $r = s/M$。现在将灰度图像视为一个三维空间中的一个表面(x, y, z),(x, y) 表示灰度表面的二维空间坐标,z 表示灰度表面的灰度值,然后 (x, y) 空间被分成许多 $s \times s$ 的网格,在每一个网格上是一系列 $s \times s \times s'$ 的盒子。设图像总的灰度级为 V,满足 $\lfloor V/s' \rfloor = \lfloor M/s \rfloor$,其中 $\lfloor \ \rfloor$ 是 floor 函数。设在第 (i, j) 网格中图像灰度的最小值和最大值分别落在第 k 和第 l 个盒子中,则 $n_r(i,j) = l - k + 1$ 是覆盖第 (i, j) 网格中的图像所需要的盒子数,那么覆盖整个图像所需要的盒子数为

$$N_r(A) = \sum_i \sum_j n_r(i,j) \tag{9.31}$$

注意到,不同的尺度因子 r,或者说盒子大小 s 对应不同的 $N_r(A)$。利用式(9.31),通过线性拟合数据点对 $\log N_r(A)$ 和 $\log 1/r$ 即可求得分形维值 D_B。

应该说,DBC 方法比其他分形维估计方法更具优越性,不过,它也存在一个明显的缺点,即 $N_r(A)$ 的估计值不够精确,不能有效地代表覆盖灰度表面的边长为 s 的最小盒子数。另外,图像并不是理想的分形体,它只在一定的尺度范围内满足分形体的自相似特征。因此,合理选择尺度范围,对正确计算图像的分形维数非常重要。传统的方法都是在求出一组数据后,根据人为地观察数据的线性区域来确定尺度范围,然后对由尺度范围所确定的数据点进行线性拟合求出所对应的分形维数,这往往不利于计算机的自动判别分析。改进的 DBC 方法主要解决了线性尺度区间的自动确定和盒子数的精确统计问题。

2) 改进的 DBC 方法

(1) 线性尺度区间。令图像中某一网格有 $L \times L = L^2$ 个像素,则该网格上的盒子数为 M/L。如果 $L^2 < M/L$,则不能保证 M/L 个盒子的每一个都至少含有一个灰度值。因此,盒子的最小尺寸必须满足

$$L^2 \geq M/L \Rightarrow L^3 \geq M \tag{9.32}$$

对于盒子的尺度上限,考虑盒子的最大尺寸不能大于 $M/2$。如果 $L > M/2$,整个图像仅有一个覆盖图像一部分的网格,无法进行计数。因此,盒子的最大尺寸应

该满足

$$L \leqslant M/2 \tag{9.33}$$

通过限定盒子的尺度范围满足式(9.32)和式(9.33),得到了一个线性尺度区间,从而可以有效地消除曲线拟合偏差。

(2) 精确的盒子数。通过观察分析知道,高估或低估盒子数是由于量化效应引起的。DBC 方法在计算盒子数之前,将 z 方向上的灰度变化分解量化成了一系列长度为 s' 的间隔,因此它是量化后计算。如果计算后再量化,自然就克服了量化效应的影响。具体地,量化后计算过程通过 $\left\lceil \dfrac{z_{\max}}{s'} \right\rceil - \left\lceil \dfrac{z_{\min}}{s'} \right\rceil + 1$ 估计盒子数 $n_r(i,j)$,而计算后量化过程通过 $\left\lceil \dfrac{z_{\max} - z_{\min}}{s'} \right\rceil$ 估计盒子数 $n'_r(i,j)$,其中 $\lceil \ \rceil$ 是 ceiling 函数。容易证明下面关系式:

$$\left\lceil \frac{z_{\max} - z_{\min}}{s'} \right\rceil \leqslant \left\lceil \frac{z_{\max}}{s'} \right\rceil - \left\lceil \frac{z_{\min}}{s'} \right\rceil + 1 \tag{9.34}$$

式(9.34)表明,第 (i,j) 个网格上覆盖灰度图像表面的盒子数 $n'_r(i,j) \leqslant n_r(i,j)$。因此,$N'_r(A) = \sum_i \sum_j n'_r(i,j)$ 比 DBC 方法里的 $N_r(A)$ 更接近真实的盒子数。另外,计算后量化过程也通过减少一次除法而降低了计算量。

3) 评估试验

采用和分形拟合误差评估试验部分相同的序列图像。图9.9 和图9.10 分别是其中的第 10 幅、第 31 幅干扰图像。目标区域定义为以舰船目标为中心(人工选定),75×75 大小的区域。改进的 DBC 方法不仅分形维值估计精度高,而且计算量小,因此,选用改进的 DBC 方法作为评估方法,评估结果如图 9.11 所示。显而易见,通过改进的 DBC 方法得到的分形维估计值可以完全正确地反映烟幕对舰船目标遮蔽的动态过程。

图 9.9 第 10 幅干扰图像

图 9.10 第 31 幅干扰图像

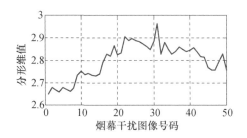

图 9.11 改进 DBC 方法的评估结果

9.4 红外系统对抗效果评估

工作在红外波段的光电设备或光电武器称为红外系统。凡是温度高于 0K 的物体都有红外辐射,许多军事目标由于对其机动能力要求高,往往都具有大功率的发动机作运动动力,这就产生了高强度的红外辐射,或者,目标本身就是一个红外强辐射源,红外接收装置收到目标的红外辐射,从而可以发现、跟踪目标。目前红外系统在军事上广泛用于侦察与导弹制导。

红外对抗是用来抑制、干扰、削弱、破坏红外系统的正常工作,使其探测能力下降、跟踪目标失败的手段,红外对抗的方法可分为红外抑制和红外干扰。红外抑制主要是采取一些措施,改变红外辐射源辐射的红外信号特征,如降低温度、减少辐射、限制辐射角、屏蔽辐射源、改变其热特性等。红外干扰用来削弱、破坏红外系统功能,其干扰方式可分为红外有源干扰和无源干扰,红外干扰机可发出经过调制的精确编码的红外脉冲串,使红外导引头产生干扰信号并与目标的红外辐射信号叠加,致使制导系统内产生错误的制导信号,使导弹受欺骗而产生脱靶,其调制的频率可在某个范围内进行扫描,可干扰多种型号的红外制导导弹,是一种对抗红外点源寻的制导导弹的有效手段。红外诱饵是红外有源假目标,它可诱骗按比例导引规律跟踪的红外导引头,使导弹攻击时偏向红外诱饵,从而有效地保护目标本身。烟幕是红外无源干扰的常用手段,其工作原理是利用红外通过微粒时产生的吸收和散射特性阻止红外探测器对目标红外辐射的探测。

9.4.1 红外系统的工作性能评估

红外系统原理如图 9.12 所示,目标辐射红外能量,经大气衰减后进入光学接收器,光学接收器会聚由目标产生的部分辐射,并传送给将辐射转变成电信号的探测器,在辐射到达探测器之前,需通过光学调制器,在此对与目标方向有关的信息或有助于从不需要的背景细节中分出目标的信息进行编码。从探测器来的电信号,经过放大处理,取出经过编码的目标信息。最后利用此信息去自动控制某些过程,或者把信息显示出来供观察人员判读,探测器制冷装置用于对某些探测器制冷,也将光学接收器和光学调制器统称为光学传感器。本小节采用作用距离和探测概率作为评估指标来衡量红外系统的工作性能。

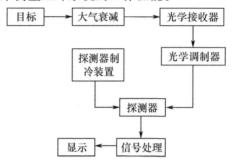

图 9.12　红外系统原理

1. 红外系统的作用距离方程

设目标的红外辐射强度为 J,红外接收系统传感器至目标的距离为 R,从传感至目标的红外透过率为 τ_a,则到达传感器的目标辐射照度为

$$H = \frac{J\tau_a}{R^2} \tag{9.35}$$

入射在探测器上的辐射功率为

$$P = HA_0\tau_0 \tag{9.36}$$

式中: A_0 为光学系统入射孔径的面积; τ_0 为传感器的红外透过率。

探测器产生的信号电压为

$$V_S = PR_e = \frac{A_0 J \tau_a \tau_0 R_e}{R^2} \tag{9.37}$$

式中: R_e 为探测器的响应度。

导入探测器的均方根噪声值 V_n,可得信噪比为

$$\frac{V_S}{V_n} = \frac{A_0 J \tau_a \tau_0 R_e}{R^2} \tag{9.38}$$

由式(9.38)可解得作用距离方程为

$$R = \left[\frac{A_0 J \tau_a \tau_0 R_e}{V_n (V_S/V_n)} \right]^{\frac{1}{2}} \tag{9.39}$$

已知

$$A_0 = \frac{\pi D_0 (\mathrm{NA}) f}{2}, \quad R_e = \frac{V_n D^*}{(\omega f^2 \Delta f)^{\frac{1}{2}}}$$

将以上两式代入式(9.39)，则距离方程为

$$R = \left[\frac{\pi D_0 (\mathrm{NA}) D^* J \tau_a \tau_0}{2 (\omega \Delta f)^{\frac{1}{2}} (V_S/V_n)} \right]^{\frac{1}{2}} \tag{9.40}$$

式中：D_0 为光学系统入射孔径的直径(cm)；NA 为光学系统数值孔径；D^* 为探测器单位面积、单位带宽的探测度(cm·$\mathrm{Hz}^{1/2}$/W)；ω 为传感器的瞬时视场(Sr)；Δf 为等效噪声带宽(Hz)；J 为目标辐射强度(W/Sr)；f 为光学系统等效焦距(cm)；R 为探测距离(cm)。

若定义信噪比 $\frac{V_S}{V_n} = 1$ 时的距离为理想作用距离 R_0，则有

$$R_0 = \left[\frac{\pi D_0 (\mathrm{NA}) J \tau_a \tau_0}{2 (\omega \Delta f)^{\frac{1}{2}}} \right]^{\frac{1}{2}} \tag{9.41}$$

则当外界无干扰时，有

$$\frac{V_S}{V_n} = \left(\frac{R_0}{R_t} \right)^2 \tag{9.42}$$

式中：R_t 为探测距离。

设红外系统正常工作所需的最小信噪比为 $\left(\frac{V_S}{V_n} \right)_{\min}$，则系统最大可探测距离为

$$R_{\max} = \left[\frac{R_0}{(V_S/V_n)_{\min}} \right]^{\frac{1}{2}} \tag{9.43}$$

对某些特殊系统，作用距离方程须进行相应的修正，如系统用调制盘提供已调载波，则 V_S 和 V_n 都取均方根值，在脉冲系统中，V_S 通常取峰值，V_n 取均方根值。下面给出几种特殊的理想作用距离方程。

1) 探索系统

大多数搜索系统都使用单个探测器或线列阵探测器，通过光学或机械方法来扫描整个搜索视场。因为这类系统都在扫描运动时使瞬时视场扫过目标产生一个脉冲，所以都属于脉冲系统。此时，理想作用距离为

$$R_0(\text{搜}) = \left[\frac{1}{2} D_0 (\mathrm{NA}) D^* J \tau_a \tau_0 \right]^{\frac{1}{2}} \cdot \left[\frac{\gamma C}{\Omega} \right]^{\frac{1}{4}} \tag{9.44}$$

式中：γ 为脉冲能见度系统，用以表示信号处理系统从噪声中分离出信号的效率，通常取 0.25~0.75；C 为单个探测器元件的数目；Ω 为搜索速率，$\Omega = \dfrac{\Omega'}{T}$（其中，$\Omega'$ 为搜索视场大小（球面度）；T 为帧时间，即扫描整个搜索视场所需的时间）。

2) 用调制盘的跟踪系统

跟踪系统的功能是跟踪指定的目标，并提供用作导引或导航的目标空间方位信息。它通常包括一个安装在万向支架上的光学装置、信号处理系统以及伺服控制机构。例如，如果跟踪器用于导引，即把一枚导弹导向目标，这个跟踪器就必须连续测量出目标相对于导弹的坐标，而光学组件中的调制盘就产生一个与瞄准线和跟踪器轴线间的夹角成正比的误差信号，误差信号输送给伺服控制机构，然后使跟踪器去跟踪目标。

典型的跟踪器具有一个圆形的瞬时视场，视场大小由起视场光阑作用的调制盘的大小确定。若探测器是圆形的最简单情况，探测器直接放在视场光阑的后面，则理想作用距离为

$$R_0(\text{跟}) = \left[\dfrac{\pi D_0 (\text{NA}) D^* J \tau_a \tau_0 \tau_r V_p}{2(\omega \Delta f)^{\frac{1}{2}} V_S}\right]^{\frac{1}{2}} \quad (9.45)$$

式中：V_p 为峰值信号电压；τ_r 为调制盘的有效透过率，对调频系统 $\tau_r = 0.5$，调幅系统 $\tau_r = 0.25$。

如果探测器是方形的，并与视场光栏的圆面积外切，则探测器产生的噪声要大，从而作用距离比式(9.45)计算值减少约 10%。

大多数用调制盘的跟踪系统，都借助场镜来减小视场光阑的像，以允许使用较小的探测器，此时

$$R_0(\text{跟}) = \left[\dfrac{\pi D_0 (\text{NA})_f D^* J \tau_a \tau_0 \tau_r V_p}{2(\omega \Delta f)^{\frac{1}{2}} V_S}\right]^{\frac{1}{2}} \quad (9.46)$$

式中：$(\text{NA})_f$ 为场镜的竖直孔径。

3) 用脉冲调制的跟踪系统

这种跟踪系统不用调制盘，而用一个正交阵列探测器来产生脉位调制，相对的两个探测器元件相连而形成一个信号通道，每一对覆盖了 $\alpha \times \beta (\text{rad})$ 的瞬时视场。对任一通道，理想作用距离为

$$R_0(\text{跟}) = \left[\dfrac{\pi D_0 (\text{NA}) D^* J \tau_a \tau_0 V_p}{2(\alpha \beta \Delta f)^{\frac{1}{2}} V_S}\right]^{\frac{1}{2}} \quad (9.47)$$

2. 红外系统的探测概率与信噪比的关系

对脉冲型搜索系统，如果观测时间等于帧时间，且搜索视场内只有单一目标，

则观测间隔内恰好出现一个信号脉冲。探测到这种信号的概率称为单次发现探测概率,图 9.13 给出了单次发现概率与信噪比(V_p/V_n)之间的曲线。曲线上的参数 n' 是虚警时间间隔内产生的噪声脉冲总数。假定每秒的噪声脉冲数近似等于系统的带宽,则

$$n' \approx \tau_{fa} \Delta f \tag{9.48}$$

式中:τ_{fa} 为虚警时间(s);Δf 为系统带宽(Hz)。

如果系统带宽 $\Delta f = 2000\text{Hz}$,虚警时间 $\tau_{fa} = 50\text{s}$,则 $n' = 10^5$,此时,曲线表明,探测概率为 90% 所需的信噪比 $\dfrac{V_p}{V_n} = 5.7$。

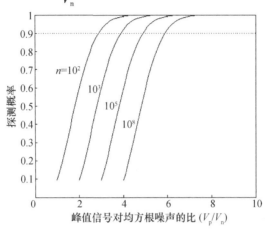

图 9.13 脉冲型搜索系统的单次发现探测概率(n 是虚警时间内出现的噪声脉冲总数)

图 9.13 所示的探测概率与信噪比的关系曲线可用如下的公式拟合:

$$P(D) = 1 - e^{-\alpha(x-c)^\beta} \tag{9.49}$$

式中:x 为信噪比;α、β、c 为常数。

9.4.2 压制性有源干扰对红外系统的干扰效果评估

本小节采用探测概率作为评估指标来衡量压制性有源干扰对红外系统的干扰效果。对红外系统实施有源干扰,降低其接收的信噪比,让信号淹没在噪声中,从而可降低系统对目标的探测概率。

设红外系统、目标和红外干扰源的空间关系如图 9.14 所示。红外系统的光学系统对准目标,光学系统和目标的连线与光学系统和干扰源的连线之间的夹角为 θ。若红外系统的瞬时视场角为 ω,当 $\theta < \dfrac{\omega}{2}$ 时,干扰辐射可进入红外系统;否则,干

扰无效。

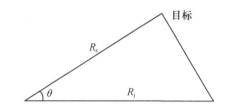

图 9.14 红外系统、目标和红外干扰源空间关系

这时,红外探测器将同时接收到目标的红外辐射和红外干扰辐射,入射到探测器中目标的红外辐射功率为

$$P_S = \frac{A_0 J_S \tau_{as} \tau_0}{R_S^2} \tag{9.50}$$

式中:J_S 为目标辐射强度;A_0 为光学系统入射孔径的面积;R_S 为探测距离;τ_{as} 为目标至传感器的大气透过率,$\tau_{as} = e^{-\alpha R_S}$($\alpha$ 为大气衰减指数);τ_0 为红外传感的透过率。

探测器产生的信号电压为

$$V_S = P_S R_a \tag{9.51}$$

式中:R_a 为探测器的响应度。

入射到探测器中红外干扰辐射功率为

$$P_j = \frac{A_0' J_j \tau_{aj} \tau_0}{R_j^2} \tag{9.52}$$

式中:J_j 为干扰源的辐射强度;A_0' 为光学系统在干扰方向上的有效入射孔径面积 $A_0' = A_0 \cos\theta$;R_j 为干扰源至传感器的距离;τ_{aj} 为干扰源至传感器的大气透过率,$\tau_{aj} = e^{-\alpha R_j}$。

探测器产生的干扰电压为

$$V_j = P_j R_a \tag{9.53}$$

在遮盖性干扰下,进入红外系统的干扰功率比其自身内部的噪声功率大得多,因此,式(9.38)中的信噪比 $\frac{V_S}{V_n}$ 可以看作进入红外系统的目标辐射在探测器上产生的电压与干扰辐射在探测器上产生的电压之比(简称信干比),显然

$$\frac{V_S}{V_j} = \frac{P_S R_a}{P_j R_a} = \frac{P_S}{P_j} = \frac{A_0 J_S \tau_{as} \tau_0}{R_S^2} \left(\frac{A_0' J_j \tau_{aj} \tau_0}{R_j^2} \right)^{-1} = \frac{J_S \tau_{as}}{J_j \tau_{aj} \cos\theta} \frac{R_j^2}{R_S^2} \tag{9.54}$$

定义入射到红外系统探测器上干扰辐射功率与目标辐射功率之比为干信比 K,使干扰奏效时红外探测器必须接收到的干扰辐射与目标辐射的最小功率比为压制系数 K^*,则

$$\frac{V_S}{V_j} = \frac{P_S}{P_j} = \frac{1}{K} \tag{9.55}$$

要使干扰奏效,则必须满足 $\frac{V_S}{V_j} \leq \frac{1}{K^*}$。

综上所述,压制性红外有源干扰下探测概率为

$$P(D) = 1 - e^{-\alpha(\frac{V_S}{V_j} - c)\beta} \tag{9.56}$$

9.4.3 无源干扰对红外系统的干扰效果评估

红外无源干扰的主要手段是红外烟幕,红外烟幕能够有效地遮蔽目标与红外系统的光路,造成系统迷盲。本小节分别采用探测概率、基于分形拟合误差的图像特征作为评估指标来衡量烟幕对探测系统和跟踪系统的干扰效果。

1. 无源干扰对红外探测系统的干扰效果评估

遮蔽型烟幕衰减红外辐射的程度服从朗伯-比耳定律,其透过率为

$$\tau_S = e^{-\sigma C R_S} \cdot e^{-\beta R_S} \tag{9.57}$$

式中:R_S 为烟幕厚度;C 为烟幕浓度;σ 为烟幕材料的消光系数。

设红外系统至目标的距离为 R,红外烟幕的厚度为 R_S,目标的红外辐射强度为 J_0,则到达红外传感器的红外辐射强度为

$$J = J_0 \tau_S \tau_a \tag{9.58}$$

式中:τ_S 为红外烟幕透过率,$\tau_S = e^{-\beta R_S}$;τ_a 为大气透过率,$\tau_a = e^{-\alpha(R-R_S)}$。

入射到红外探测器上目标的红外辐射能量为

$$P = \frac{J \tau_0 A_0}{R^2} = \frac{J_0 \tau_S \tau_a \tau_0 A_0}{V_n R^2} \tag{9.59}$$

式中:A_0 为光学系统入射孔径的面积;τ_0 为传感器的红外透过率。

干扰条件下红外系统的信噪比为

$$\frac{V_S}{V_n} = \frac{P R_a}{V_n} = \frac{J_0 \tau_S \tau_a \tau_0 A_0 R_a}{V_n R^2} \tag{9.60}$$

由于

$$A_0 = \frac{\pi D_0 (\mathrm{NA}) f}{2}, R_a = \frac{V_n D^*}{(\omega f^2 \Delta f)^{\frac{1}{2}}}$$

将以上两式代入式(9.60),可得

$$\frac{V_S}{V_n} = \frac{\pi D_0 J_0 \tau_S \tau_a \tau_0 (\mathrm{NA}) D^*}{2(\omega \Delta f)^{1/2} R^2} = \frac{\pi D_0 (\mathrm{NA}) \tau_0 D^*}{2(\omega \Delta f)^{1/2}} \cdot \frac{J_0 \tau_S \tau_a}{R^2}$$

$$= \frac{\pi D_0 (\mathrm{NA}) \tau_0 D^*}{2(\omega \Delta f)^{1/2}} \cdot \frac{J_0 \mathrm{e}^{-\beta R_S} \mathrm{e}^{-a(R-R_S)}}{R^2} \tag{9.61}$$

综上所述,烟幕遮蔽下红外系统的探测概率为

$$P(D) = 1 - \mathrm{e}^{-\alpha\left(\frac{V_S}{V_n} - C\right)\beta} \tag{9.62}$$

2. 无源干扰对红外跟踪系统的干扰效果评估

采用红外烟幕干扰后,对红外成像跟踪系统的干扰效果如何呢?需要讨论随着干扰图像的变化,典型的目标跟踪算法会产生什么样的反应,从而再对干扰图像的评估指标进行量化,得出什么是临界干扰、什么是严重干扰、什么是没有干扰的结论,这是从被干扰对象的角度来探讨干扰效果的评估问题[85]。

1) 基于分形拟合误差的评估准则

假定已对序列图像中的目标区域进行了遮蔽效果评估,得到了分形拟合误差曲线。干扰效果评估的具体方法:首先记录没有烟幕干扰时目标区域的分形拟合误差值 k_1;然后采用归一化互相关匹配跟踪算法,对序列图像中的目标区域进行自动跟踪,判断到第几帧开始丢失目标,并记录该帧图像中目标区域对应的分形拟合误差值 k_2。对采用归一化互相关匹配跟踪算法的红外成像跟踪系统来说,依据分形拟合误差 k 的不同取值,干扰效果评判原则如下:

$$\begin{cases} k \geq k_1, & \text{无干扰效果(0 级干扰)} \\ k_2 \leq k < k_1, & \text{弱干扰效果(1 级干扰)} \\ k < k_2, & \text{强干扰效果(2 级干扰)} \end{cases} \tag{9.63}$$

将评判原则中的分形拟合误差值 k_1 和 k_2 记忆存储,后续评估中直接分析图像的分形拟合误差值就可以知道干扰效果的强弱。

2) 评估试验

采用和分形拟合误差评估试验部分相同的序列图像。选取归一化互相关匹配跟踪算法进行目标跟踪试验。无烟幕干扰时 $k_1 = 0.0148$,在第 24 帧处丢失目标,此时 $k_2 = 0.0052$。根据 k_1 和 k_2,可以评估烟幕对红外成像跟踪系统的干扰效果。图 9.15 是烟幕对红外成像跟踪系统的干扰效果进行评估的软件主界面,集成了基于分形拟合误差的评估准则。以第 10 帧图像为例,评估结果为 1 级干扰。

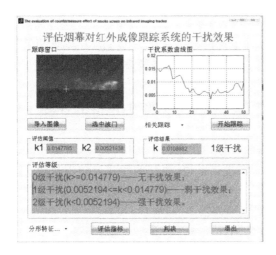

图 9.15　评估软件主界面

9.4.4　欺骗性有源干扰对红外系统的干扰效果评估

本小节以压制系数作为评估指标来衡量红外干扰机和红外诱饵的欺骗干扰效果。

1. 红外干扰机干扰效果评估

对于欺骗性干扰,红外干扰机的作用原理由点源寻的红外制导导弹的制导规律所决定,这类导弹利用目标本身的热辐射,用调制盘提取目标信息,把目标当成一个点来跟踪瞄准、控制导弹飞行。当把干扰机装到被敌方导弹攻击的目标上并开机工作时,就会在敌方导弹寻的头视场内出现目标本身和干扰机两个红外源,由于干扰机的红外辐射强度比目标的红外辐射强度大很多,而且其脉冲重频或包络的频率与寻的头中红外接收系统的扫描频率接近。这样的两个红外源信号经过寻的头调制盘加式后同时进入跟踪回路,跟踪系统便受到干扰信号电流的一个低频分量的影响。因此,每扫描一周,控制设备都产生固定的误差电压及制导指令。换言之,即使当目标像点处在调制盘原点上,控制信号也不为零,从而使导弹离开准线,直到令目标从寻的头的红外接收器视场内消失为止。

干扰信号进入导引头与目标信号合成为合成信号,当合成信号产生的目标假像点恰好置于调制盘的边缘或处于调制盘边缘以外时,输出误差信号显著下降,此时目标已出了导弹视场。干扰信号峰值辐射强度与目标自身辐射强度之比称为干信比 K,使目标被逐出导弹视场的辐射强度最小比值称为压制系数 K^*,则 K^* 为合成信号产生的假像点恰好置于调制盘边缘时的干信比。显然,要使干扰奏效,必须满足

$$K > K^* \tag{9.64}$$

压制系数 K^* 既与导弹的导引调制体制相关,又与干扰信号的调制体制相关。以旭日式调幅调制盘和干扰信号占空比为 1:1 的方波脉冲信号为例,当干扰信号为调频波时,$K^* = 0.6$,当干扰信号为差频波时,$K^* = 0.81$。

对调频式红外寻的导弹干扰是否奏效,同样取决于合成信号产生的假像点是否离开调制边缘。当干扰信号为调频波时,$K^* = 1.24$,当干扰信号为差频波时,$K^* = 0.84$。

从对调频和调幅红外寻的导弹的干扰压制系数可以看出,对调频式导弹的干扰,其压制系数要高于调幅式导弹,即对调频式导弹干扰时,干扰设备的功率应加强。当然,实际使用时,干信比都是压制系数的若干倍。

2. 红外诱饵干扰效果评估

红外诱饵干扰红外制导导弹需要满足下面五个条件:

(1) 红外诱饵发出的红外光谱必须与被保护目标的红外光谱相近或一致。

(2) 红外诱饵辐射能量必须大于被保护目标的红外辐射能量。

(3) 为了欺骗红外制导导弹,必须将红外诱饵在导弹导引头视场内点燃,并达到额定辐射强度。

(4) 红外诱饵与被保护目标之间有一定相对运动速度,将导弹引偏。

(5) 红外诱饵燃烧时间必须保证被保护目标脱离导引头视场角,并且燃烧完后,导弹导引头无法重新锁定被保护目标。

如图 9.16 所示,设导弹的导引头视场角为 ω,红外诱饵与质心对导引头的张角为 θ_1,目标和质心对导引头的张角为 θ_2,则红外诱饵与目标对导引头的张角 $\theta = \theta_1 + \theta_2$,红外诱饵的辐射强度为 J_j,目标辐射强度为 J_S,则

$$\theta_1 = \frac{J_S}{J_j + J_S}\theta, \quad \theta_2 = \frac{J_j}{J_j + J_S}\theta \tag{9.65}$$

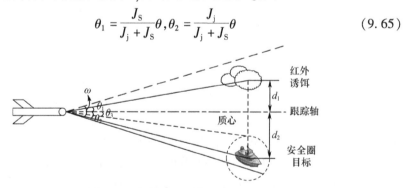

图 9.16 红外质心干扰示意图

质心点与目标和诱饵在垂直于跟踪轴方向的横向距离为 d_1、d_2,则有

$$\frac{d_1}{d_2} = \frac{\tan\theta_1}{\tan\theta_2} \tag{9.66}$$

红外诱饵的辐射强度与目标的辐射强度之比定义为干信比 K, 即

$$K = \frac{J_\text{j}}{J_\text{s}} \tag{9.67}$$

则当 $K>1$ 时,导弹偏向诱饵一侧;当 $K<1$ 时,导弹偏向目标一侧。

由于目标具有一定面积,定义安全圈为以目标几何中心为圆心的区域,设其半径为 r, 一旦导弹进入或通过该区域则将对目标造成危害,因此,成功的质心干扰应使导弹偏离此区域。安全圈的大小与导弹战斗部威力、引信系统种类、目标类别及目标几何参数有关。

设安全圈在诱饵与目标连线上的交点为 A 点, A 点与质心对导引头的张角为 θ_3, 则当 $\theta_3 = \frac{1}{2}\omega$ 时,包括目标在内的安全圈恰好偏出导引头视场,此时的干信比定义为压制系数 K^*, 当 $\theta_3 > \frac{1}{2}\omega$ 时,安全圈已偏出导引头视场角,导引头转向红外诱饵,而

$$\frac{d_2 - r}{d_2} = \frac{\tan\theta_3}{\tan\theta_2} \tag{9.68}$$

综上所述,当干信比 $K \leqslant 1$ 时,导弹最后跟踪目标;当干信比 $K \geqslant K^*$ 时,导弹最后跟踪红外诱饵;当干信比 $1 < K < K^*$ 时,导弹最后跟踪谁是等概率随机的。

9.5 激光系统对抗效果评估

9.5.1 激光系统的工作性能评估

本小节采用作用距离和探测概率作为评估指标来衡量激光系统的工作性能。

1. 激光系统作用距离方程

如图 9.17 所示,设激光发射系统在 R 点向目标点 T 发射激光,激光经过目标漫反射,激光接收系统在 C 处接收目标的反射激光, C 在水平面的投影点为 C', 角 α 与 β 分别表示目标在激光接收系统方向上的仰角和水平面上目标和发射系统与目标和接收系统投影之间的夹角。若激光探测系统为激光测距仪或激光雷达等发射与接收器系统,则 $\alpha = \beta = 0$, 设目标与系统的距离为 L, 目标与接收系统的距离为 R, 激光发射功率为 P, 光束发散立体角为 φ, 照射在目标上的激光束光斑面积为 S, 则目标被照的单位面积上的光功率,即照度为

$$H = \frac{P}{S} \tag{9.69}$$

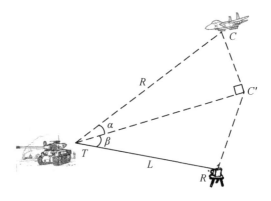

图 9.17 激光系统空间关系示意图

设目标表面的反射系数为 ρ（它与目标表面状态即材料有关），则目标单位面积上反射的光功率为

$$P_f = \frac{\rho P}{S} \tag{9.70}$$

设反射是理想的漫反射，则目标单位面积在单位立体角内反射的光率为 $\frac{P_f}{\pi}$。设接收系统光学系统的接收面积为 S_C，则接收面积对应得接收立体角为 $\frac{S_C}{R^2}$。由于发射系统与接收系统位置不同，垂直于接收方向上目标的被照面积为

$$S' = \begin{cases} \varphi_1 L^2 \cos\alpha\cos\beta, & \text{目标表面积小于光斑面积} \\ & \text{反射系数相对于目标的立体角为 } \varphi_1 \\ S\cos\alpha\cos\beta, & \text{目标表面积大于光斑面积} \end{cases} \tag{9.71}$$

则理想接收的功率为

$$P'_C = \frac{P_f S_C S'}{\pi R^2} \tag{9.72}$$

考虑发射和接收系统各光学表面对光的反射和吸收以及光在大气中传输衰减的作用，设发射系统光的透过率为 τ_t，接收系统透过率为 τ_C，大气透过率为 τ_a，则总透过率为

$$\tau = \tau_t \cdot \tau_C \cdot \tau_a$$

实际接收的功率为

$$P_C = \frac{\tau P_f S_C S'}{\pi R^2} \tag{9.73}$$

将式(9.69)~式(9.72)代入式(9.73),可得

$$P_C = \begin{cases} \dfrac{\rho\tau_t\tau_C S_C}{\pi} \cdot \dfrac{P\tau_a\varphi_1\cos\alpha\cos\beta}{\varphi R^2}, & \text{目标面积小于光斑面积} \\ \dfrac{\rho\tau_t\tau_C S_C}{\pi} \cdot \dfrac{P\tau_a\cos\alpha\cos\beta}{R^2}, & \text{目标面积大于光斑面积} \end{cases} \quad (9.74)$$

式中:$\tau_\alpha = e^{-(L+R)}$;α为大气消光指数。

当$\alpha = \beta = 0$时,有

$$P_C = \begin{cases} \dfrac{\rho\tau_t\tau_C S_C}{\pi} \cdot \dfrac{P\tau_a\varphi_1}{\varphi R^2} \\ \dfrac{\rho\tau_t\tau_C S_C}{\pi} \cdot \dfrac{P\tau_a}{R^2} \end{cases} \quad (9.75)$$

设接收系统的最小接收功率为$P_{\min}$,则与上述两种情况相应得最大作用距离为

$$R_{\max} = \begin{cases} \left[\dfrac{\rho\tau_t\tau_C S_C \cdot P\tau_a\varphi_1\cos\alpha\cos\beta}{\pi P_{\min}\varphi}\right]^{\frac{1}{2}}, & \text{目标面积小于光斑面积} \\ \left[\dfrac{\rho\tau_t\tau_C S_C P\tau_a\cos\alpha\cos\beta}{\pi P_{\min}}\right]^{\frac{1}{2}}, & \text{目标面积大于光斑面积} \end{cases} \quad (9.76)$$

2. 激光系统的探测概率

设激光接收系统探测器的响应度为R_e,入射到探测器上的激光信号功率为P_C,则信号电流为

$$i_S = P_C R_e \quad (9.77)$$

设信号脉冲为矩形,宽度为τ,系统噪声为白噪声,则平均虚警率(每秒虚警次数)为

$$\overline{P}_{fa} = \dfrac{1}{2\sqrt{3}\tau} e^{-I_t^2/2I_n^2} \quad (9.78)$$

式中:I_t、I_n分别为阈值电流峰值振幅和噪声电流峰值振幅。

阈值信噪比为

$$\dfrac{I_t}{I_n} = \left[-2\ln(2\sqrt{3}\tau\overline{P}_{fa})\right]^{\frac{1}{2}} \cdot a \quad (9.79)$$

当信号存在时,信号加噪声电流$i_t > I_t$的概率为正确发现信号的概率,即探测概率$P(D)$,则

$$P(D) = \frac{1}{2}\left[1 + \text{erf}\left(\frac{I_S - I_t}{\sqrt{2}I_t}\right)\right] = \frac{1}{2}\left[1 + \text{erf}\left(\frac{\frac{I_S}{I_n} - a}{\sqrt{2}a}\right)\right] \tag{9.80}$$

式中:erf(x)为高斯误差函数,erf(x) = $\frac{2}{\sqrt{\pi}}$。

9.5.2 强激光干扰对激光系统的干扰效果评估

强激光干扰是用高能激光直射敌方的激光接收系统,使其里面的光学系统或探测元件等过载饱和甚至烧毁,即使达不到烧毁的程度,也能淹没其接收的目标信号,其工作原理类似于电子干扰的噪声干扰。本小节采用探测概率作为评估指标来衡量强激光干扰的干扰效果。

1. 强激光干扰压制概率

设目标受激光能量密度阈值为 ω,目标接收的激光能量密度值为 W,则激光干扰压制概率为

$$P_Y = 1 - e^{-\alpha(\frac{W}{\omega})\beta} \tag{9.81}$$

式中:α、β 为取决于目标受损类型确定的经验常数或某个变量函数。

对于人眼,压制概率即为致盲概率,对于光电器件,压制概率为致眩、烧毁器件的概率。资料表明,人眼所能接受的激光照射的极限为 $1.06\mu m$ 激光 $\omega = 5 \times 10^{-6}$ J/cm^2,$0.53\mu m$ 激光 $\omega = 5 \times 10^{-7}$ J/cm^2,对于光学系统,如玻璃这种典型的非金属材料,当其表面的激光能量密度达到 300 J/cm^2 时,不到 $1s$ 就会炸裂。

2. 强激光干扰时探测概率的计算

设激光接收系统的光学系统对准目标,接收系统与目标的距离为 R_t,干扰激光与接收系统的距离为 R_j,干扰激光相对于接收系统的仰角为 θ_1,水平面中接收系统投影和目标连线之间的夹角为 θ_2,设接收系统的瞬时视场角为 ω,则仅当 $\theta_2 < \frac{\omega}{2}$ 时,干扰激光才可能进入接收系统。设目标面积大于发射激光在目标 T 处光斑的面积,干扰激光功率为 P_j,发散立体角 φ_j,激光发射系统的激光功率为 P_S,则干扰激光在接收系统 C 处的照度为

$$H_j = \frac{P_j \tau_{aj}}{R_j^2 \varphi_j} \tag{9.82}$$

式中:τ_{aj} 为 JC 之间大气透过率,$\tau_{aj} = e^{-aR_j}$。

由于接收系统的光学系统对准目标,则接收系统在干扰方向上的有效接收面

积为

$$S' = S_C \cos\theta_1 \cos\theta_2 \tag{9.83}$$

接收系统接收的干扰激光功率为

$$P_{ej} = H_j \tau_c S' = \frac{P_j \tau_{aj} \tau_C S_C \cos\theta_1 \cos\theta_2}{R_j^2 \varphi_j} \tag{9.84}$$

式中：τ_C 为接收系统的透过率。

接收系统接收的目标反射激光功率为

$$P_{CS} = \frac{\rho \tau_t \tau_C S_C}{\pi} \cdot \frac{P_S \tau_{as} \cos\alpha \cos\beta}{R_t^2} \tag{9.85}$$

式中：τ_{as} 为 TC 和 TR 之间大气透过率，$\tau_{as} = e^{-a(R_t + L)}$。

设接收系统探测器的响应度为 R_e，则信号电流为

$$i_S = P_{CS} R_e \tag{9.86}$$

干扰电流为

$$i_j = P_{ej} R_e \tag{9.87}$$

则激光接收系统目标的反射功率产生的电流峰值振幅与干扰激光功率产生的电流峰值振幅之比为

$$\frac{I_S}{I_j} = \frac{P_{CS} R_e}{P_{ej} R_e} = \frac{\rho \tau_t P_S \tau_{as} R_j^2 \varphi_j \cos\alpha \cos\beta}{\pi P_j \tau_{as} R_t^2 \cos\theta_1 \cos\theta_2} \tag{9.88}$$

令入射到激光接收系统探测器上干扰激光功率与目标反射激光功率之比为干信比 K，使干扰奏效时接收系统探测器上必须接受到的干扰激光与目标反射激光的最小功率比为压制系数 K^*，则

$$\frac{i_S}{i_j} = \frac{P_{CS}}{P_{ej}} = \frac{1}{K} \tag{9.89}$$

要使干扰奏效，则必须满足 $\frac{i_S}{i_j} \leq \frac{1}{K^*}$。

综上所述，强激光干扰下探测概率为

$$P(D) = \frac{1}{2}\left[1 + \mathrm{erf}\left[\frac{\frac{I_S}{I_j} - a}{\sqrt{2}a}\right]\right] \tag{9.90}$$

参 考 文 献

[1] 董军章, 金伟其. 光电对抗装备的分类及其分析[J]. 光学技术, 2006, 32 (增刊): 37 – 41.
[2] 侯印鸣. 综合电子战[M]. 北京: 国防工业出版社, 2000.
[3] 樊祥, 刘勇波, 马东辉, 等. 光电对抗技术的现状及发展趋势[J]. 电子对抗技术, 2003, 18 (6): 10 – 15.
[4] 陈福胜, 王国强, 王江安. 光电对抗技术发展概况及装备需求[J]. 海军工程大学学报, 2000(90): 109 – 112.
[5] 邹振宁, 冷锋, 周芸. 光电对抗技术和装备现状评析[J]. 电光与控制, 2004, 11 (3): 30 – 34.
[6] 李世祥. 光电对抗技术[M]. 长沙: 国防科学技术大学出版社, 2000.
[7] 郭汝海, 王兵. 光电对抗技术研究进展[J]. 光机电信息, 2011, 28 (7): 21 – 26.
[8] 庄振明. 光电对抗的回顾与展望[J]. 飞航导弹, 2000(2): 55 – 59.
[9] 刘松涛, 高东华. 光电对抗技术及其发展[J]. 光电技术应用, 2012, 27 (3): 1 – 9.
[10] 陈健, 于洪君. 光电对抗与军用光电技术研究进展[J]. 光机电信息, 2010, 27 (11): 12 – 17.
[11] 白宏, 荣健, 丁学科. 空间及卫星光电对抗技术[J]. 红外与激光工程, 2006, 35 (增刊): 173 – 177.
[12] 易明, 王晓, 王龙. 美军光电对抗技术、装备现状与发展趋势初探[J]. 红外与激光工程, 2006, 35 (5): 601 – 607.
[13] 刘松涛, 周晓东. 可见光电视和红外成像复合寻的制导技术[J]. 应用光学, 2006, 27 (6): 467 – 475.
[14] 刘松涛, 沈同圣, 周晓东, 等. 舰船红外成像目标智能跟踪算法研究与实现[J]. 激光与红外, 2005, 35 (3): 193 – 195.
[15] 白旭. 电视制导中图像处理算法和信息安全问题研究[D]. 哈尔滨: 哈尔滨工业大学, 2008.
[16] 杨绍清, 刘松涛. 舰载光电与图像处理技术[M]. 大连: 海军大连舰艇学院出版社, 2007.
[17] 高卫, 黄惠明, 李军. 光电干扰效果评估方法[M]. 北京: 国防工业出版社, 2006.
[18] 曾桂林. 电视跟踪在光电火控系统中的应用及发展趋势[J]. 应用光学, 2000, 22 (2): 1 – 5.
[19] 马跃, 程文. 现代航空光电技术[M]. 北京: 海潮出版社, 2003.
[20] 孙晓泉. 激光对抗原理与技术[M]. 北京: 解放军出版社, 2000.
[21] 韩志强. 激光测距机关键技术研究[D]. 西安: 西安电子科技大学, 2006.
[22] 郑永超, 赵铭军, 张文平, 等. 激光雷达技术及其发展动向[J]. 红外与激光工程, 2006, 35 (增刊): 240 – 246.
[23] 张记龙, 王志斌, 李晓, 等. 光谱识别与相干识别激光告警接收机评述[J]. 测试技术学报, 2006, 20 (2): 95 – 101.
[24] 李云霞, 蒙文, 马丽华, 等. 光电对抗原理与应用[M]. 西安: 西安电子科技大学出版社, 2009.
[25] 时家明. 红外对抗原理[M]. 北京: 解放军出版社, 2002.
[26] 李恩科. IRST 单站被动定位系统的关键技术研究[D]. 西安: 西安电子科技大学, 2008.
[27] 刘松涛, 周晓东, 王成刚. 红外成像导引头技术现状与展望[J]. 激光与红外, 2005, 35 (9): 623 – 627.

[28] 陈友华,王丹凤,陈媛媛. 光电被动测距技术进展与展望[J]. 中北大学学报(自然科学版),2011,32(4):518-522.

[29] 赵勋杰,高稚允. 光电被动测距技术[J]. 光学技术,2003,29(6):652-656.

[30] Atcheson P. Passive ranging metrology with range sensitivity exceeding one partin 10,000[A]. In Proceedings of SPIE Conference on Optical System Alignment, Tolerancing, and Verification,2010,7793:77930H-1.

[31] Fannie C. Comparison of the efficiency, MTF and chromatic properties off our diffractive bifocal intraocular lens designs[J]. Optics Expres, 2010(18):5245-5256.

[32] Jeffrey W, Draper J S, Gobel R. Monocular passive ranging[A]. In Proceedings of IRIS Meeting of Specialty Group on Targes, Backgrounds and Discrimination, 1994:113-130.

[33] 王曦. 基于图像数据链的目标被动测距技术研究[D]. 武汉:华中科技大学,2008.

[34] 蒋庆全. 21世纪舰载激光有源干扰技术探析[J]. 舰船电子工程,2002(1):2-10.

[35] 才干. 机载无源干扰技术应用的研究[D]. 西安:西北工业大学,2007.

[36] 赵铭军,曹卫公,胡永钊,等. 扫描成像系统的激光干扰效果分析[J]. 电子科技大学学报,2004,33(1):39-42.

[37] 宋炜. 激光对红外系统损伤阈值库的建立及计算软件开发[D]. 西安:西安电子科技大学,2010.

[38] 付伟. 反空地导弹的光电对抗技术[J]. 红外与激光工程,2001,30(1):51-55.

[39] 胡永钊,赵铭军,沈严,等. 激光技术在主动红外对抗中的应用研究[J]. 激光与红外,2004,34(1):62-64.

[40] 周建民. 激光对光电制导武器跟踪系统的干扰技术研究[D]. 长春:中国科学院长春光学精密机械与物理研究所,2005.

[41] 王玺,聂劲松. 激光致盲技术及其发展现状[J]. 光机电信息,2007(10):50-53.

[42] 马涛,赵尚弘,魏军,等. 高功率光纤激光器探测器致盲研究[J]. 激光杂志,2007,28(5):40-41.

[43] 李源,陈治平,王鹏华. 高能激光武器现状及发展趋势[J]. 红外与激光工程,2008,37(增刊):371-374.

[44] 李慧,李岩,刘冰锋,等. 激光干扰技术现状与发展及关键技术分析[J]. 激光与光电子学进展,2011,48(081407):1-6.

[45] 刘安昌. 红外烟幕干扰效果仿真及评价方法研究[D]. 西安:西安电子科技大学,2007.

[46] 胡碧茹,吴文健,满亚辉,等. 地面目标光电伪装防护难点及新技术分析[J]. 兵工学报,2007,28(9):1103-1106.

[47] 刘松涛,杨绍清. 图像配准技术研究进展[J]. 电光与控制,2007,14(6):99-105.

[48] 刘松涛,周晓东. 图像融合技术研究的最新进展[J]. 激光与红外,2006,36(8):627-631.

[49] 何友,王国宏. 多传感器信息融合与应用[M]. 北京:电子工业出版社,2000.

[50] 李程华. 直升机载红外对抗系统干扰效果评估技术研究[D]. 西安:西北工业大学,2007.

[51] 马毅飞,计世藩. 现代战争中防空导弹武器系统的光电对抗技术[J]. 红外与激光工程,1999,28(6):4-9.

[52] 曹如增. 典型抗干扰红外导引头工作机理及抗干扰性分析[J]. 航天电子对抗,2005,21(1):35-37.

[53] 谢邦荣,尹健. 四元红外导引头抗干扰原理分析与仿真[J]. 系统仿真学报,2004,16(1):61-65.

[54] 魏文俭. 激光制导光电对抗半实物仿真关键技术与系统研究[D]. 长沙:国防科学技术大学,2010.

[55] 孙彦飞,叶结松,郝延军. 对抗激光制导武器方法研究[J]. 红外与激光工程,2007,36(增刊):

464 - 467.

[56] 李勇, 王晓, 易明, 等. 天基光电成像遥感设备面临的威胁及其对抗技术[J]. 红外与激光工程, 2005, 34 (6): 631 - 635.

[57] 刘松涛, 刘振兴. 激光有源干扰的防御措施[J]. 航天电子对抗, 2014, 30 (1): 40 - 43.

[58] 牛燕雄. 光电系统的强激光破坏及防护技术研究[D]. 天津: 天津大学, 2005.

[59] 宋亚萍, 刘莉萍. 激光反导与导弹反激光措施综述[J]. 激光与红外, 2008, 38 (10): 967 - 970.

[60] Chrzanowski K. Testing of military optoelectronic systems[J]. Opto - Electronics Review, 2001, 9 (4): 377 - 384.

[61] 刘松涛, 王赫男. 光电对抗效果评估方法研究[J]. 光电技术应用, 2012, 27 (6): 1 - 7.

[62] 成斌. 光电对抗装备试验[M]. 北京: 国防工业出版社, 2005.

[63] Taczak T M, Dries J W, Gover R E, et al. Naval threat countermeasure simulator and the IR_CRUISE_missiles models for the generation of infrared (IR) videos of maritime targets and background for input into advanced imaging IR seekers[A]. In Proceedings of Proceeding of SPIE, 2002, 4717: 183 - 194.

[64] Jackson I H D, Blair T L, Ensora B A, et al. Air Force electronic warfare evaluation simulator (AFEWES) infrared test and evaluation capabilities[A]. In Proceedings of SPIE, 2005, 5785: 184 - 195.

[65] Jong Wim de, Sebastiaan P. van den Broek, Ronald van der Nol. IR seeker simulator to evaluate IR decoy effectiveness[A]. In Proceedings of SPIE, 2002, 4718: 164 - 172.

[66] Vaitekunas D. A., K. Alexan, A. M. Birk, et al. Naval threat and countermeasures simulator[A]. In Proceedings of SPIE, 1994, 2269: 172 - 185.

[67] 刘松涛, 周晓东, 王学伟, 等. TVIR 光电干扰效果事后评估系统设计[J]. 激光与红外, 2004, 34 (4): 292 - 294.

[68] 王学伟, 熊璋, 沈同圣, 等. 光电成像导引头抗干扰性能评估方法[J]. 光电工程, 2003, 30 (1): 56 - 58.

[69] 张继勇, 董印权. 光电对抗仿真测试系统综述[J]. 系统仿真学报, 2006, 18 (增刊): 985 - 988.

[70] 沈涛, 宋建社. 烟雾干扰的效果评价方法与测试研究[J]. 红外与毫米波学报, 2007, 26 (2): 157 - 160.

[71] 高卫. 对光电成像系统干扰效果的评估方法[J]. 光电工程, 2006, 33 (2): 5 - 8.

[72] 刘松涛, 周晓东, 陈永刚. 光电成像制导系统干扰与抗干扰的性能评估[J]. 激光与红外, 2007, 37 (1): 10 - 13.

[73] 高卫. 对光电搜索跟踪系统干扰效果的评估方法[J]. 光学技术, 2006, 32 (增刊): 461 - 463.

[74] 刘松涛, 陈奇, 高东华. 面源红外干扰弹防御反舰导弹的干扰效果评估[J]. 激光与红外, 2014, 44 (9): 1025 - 1029.

[75] 赵大鹏, 时家明. 基于图像特征的成像制导抗干扰效果评估方法[J]. 激光与红外, 2005, 35 (8): 599 - 601.

[76] 李源, 陈惠连. 基于相关系数的 ISAR 干扰效果评估方法[J]. 电子科技大学学报, 2006, 35 (4): 468 - 470.

[77] 赵大鹏, 时家明. 用半实物仿真评估成像制导对抗效果的方法[J]. 航天电子对抗, 2005(6): 58 - 61.

[78] 邱继进, 梅建庭. 烟幕对红外制导武器的干扰研究[J]. 红外与激光工程, 2006, 35 (2): 212 - 215.

[79] 苏国庆, 李胜勇. 光电对抗技术[M]. 武汉: 海军工程大学出版社, 2003.

[80] 刘松涛, 杨绍清, 刘天华. 红外烟幕对舰船目标遮蔽效果的评估方法研究[J]. 海军大连舰艇学院学

报,2008,38(1):52-54.

[81] 杨绍清,赵晓哲,徐瑜,等. 一种实用的人造目标分形特征提取技术[A]. In Proceedings of 第十三届全国图像图形学术会议,南京,2006:328-331.

[82] 刘松涛,杨绍清. 基于分形拟合误差的红外烟幕遮蔽效果评估方法[J]. 激光与红外,2008,38(1):52-54.

[83] 刘松涛. 用盒子维评估红外烟幕对舰船目标的遮蔽效果[J]. 光电工程,2009,36(2):34-38.

[84] Liu Songtao. An improved differential box-counting approach to compute fractal dimension of gray-level image[A]. In Proceedings of ISISE 2008, Vol. 1, 2008:303-306.

[85] 刘松涛,高东华,杨绍清. 评估烟幕对红外成像跟踪系统的干扰效果[J]. 电光与控制,2008,15(1):19-21.

内 容 简 介

本书系统全面地论述了光电对抗技术和系统的基本原理。全书共分9章,内容包括光电对抗概论、光电武器装备、光电主动侦察、光电被动侦察、光电有源干扰、光电无源干扰、反光电侦察、抗光电干扰和光电对抗效果评估。

本书可作为信息对抗专业本科生、研究生的教材,也可供电子战及其相关领域的科技工作者参考。